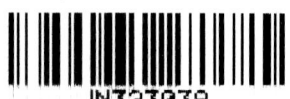

人類が火星に移住する日

夢が現実に！
有人宇宙飛行とテラフォーミング

矢沢サイエンスオフィス＋竹内 薫◎著

知りたい！サイエンス
iLLUSTRATED 002

最新図解

技術評論社

はじめに
火星有人飛行と“火星地球化計画”を追う

本書は3つのテーマで構成されています。第1は火星のありのままの姿を最新の探査データでとらえること、第2は人間が有人飛行を行って火星に直接到達する技術的スケジュール、そして第3は火星を“地球化”する——つまり火星の環境を人間が住めるように変える方法の検討です。

本稿を書いている2015年3月時点で、火星の地表では、NASAの2機の探査車キュリオシティーとオポチュニティーが当初の計画をはるかに超える長期にわたって地表を走り回り、探査を行っています。また火星の上空ではNASAの3機の探査衛星が周回飛行を続けながら地上探査を行っています。これらのほかに、ヨーロッパ宇宙機関（ESA）が2003年に打ち上げたマーズ・エクスプレスと、インドが2014年に初の試みでみごとに周回軌道に乗せたマンガリアーンも飛行中です。

すでに活動を終えた探査衛星や地上探査機、周回軌道への投入に失敗したもの（日本ののぞみや中国の蛍火1など）を含めるとその総数はほぼ50機——火星はまさに、その活動域を地球外に広げようとする人類の“最初の集結地”であることがわかります。

いったい人間はなぜこれほどまで火星に執着するのか——その理由はすでに明らかです。かつて大航海時代のヨーロッパが未知の世界に探検者を送り出して新大陸を発見したように、新たな大地へと自らの生存空間を拡げつづけることが人間の本性だからです。そして目的実現のための技術を手にした人類はいま、地球という閉鎖空間から無限の外部世界へ拡がろうとし、当然のようにその最初の目的地を火星に定めているのです。

それればかりか、一部の科学者や技術者、さらには一般社会をも含め、人々は地球によく似た地表環境をもつ火星を改造して“第2

の地球”に変えることまで考えています。それが実現すれば、人間は地球と火星という２つの惑星の住人となることができます。火星を第２の地球に変える――それは“火星テラフォーミング”と呼ばれます。テラは大地を、フォーミングはつくり出すことを意味します。

他の惑星の環境を変えて人間が生きられるようにするというアイディアは20世紀初頭のＳＦ作家などの着想にまでさかのぼります。しかしこの問題を正統な科学としてはじめて論じたのは、存命中アメリカでもっとも高名な科学者とされたコーネル大学の天文学者カール・セーガンでした。彼は1961年、金星の灼熱環境を冷却して地球環境に近づける方法を論文で発表したのです。

そして1979年３月に次の前進が起こりました。このとき、テキサス州ヒューストンのNASAジョンソン宇宙センターにほど近い「月惑星研究所」ではじめて、世界各地に散っていたテラフォーミング研究者が一堂に会したのです。

この会合を実現させたのは、NASAのスペースシャトル計画のエンジニアで作家・ジャーナリストのジェームズ・オバーグでした。いまだ東西冷戦の真っ只中にあったこの時代、オバーグは、巨大な核戦力でアメリカと対峙していたソ連（現ロシア）――“鉄のカーテン”の向こう側――の情報にくわしいソ連ウォッチャーとしてメディアに頻繁に登場していました。本拠地がジョンソン宇宙センターにあった彼は、各国の研究者を集めるには最高の地の利を得ていたといえます。

このときジョンソン宇宙センターでは「第10回月惑星科学会議」が開かれており、オバーグは各国の科学者が集まるその期間中に、広範なテラフォーミング研究者を呼び集めたのです。これはテラフォーミングに関する史上初の科学セミナーでした。そこでオバーグはこう述べました――「このセミナーの開催を呼びかけたのは、各国に散在するテラフォーミング研究が私の目に止まったからです。かつて怪しげなアイディアと見られていたものが、いまや正統科学へと接近しはじめたのです」

彼はまもなく火星テラフォーミングを主テーマに「New Earths（新たな地球）」と題する本を書き、世界の多くの科学者に強い刺激を与えることになりました。とりわけカナダのヨーク大学の生物物理学者ロバート・ヘインズ（遺伝子修復や突然変異誘発のメカニズム研究で知られる）、地球を1個の生命体として捉えようとする「ガイア仮説」を提唱して世界的に知られていたイギリスのジェームズ・ラブロックなどの人々が強い関心を示し、自らもさまざまな提案を行うようになりました。

オバーグは1987年に第2回のセミナーを開催しました。このときは本稿の筆者も現地の科学ジャーナリストとともにヒューストンに飛び、オブザーバーとして会場を訪れています。そこには、いまやテラフォーミング研究の世界的権威となったもののいまだNASAの青年研究者であったクリス・マッケイや、SF作家・物理学者ロバート・フォワードなどの顔もありました。フォワードは『竜の卵』『ロシュワールド』（ハヤカワ文庫）などで日本のSFファンにもお馴染みです。

このセミナーがきっかけとなって後に筆者は、アポロ計画当時のNASA長官トーマス・ペインやロバート・フォワードらの人々を講演のため日本に招聘し、またクリス・マッケイらにインタビューを行って日本で紹介しています。NHKは教育チャンネルで30分のテラフォーミング番組を制作し、イギリスBBCは科学シリーズ「ディスカバリー」の1回分をテラフォーミングに充て、そこに各国のテラフォーミング研究者を大挙登場させたのでした。

国内では1992年に筆者が『最新テラフォーミング』（学研）を発行すると同時に「テラフォーミング研究会」を主宰、1996年には本書筆者のひとり金子隆一氏が『テラフォーミング・異星地球化計画の夢』（NTT出版）を、また2004年にはやはり本書筆者のひとりである竹内薫氏が『2035年火星地球化計画』（実業之日本社。後に角川ソフィア文庫）を出版するに至りました。こうして火星テラフォーミングの意味や技術的課題はゆっくりと、しかし着実に科学界と一般社会に浸透していったのです。

本書は火星探査と火星有人飛行計画、そして火星テラフォーミングについての最新情報を広範な視点からわかりやすくまとめています。この現在進行形の人類的テーマが読者の知的関心を引き起こしてくれることを願ってやみません。

ここで、本書の共著者について付記します。いずれも前記のようにテラフォーミングをテーマとした著書等を執筆したことのある人々です。まず高名なサイエンス作家竹内薫氏には、本書各所に“竹内薫のPoint of View”と題する独自で軽妙なコラムの執筆をお願いしました。少々かた苦しくなりがちな本書の中にあって、竹内氏のコラムは読者にさわやかで新鮮な観点を提供してくれるものと思います。

また金子隆一氏は、本書の制作が決まった際には多くの記事の執筆に意欲を示してくれたものの、その直後に体調を崩してまもなく死去されました。筆者は入院中に面会し、すでに執筆ずみであった彼の記事（宇宙の大鉱物資源としての小惑星と彗星）の内容を最新化することで合意したものの、その２週間後、金子氏はあまりにも突然旅立ったのでした。そして新海裕美子氏には、執筆と記事内容の広範なチェックに関して信頼に足る知識を存分に発揮してもらいました。

共著者の執筆記事はいずれも署名原稿として掲載しています。共著者の方々の労に深く感謝します。無署名の記事の大半は本稿筆者によるものです。そして最後に、本書の発行を可能にしてくれた技術評論社編集長西村俊滋氏に感謝します。

2015年春　　編著者・矢沢 潔

Contents

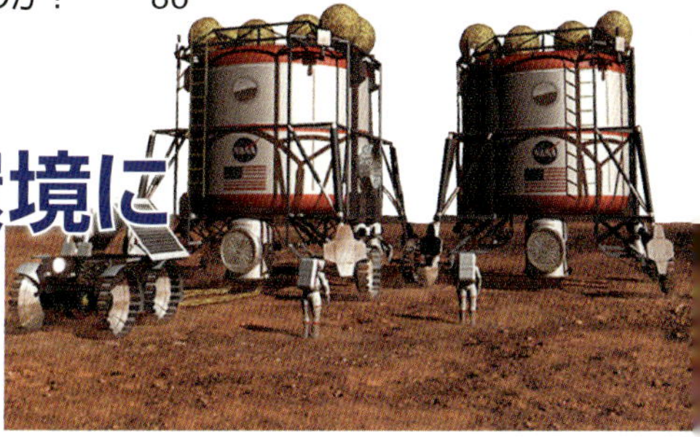

第2部　火星テラフォーミングと“第2の地球”

Contents

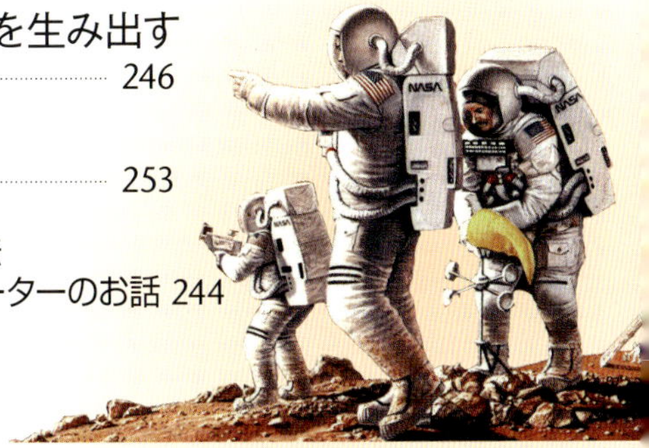

illustration = NASA Johnson Space Center

巻頭・火星最新報告①

キュリオシティーはすでに2年半以上(2015年春時点)にわたり火星の地表探査を続けている。このロボット探査機はそこで何を発見し、何を発見しなかったのか？

探査機キュリオシティーの Curiosity 火星探査活動

➡キュリオシティーは17個のカメラを搭載する。そのひとつケムカム(化学カメラ)は土壌や岩石に赤外線レーザーを照射して蒸発させ、成分を解析する。レーザーは目には見えないが、ここでは赤線で示している。

イラスト/NASA/JPL-Caltech

5500メートルの高山の麓に着陸

NASAの新しい火星探査ローバー“キュリオシティー”は2012年８月、これまでの火星探査機に用いられたよりはるかに高度な着陸技術によって、火星のゲール・クレーターに着陸した。

ゲール・クレーター（14ページ写真）は火星の赤道のすぐ南側に広がる直径154キロメートルの広大な窪地である。中央には谷底からの標高が5500メートルに達するアイオリス山――公式にはアイオリス・モンス、また愛称としてシャープ山とも呼ばれる――がせり上がっている。

地球から５億6000万キロメートルあまりを宇宙船マーズ・サイエンス・ラボラトリー（12ページ図１）に乗せられて到着したキュリオシティーがソフトランディングした場所は、着陸目標とされていたこの山の北側の地点からわずか2400メートルしかずれていなかった。驚くべき

正確さである。

　その着陸地点は、ＳＦ作家レイ・ブラッドベリーに因んで"ブラッドベリー・ランディング"と命名された。ブラッドベリーは1950年代の作品"The Martian Chronicles"(邦訳『火星年代記』)の中で、地球人と火星人との戦いや人類による火星植民化などを描いている。

　着陸から２年半が経過した2015年現在、キュリオシティーは当初の計画寿命２年をはるかに超えていまだ活動の真っ最中にある。この探査車は自ら走りやすい地形を選び、地質や生命の痕跡あるいは"気配"を観測しながら、富士山よりはるかに高いアイオリス山の麓《ふもと》を前進している(15ページ写真)。キュリオシティーの真の目的はこの山麓の地上環境をくわしく調べ、後に続く無人・有人探査に重要な情報を提供するためである。

　キュリオシティーはすでに将来の有人探査やテラフォーミングにとってとびきり有益で好ましい成果を地球に送ってきている。それは2013年９月、火星のこの地域の地中で大量の水の存在を確認したことだ。太古の火星に広大な海が広がっていたこと、そして当時の水の相当部分がいまも、極冠の地表だけではなく、地中の水分としても蓄えられていることが明らかになったのである。この水は塩分濃度が高く酸性であるかもしれない。だがいずれにせよ大量の水の存在は、今後の有人探査やその先の"火星移住"にとって途方もなく大きなプレゼントとなるは

図1 マーズ・サイエンス・ラボラトリー(ＭＳＬ)宇宙船

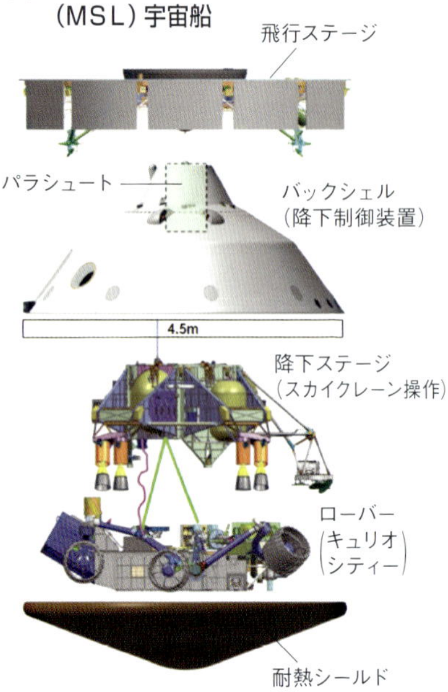

⬆ＭＳＬは５ステージからなり、火星大気中を降下しながら、役割を終えたステージを順に切り離した。イラスト/NASA/JPL－Caltech

➡火星の周回軌道を飛行している人工衛星マーズ・リコネッサンス・オービターが、パラシュートを開いて降下するローバー（キュリオシティー）をとらえた。
⬇キュリオシティーの火星大気圏突入から着陸までの約７分間を示している。

写真／NASA/JPL-Caltech/Univ. of Arizona

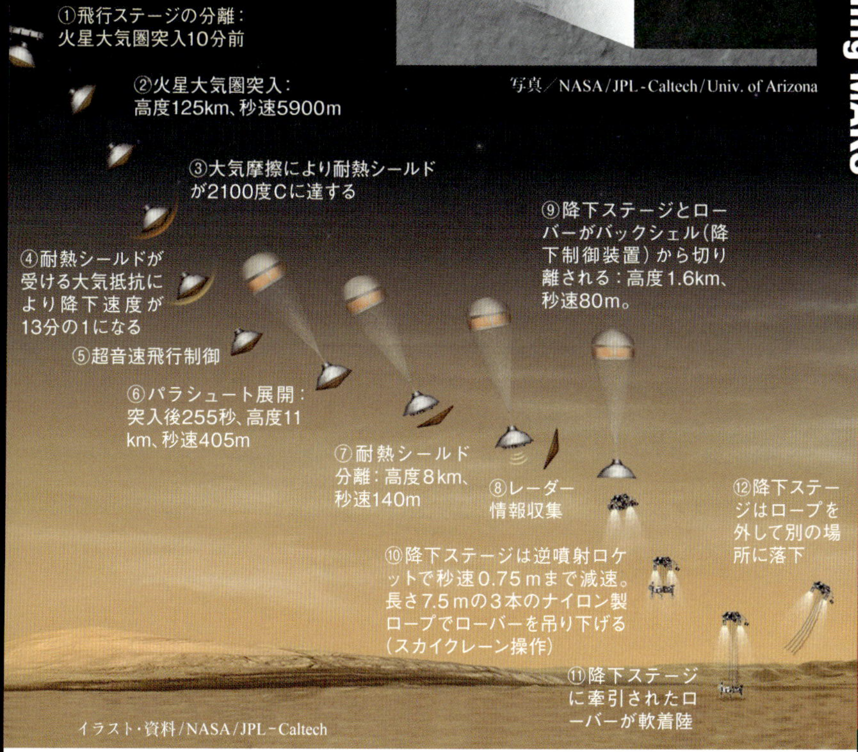
①飛行ステージの分離：火星大気圏突入10分前
②火星大気圏突入：高度125km、秒速5900m
③大気摩擦により耐熱シールドが2100度Cに達する
④耐熱シールドが受ける大気抵抗により降下速度が13分の1になる
⑤超音速飛行制御
⑥パラシュート展開：突入後255秒、高度11km、秒速405m
⑦耐熱シールド分離：高度8km、秒速140m
⑧レーダー情報収集
⑨降下ステージとローバーがバックシェル（降下制御装置）から切り離される：高度1.6km、秒速80m。
⑩降下ステージは逆噴射ロケットで秒速0.75ｍまで減速。長さ7.5ｍの３本のナイロン製ロープでローバーを吊り下げる（スカイクレーン操作）
⑪降下ステージに牽引されたローバーが軟着陸
⑫降下ステージはロープを外して別の場所に落下

イラスト・資料/NASA/JPL-Caltech

ずである。人間をはじめすべての地球生物はまず水を必要とするからである。

キュリオシティーはほかにも、水以外の揮発性物質の存在量や宇宙からの放射線量などを観測している。NASAの研究者たちはこうしたデータをもとに過去と現在の火星環境を推測し、たびたびその途中経過を一般社会に向けて公表している。

火星は人類の次の集結地

こうしてキュリオシティーが

火星の地上探査を行っていた最中の2014年９月、さらにNASAの別の探査機が火星の周回軌道に到着した。2013年11月に打ち上げられた“メイヴン”（右ページ写真）である。

メイヴン（Maven：Mars Atmo-sphere and Volatile Evolution＝火星大気＆揮発性物質の進化の略称）はその名が示すように、太古の火星の濃密な大気がなぜ失われたのか、また現在の地中にはどんな揮発性物質がどのような形で分布するかを調べる任務を帯びている。到着後数カ月ですでに最初の任務を成功裏に終えて次の観測を開始している。

そして2016年には、はじめて火星の内部構造を調べる地上探査機“インサイト”が、さらに2020年には火星の岩石サンプルを地球に持ち帰る探査機が送り出される。後者には、二酸化炭素を分解して酸素をつくる実験装置（マサチューセッツ工科大学で開発中）が搭載される。

火星探査を進めているのはＮＡＳＡだけではない。ヨーロッ

⬆キュリオシティーは、東半球の赤道の南側に広がるエリシウム平原のゲール・クレーターに着陸した。直径154キロメートルのこの巨大なクレーターの中央には、周囲からの高さ5500メートルのアイオリス山がそびえる。
画像／NASA／JPL－Caltech／ESA/DLR／FU Berlin／MSSS

⬅⬆メイヴン（左）とインドのマンガリアーン。いずれも2014年９月に火星周回軌道に到達した。
写真/NASA/Kim Shiflett　イラスト/Nesnad

パ(ESA)はマーズ・エクスプレスを火星周回軌道に投入（切り離された地上探査機は機能不全となった)、またインドは2014年９月に同国初の火星探査機“マンガリアーン”の周回軌道投入に成功している(上イラスト)。

ロシアも火星探査計画を進めている。かつて火星に探査機を送った日本、中国は失敗に終わったものの、いずれ次の探査計画を始動させることになろう。火星はいまや人類文明の新たな集結地になりつつある。

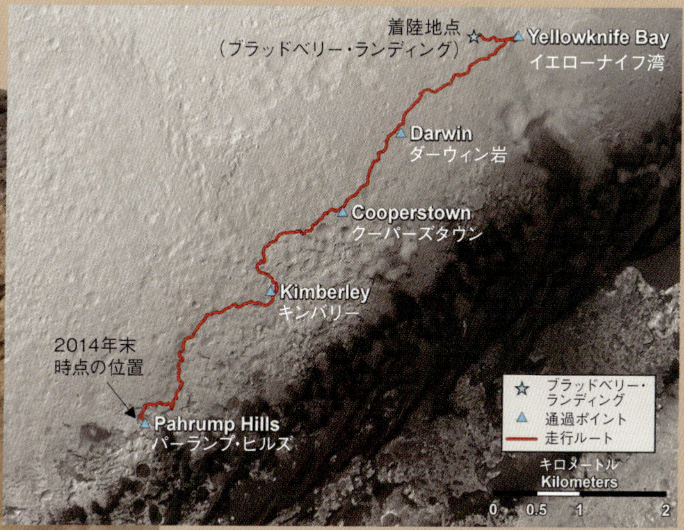

⬆キュリオシティーは2015年３月時点ですでに900日（火星日）以上にわたって探査を続けている。この図はキュリオシティーが着陸してから2014年末までの走行ルート。現在はさらに山側の地域に進入している。画像/NASA/JPL－Caltech/Univ. of Arizona

竹内薫の Point of View 1

そもそもなぜ宇宙探査をするのか？

➡火星探査機は1960年代はじめのソ連（当時）以降、これまでに各国が約45機を打ち上げてきた（失敗も含む）。最近では2014年9月にインドのマンガリアーンが火星周回軌道に到達した。日本ののぞみは2003年に火星から1000キロメートルを通過したが周回軌道に入ることはできなかった。

素朴な疑問である。火星探査にかぎらず、どうして人類は宇宙に探査機を送るのだろう？

この問いに対する私なりの答えは「そこに宇宙があるから」となる。おっと、失礼しました！　ちょっと月並みな答えでしたね。

でも、私が司会をしているサイエンスZERO（NHK Eテレ）という番組で、水星探査や冥王星探査を扱ってみて、「太陽系の惑星や準惑星についても、ほとんど実態がわかっていないんだな」と、驚いた憶えがある。

たとえば、最近まで、水星の表面の写真は４割しか撮影できていなかった。だから、高校の地学の教科書に載っていた水星は「半月」みたいになっていたのだ（でもそんな苦しい事情は生徒に教えていなかった？）。水星探査機が水星の周回軌道に入っていたら問題なかったのだろうが、たいてい、最初の探査では「ビュンと通り過ぎながらパチパチと写真を撮る」だけなので、惑星の表面全体を撮影できるとは限らない。

冥王星も、2015年の７月に探査機ニューホライズンズが「ビュンと通り過ぎながらパチパチと写真を撮る」までは、ハッブル宇宙望遠鏡が撮った、モザイクがかかったような写真しか存在しなかった。そのモザイク写真（失礼！）では、なんとなく、冥王星の表面に濃淡の模様があるように見えるものの、惑星表面の詳細は全くわからなかった。

宇宙探査をすることで、必ずといっていいほど、予期せぬ発見がある。土星の衛星エンケラドスでは、探査機カッシーニが「間欠泉」を詳細に観測した。衛星というと、われわれは、ついつい地球の月を基準に考えてしまうから、間欠泉が吹き出している光景はあまり想像しない。でも、探査機が実際に行って観測してみると、知ったつもりになっていた天体

写真・イラスト/NASA, etc.

の新たな素顔があらわになるのだ。

火星は、比較的、探査が進んだ天体だが、それでもまだ、さまざまな疑問が残っている。むかし、ある科学者が、こんなことを言っていた。

「地球外の知的生命が地球に探査機を送ったとしよう。たまたまその探査機が砂漠に着陸したなら、彼らは、地球を『砂漠の惑星』と名づけるだろう。探査機が南極に着陸したら、『氷の惑星』になるだろう。そして、探査機が海に落下したら、『水の惑星』…いや、探査機が行方不明となり、探査失敗になるだろう」。

そう、われわれはまだ、火星全体をくまなく探査したわけではない。ほんの一部を調べたにすぎないのだ。将来、もっと火星探査が進み、有人探査が可能になったら、いまのわれわれには想像もつかないような新発見があるにちがいない。

冒頭の質問に対する答えを修正しておこう。なぜ、人類は宇宙探査をするのか？　その答えは、「そこに驚くべき発見があるから」。

人類の知的好奇心がなくならないかぎり、われわれは宇宙を目指す。それは、もしかしたら、ホモ・サピエンスとしての宿命なのかもしれない。

人類が火星に到達する日

いま、NASAの計画を含めて3つの火星有人飛行計画が進んでいる。なかには2度と地球に戻らない片道飛行計画もある。だが、誰が先陣を切るにせよ、人類が火星に到達するのはもはや時間の問題である。

月探査

➡NASAの人類火星着陸へのロードマップの概略。新しい打ち上げシステムの試験に始まり、月や小惑星の有人飛行、さらには火星の衛星ダイモスへの基地建設を経て、火星の有人探査を開始する。現在の国際宇宙ステーション（ISS）は、これらの計画を実行する際の足がかりおよび有人計画の運用拠点となる。図の年代表は民間の構想をも含めた最新状況（編集部による改変）。イラスト/Lockheed Martin/NASA－JPL　資料/NASA, etc.

小惑星探査

2019年
- 近傍小惑星を月の近くへ誘導

2020年代半ば
- 同小惑星へオリオンで有人飛行（４人）

2020年代半ば〜2030年代
- 同小惑星に着陸（ロボットおよび有人）

火星探査

2021年
- 火星フライバイ（インスピレーション・マーズ、民間）

2024年
- 火星片道飛行（マーズ・ワン、民間）

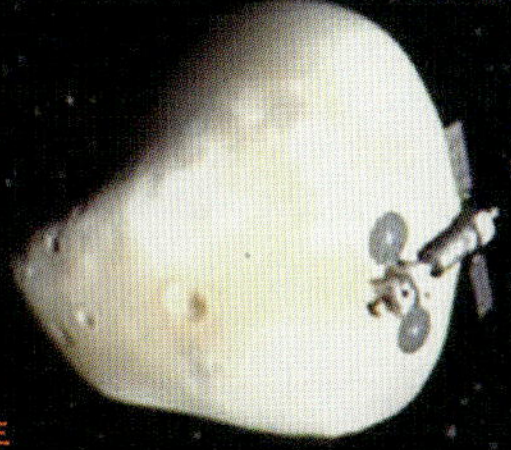

2024年
- 火星のサンプルリターン・ミッション（SLS&オリオン。サンプル採取はロボット）

2030年代
- 火星周回軌道に人を送る
- 火星の衛星ダイモスまたはフォボスを基地に火星探査

最初に火星に到達するのは誰か？

アメリカ航空宇宙局（NASA）は2015年初頭のいま、３つの目標に向かいつつある。第１は深宇宙の有人探査、第２は宇宙飛行の商業利用、そして第３が宇宙と地球についての“大発見”である。

本書は火星テラフォーミングがテーマなので、これらのうち第１の目標に含まれる火星探査と火星有人飛行に注目することになる。それらが人類の火星移住や火星テラフォーミングへのアプローチだからである。

NASAは現在、この目標を実現するための地上からの“ジャンプ台”となるべき非常に大型で強力な打ち上げロケットSLS（Space Launch Systemの略）と、人間を深宇宙へ運ぶ宇宙船オリオンを開発している（21ページ写真、70ページコラム参照）。

SLSもオリオンもすでに開発の最終段階にある。SLSは2018年に最初の打ち上げ試験を、またオリオンはすでに2014年にデルタⅣ型ロケットで地球周回軌道に無人で打ち上げられ、海上に無事帰還、着水している。

NASAの現在の計画では、2020年代にまず小惑星に向けて最初の有人飛行を行い、2030年

⬆①マーズ・ワン運営者バス・ランスドルプ、②民間人初の国際宇宙ステーション滞在者デニス・チトー、③スペースX社のイーロン・マスク（壇上左）とNASA長官チャールズ・ボールデン。マスクの背後はすでに試験飛行に成功している宇宙船ドラゴン。

写真／上左・Joe Arrigo、上右・NASA、下・NASA／Dutch Slager

代に４人を火星に送るとしている。火星を目指す飛行士の候補は、すでに2013年６月に男女４

⬆スペースX社が開発した最強の打ち上げロケット、ファルコンヘビー。　写真／Space X

人ずつ計８人が選定されている。全員30歳代なので、彼らの中から最終的に選ばれた４人はおおむね50歳代のいつの日かに火星を目指すことになる。

ＳＬＳとオリオンによる宇宙有人飛行は、人類が今後本格的に宇宙に進出し、かつ地球文明が“宇宙文明”へと進化し、拡大していけるか否かを占う最初の分岐点となりそうである。

⬆NASAの新しい有人宇宙船オリオンの骨格。写真/NASA

NASAより先に火星有人飛行？

ところで、NASAのこの計画と時をほぼ同じくして、非営利組織による火星有人飛行計画が進められている。それもオランダとアメリカの２カ国においてである。

オランダの計画は“マーズ・ワン”と名づけられ、企業家バス・ランスドルプ（左ページ上写真①）が立ち上げた。ランスドルプは、最初に60億ドル（6000億円）の寄金が集まれば、４人の志願者を“片道切符”で火星に送り、うまくいけばその後2年ごとに火星移住者を送り込むという。

計画では2024年までに第１陣をアメリカの民間宇宙企業スペースX社が開発している宇宙船“ドラゴン”に乗せ、やはり同社が開発中の巨大なロケット“ファルコンヘビー”（左ページ下写真）で打ち上げる。

すでに2013年末までに世界各

↑地球の近くを通過する小惑星に接近し、ネット状の捕獲装置（テザリング）を用いて地表に降り立つ宇宙飛行士。

イラスト/NASA

国から20万人を超える人々が地球に２度と戻らないこの計画に応募したとされている。

いまひとつの計画は、アメリカのこれも非営利組織が2013年11月に発表した火星有人飛行計画である。こちらは宇宙船に２組の夫婦を乗せて2021年に火星フライバイを実行して地球に戻るというものだ。

この“インスピレーション火星計画”は、数兆円相当の金融資産を運用しているとされている企業家デニス・チトー（20ページ写真②）が推進している。彼は2001年に自費でロシアのソユーズ（左下用語解説）に乗って国際宇宙ステーションに出かけ、そこで８日間を過ごすという宇宙体験の持ち主でもある。

この計画は人々の健全なパイオニア精神を鼓舞するという理由から、アメリカ政府とNASAが資金援助と宇宙飛行の手段および技術提供を行うことになっている。

ごく近い将来、誰かが火星を訪れる最初の人類になる――これほど世界の耳目を集めるプロジェクトはほかにはとうていありそうにない。

用語解説 **ソユーズ**：1960年代にソ連で開発された宇宙船で、現ロシアもソユーズ・シリーズの宇宙船を使用している。非常に豊富な実績により信頼度が高い。

第1部■火星有人飛行の計画と課題

Terraforming Mars : Part 1

パート1

火星はどんな惑星か最新情報

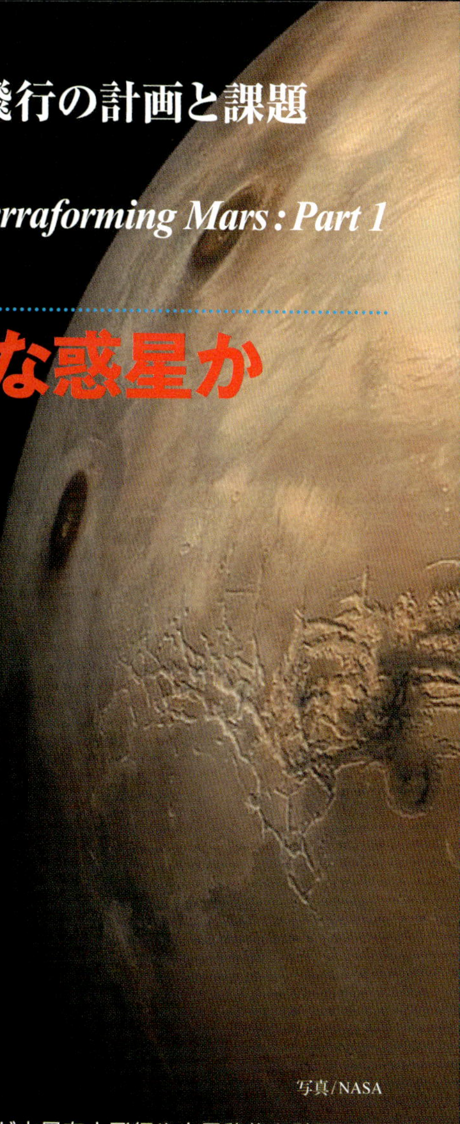

写真/NASA

人類が火星有人飛行や火星移住を計画するには、まず火星の地表がどのような世界かをくわしく知っておく必要がある。ここでは、現在までに明らかになっている火星の地形と“火星マップ”、そして火星生命存在の可能性を視覚的に追跡してみる。

執筆／矢沢 潔、新海裕美子

もっとも新しい Mars Global Map 火星接近 マップ

いまでは火星の地表のいたるところが驚くほど鮮明に映像化されている。そして地表のどこであれ、われわれにとってさして異質の世界とは見えない。火星は“第2の地球”となる日を待っているかのようである。

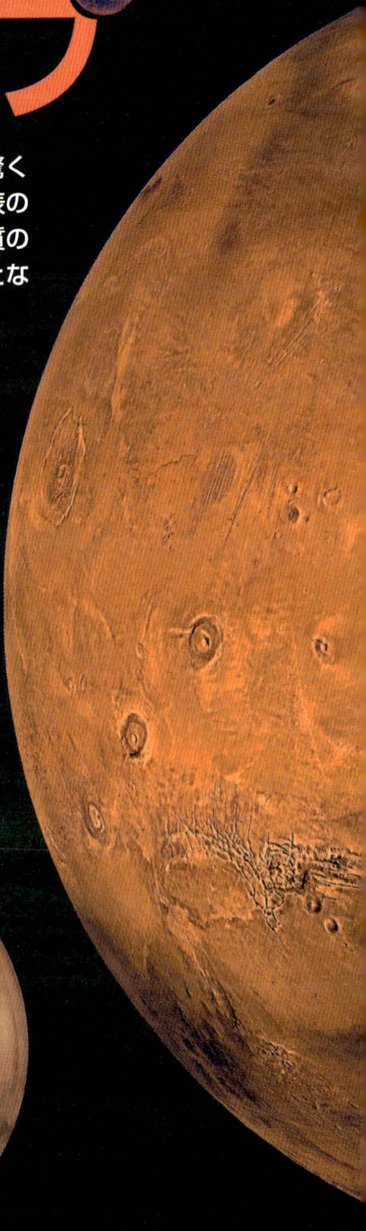

➡火星探査機ヴァイキングが撮影した多数の画像で構成した火星の全体像。⬇火星の内部は地球に似て中心部に金属の核があると考えられている。しかし地球のような液状のマントルはほとんど存在しないかもしれない。2016年にNASAが打ち上げる探査機インサイトはこの惑星の深部構造や温度を調べる予定である。画像/NASA/JPL/Viking mission team、イラスト/JPL/NASA

Mars Global Map

①火星の地名

火星の最新地形図 The Geography of Mars

画像 / 下・NASA / USGS (US Geological Survey) , 右・NASA / JPL

⬇アリゾナ州立大学（ASU）とアメリカ地質調査所（USGS）が作成したこれまででもっとも詳細な火星地表マップ。過去16年間にNASAのいくつもの火星探査衛星が送ってきたデータをもとに作成された。研究者たちによれば、この地図から、火星の最古の地表は37億～41億年前のもので、最近まで地質活動をくり返してきたことがわかるとしている。濃い赤茶色は高度が高く、緑色や青色は低い地域を示している。左端に標高２万7000メートルのオリンポス山が見える。こうした地図から遠からず人間の着陸地点が選ばれることになる。

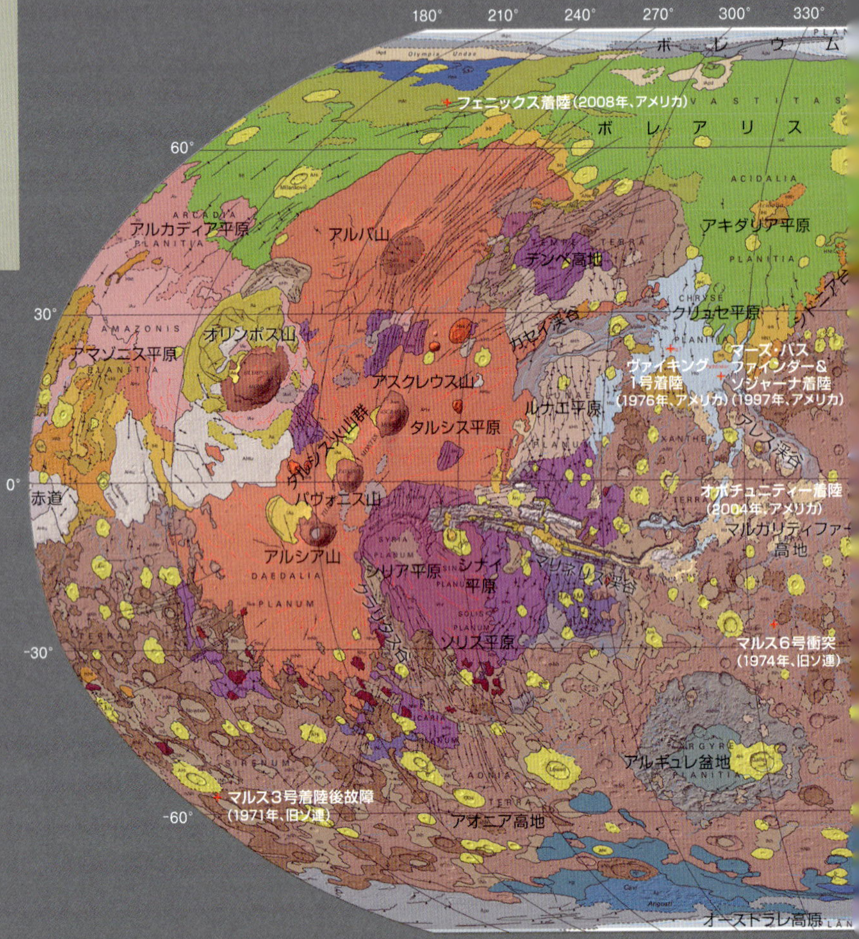

Mars Global Map

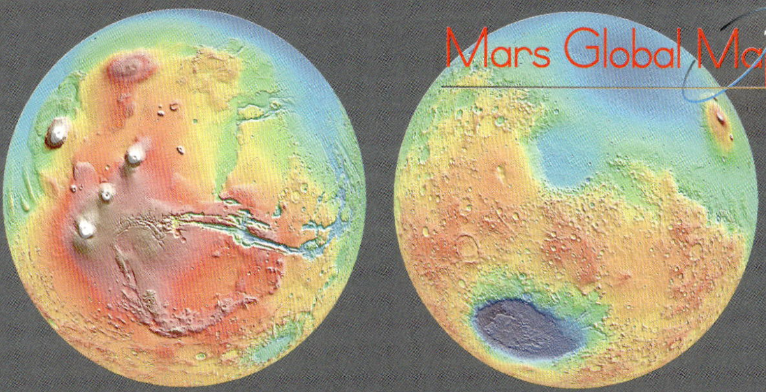

⬆この２つの図は火星の地表高度を３次元的に描いている。左図の左側のオリンポス山、赤道に沿ってのびるマリネリス渓谷などが際立って特徴的である。

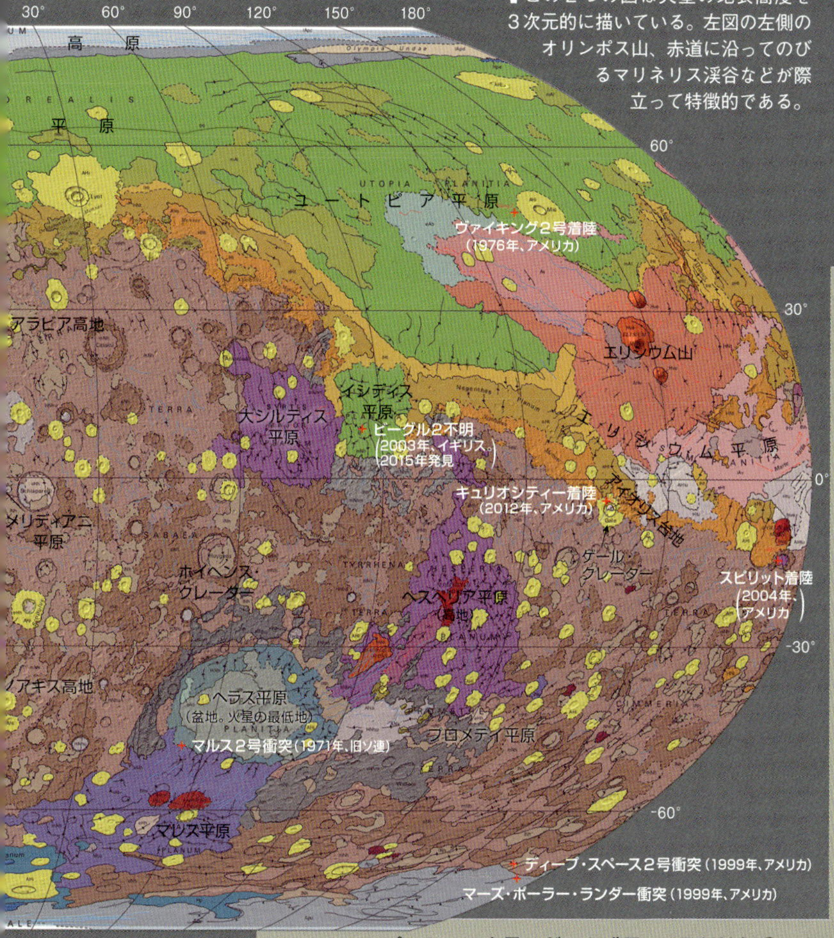

②火星の谷と山

マリネリス渓谷＆オリンポス山

Valles Marineris & Mount Olympus

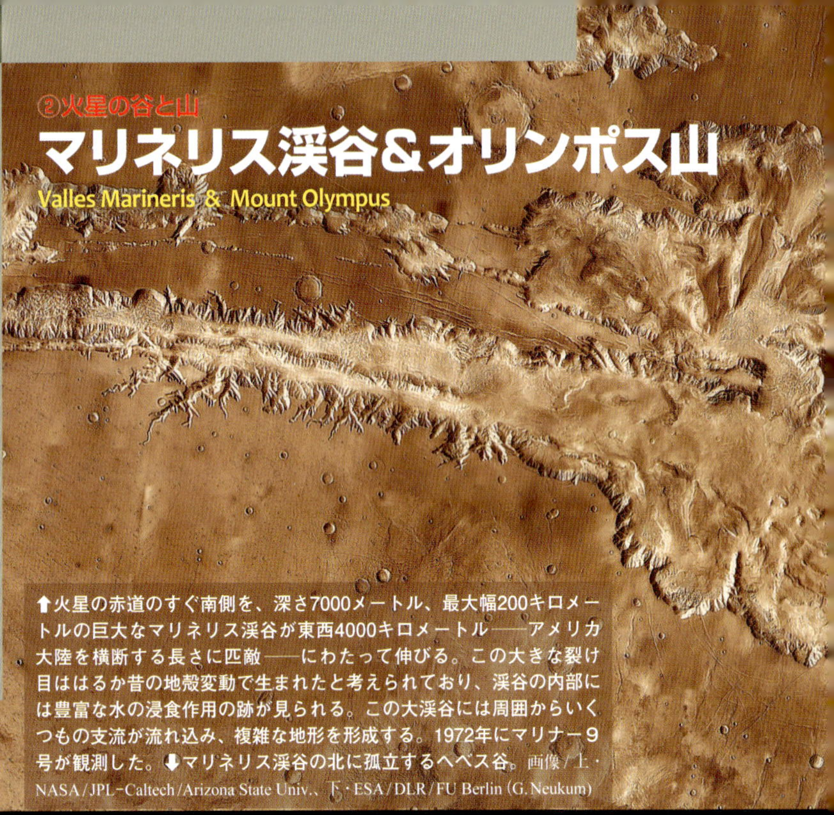

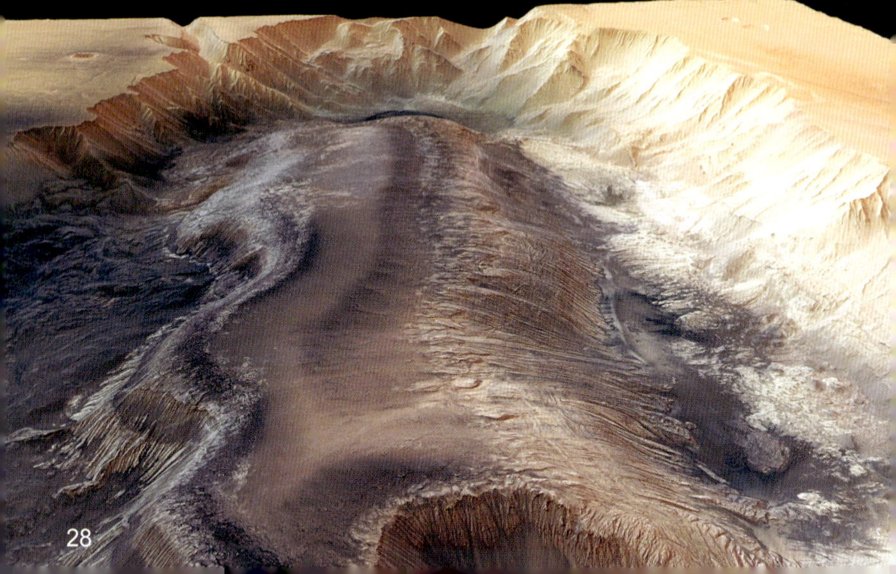

⬆火星の赤道のすぐ南側を、深さ7000メートル、最大幅200キロメートルの巨大なマリネリス渓谷が東西4000キロメートル——アメリカ大陸を横断する長さに匹敵——にわたって伸びる。この大きな裂け目ははるか昔の地殻変動で生まれたと考えられており、渓谷の内部には豊富な水の浸食作用の跡が見られる。この大渓谷には周囲からいくつもの支流が流れ込み、複雑な地形を形成する。1972年にマリナー9号が観測した。⬇マリネリス渓谷の北に孤立するヘベス谷。画像／上・NASA／JPL−Caltech／Arizona State Univ.、下・ESA／DLR／FU Berlin（G. Neukum）

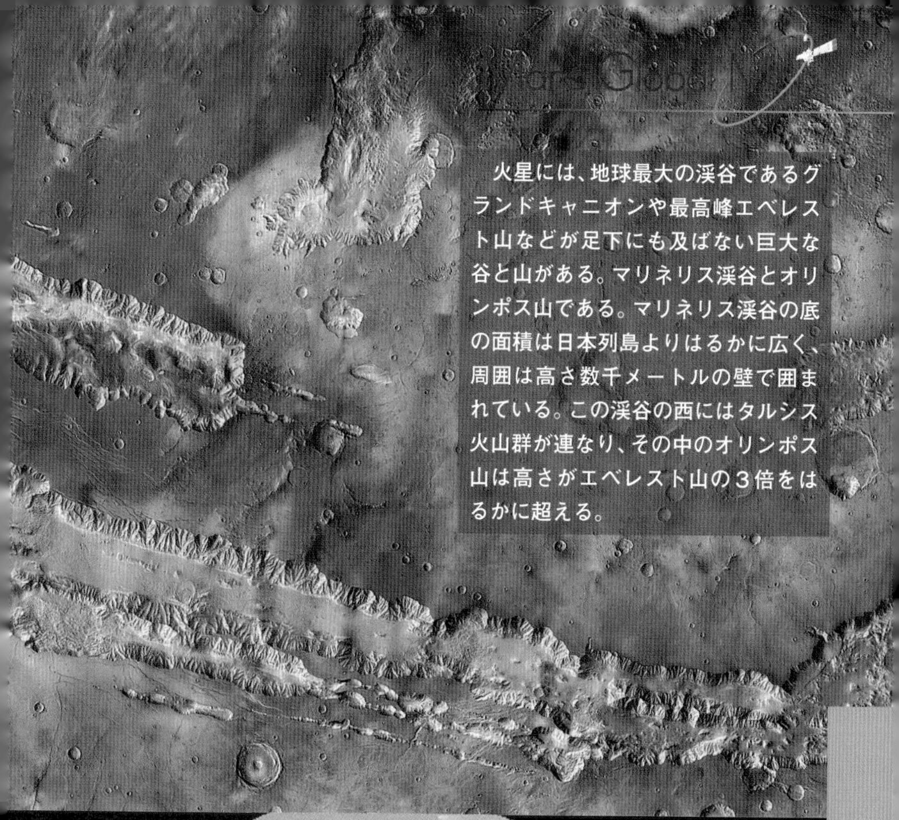

火星には、地球最大の渓谷であるグランドキャニオンや最高峰エベレスト山などが足下にも及ばない巨大な谷と山がある。マリネリス渓谷とオリンポス山である。マリネリス渓谷の底の面積は日本列島よりはるかに広く、周囲は高さ数千メートルの壁で囲まれている。この渓谷の西にはタルシス火山群が連なり、その中のオリンポス山は高さがエベレスト山の３倍をはるかに超える。

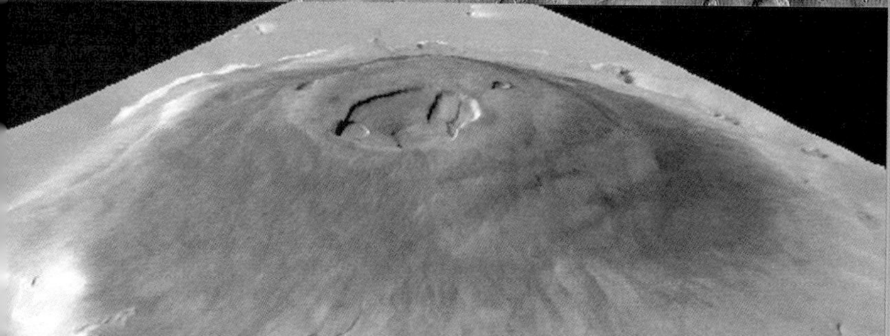

⬆太陽系最大の山、オリンポス山。山の形は地球で見られる盾状火山（マウナケア山など）に似るが、その大きさは途方もない。周辺からの高さは２万7000メートル、すそ野の直径は約600キロメートル、頂上にはさしわたし80キロメートルの巨大なカルデラがある。　画像／NASA／JPL－Caltech

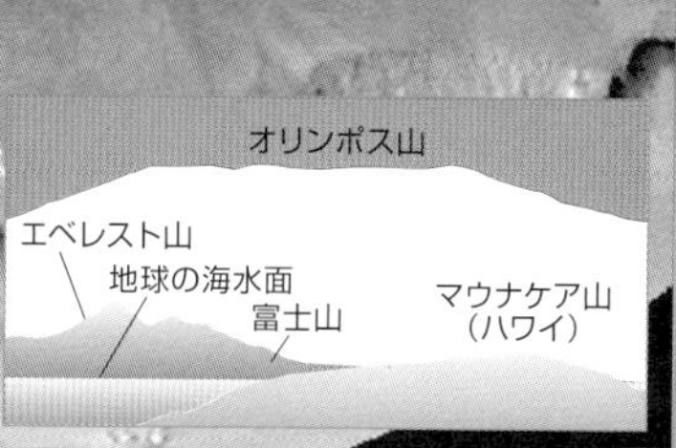

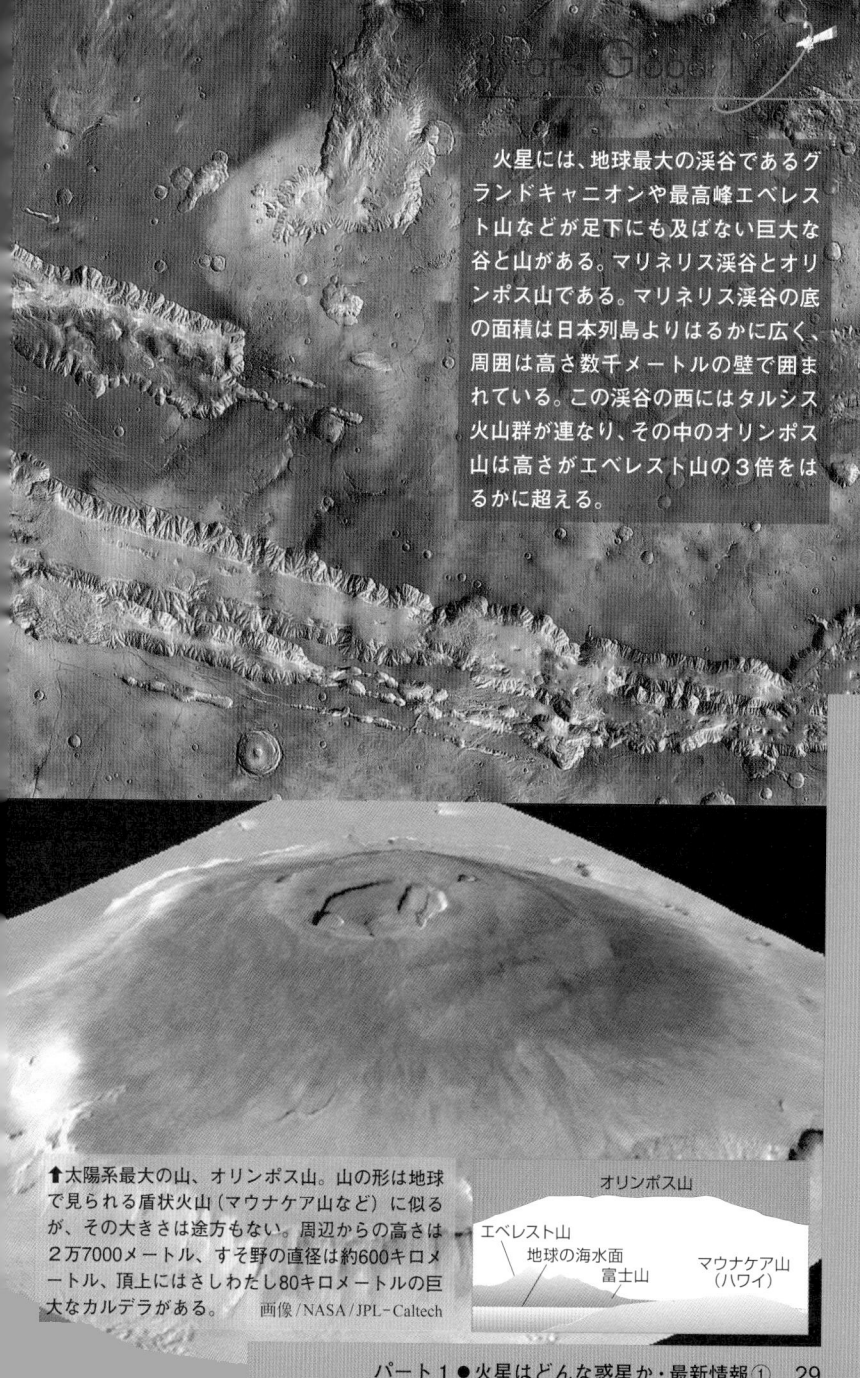

③火星の川

水の存在の証拠

Liquid Water Flow on Mars

惑星探査機マリナー９号によって地球以外の天体ではじめて川の跡が発見されたのは1971年11月、場所は火星のタルシス山脈東部の峡谷のはずれだった。過去の火星に膨大な量の水が存在したことは、いまでは疑いようがなくなっている（36ページ関連記事参照）。

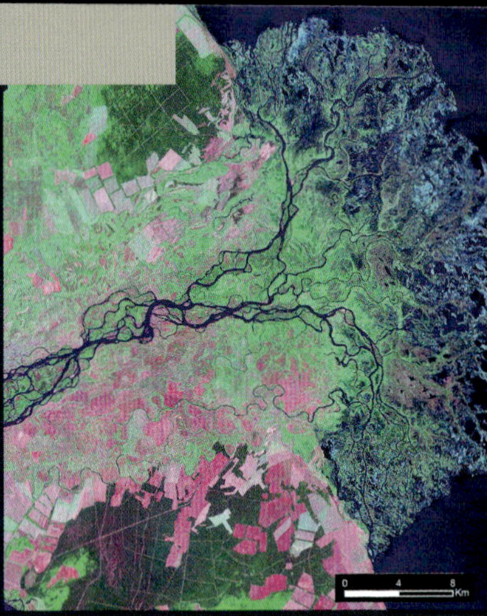

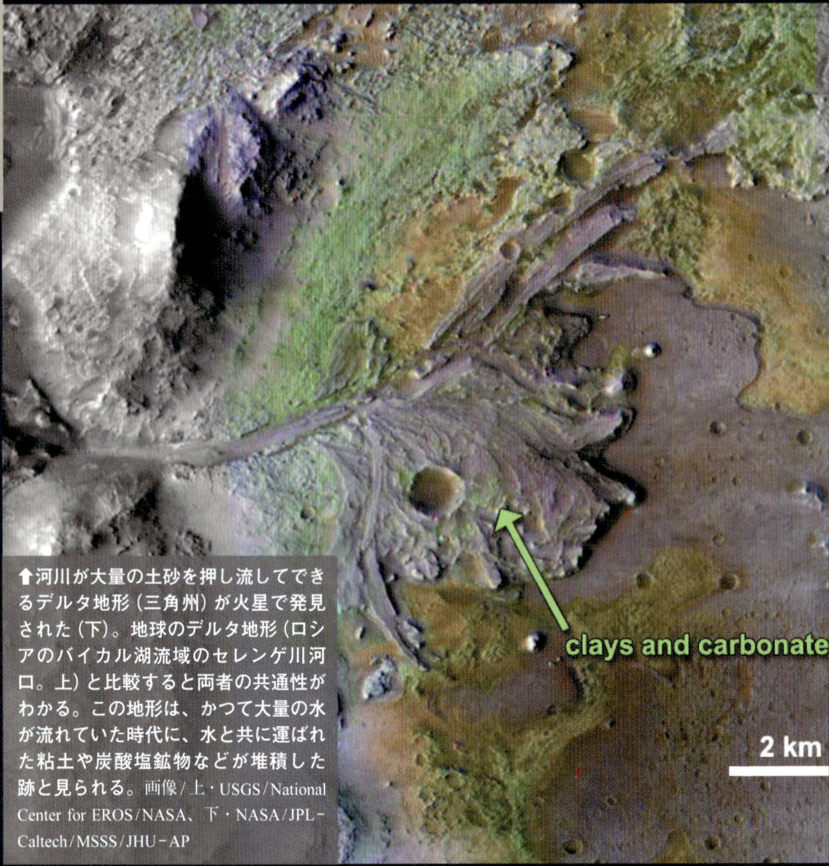

⬆河川が大量の土砂を押し流してできるデルタ地形（三角州）が火星で発見された（下）。地球のデルタ地形（ロシアのバイカル湖流域のセレンゲ川河口。上）と比較すると両者の共通性がわかる。この地形は、かつて大量の水が流れていた時代に、水と共に運ばれた粘土や炭酸塩鉱物などが堆積した跡と見られる。画像/上・USGS/National Center for EROS/NASA、下・NASA/JPL－Caltech/MSSS/JHU－AP

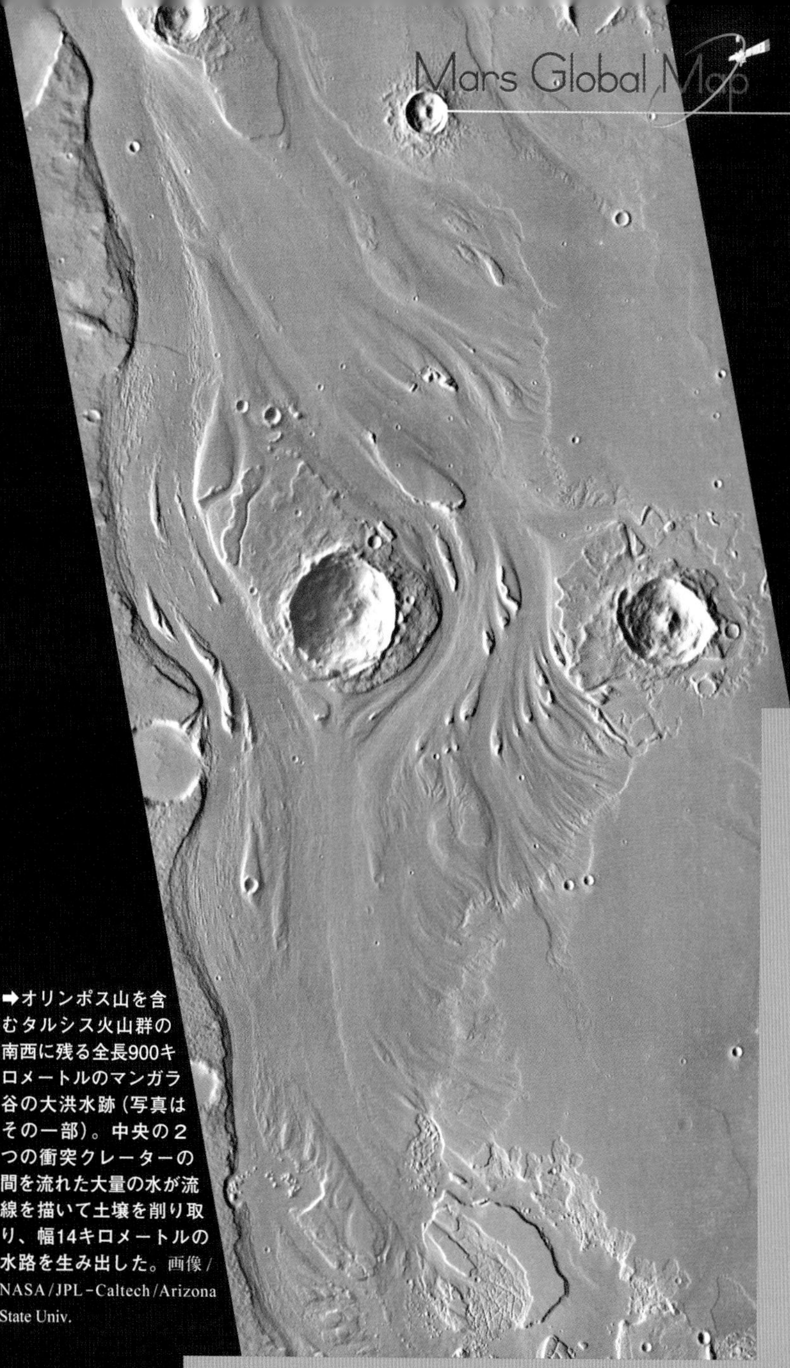

➡オリンポス山を含むタルシス火山群の南西に残る全長900キロメートルのマンガラ谷の大洪水跡（写真はその一部）。中央の２つの衝突クレーターの間を流れた大量の水が流線を描いて土壌を削り取り、幅14キロメートルの水路を生み出した。画像／NASA／JPL－Caltech／Arizona State Univ.

④火星の極冠

北極と南極の氷

Mars' Polar Caps

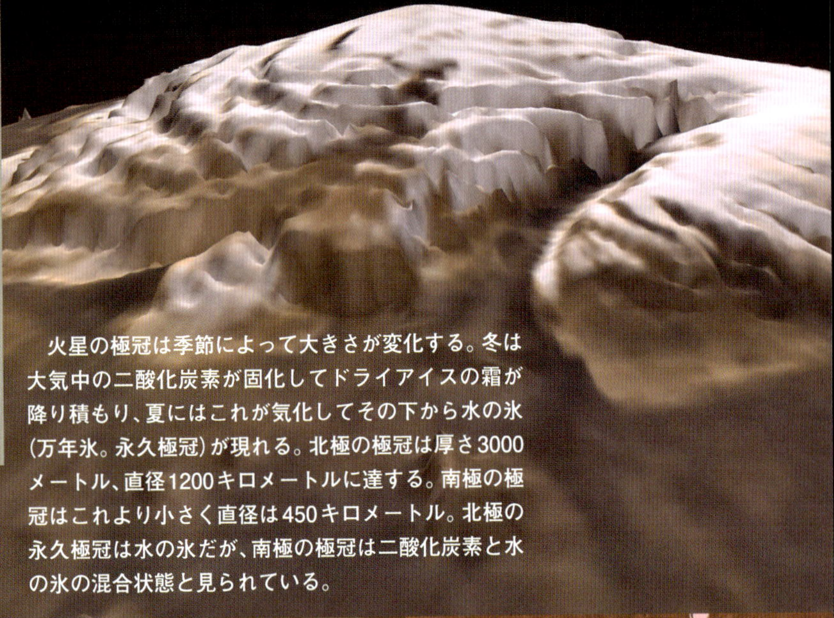

火星の極冠は季節によって大きさが変化する。冬は大気中の二酸化炭素が固化してドライアイスの霜が降り積もり、夏にはこれが気化してその下から水の氷(万年氷。永久極冠)が現れる。北極の極冠は厚さ3000メートル、直径1200キロメートルに達する。南極の極冠はこれより小さく直径は450キロメートル。北極の永久極冠は水の氷だが、南極の極冠は二酸化炭素と水の氷の混合状態と見られている。

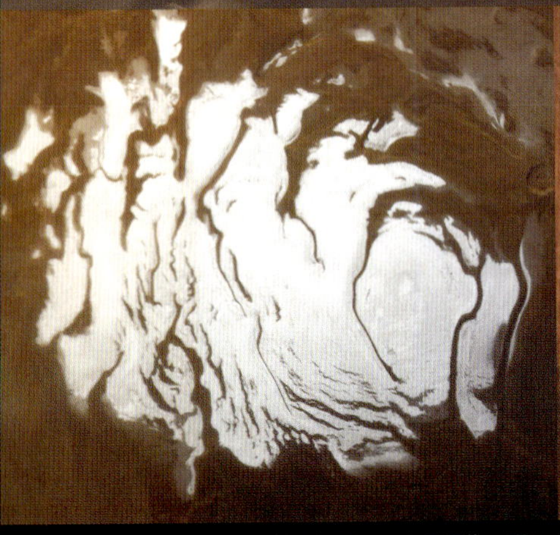

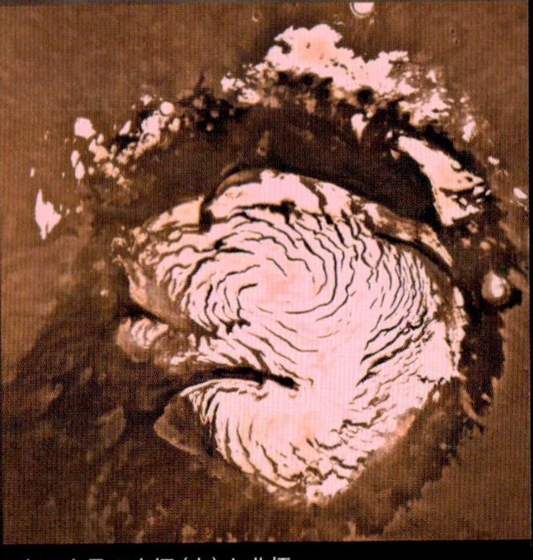

⬆上のCGは北極の極冠の３次元画像。下の２点は火星の南極（左）と北極。
画像/上・MOLA Team, MGS Project, NASA、下左・NASA/JPL/MSSS、下右・NASA/JPL/USGS

MORE INFO 火星探査車の“フルマラソン”

⬆10年間も火星の地上を探査しつづけているオポチュニティー。

イラスト/NASA/JPL

本書の巻頭（10ページ）ではNASAの火星探査者キュリオシティーに焦点を合わせたが、じつは火星では現在、ほかにも2機の少し小型の探査車（ローバー）が活動している。2004年1月に火星に着陸した双子のオポチュニティーとスピリットだ。

オポチュニティーは赤道付近のメリディアニ平原に着陸、スピリットはその3週間前にこの平原から見て火星の裏側の同じく赤道付近のグセフ・クレーターに着陸した。しかしスピリットは2009年、走行中に砂地に車輪がはまって動けなくなったため、以後は周囲を“定点観測”している。

他方オポチュニティーは現在までに当初計画の90火星日をはるかに超えて、2015年3月時点でじつに3950火星日以上（地球では10年以上）も活動しつづけ、走行距離はフルマラソンと同じ42キロメートルを超えている。オポチュニティーはいまこの瞬間も、火星の地上状態や水（氷）の有無についてきわめて重要なデータを送り届けてきている。

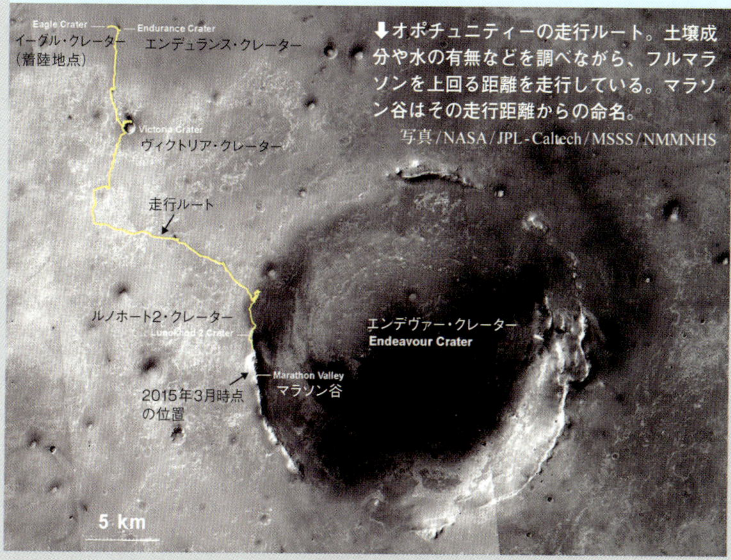

⬇オポチュニティーの走行ルート。土壌成分や水の有無などを調べながら、フルマラソンを上回る距離を走行している。マラソン谷はその走行距離からの命名。

写真/NASA/JPL-Caltech/MSSS/NMMNHS

竹内薫の Point of View 2

火星は誰のものか……
宇宙法のお話

むかしカナダの大学に留学していたとき、日本人留学生で法学を学んでいる女性がいた。あるとき飲み会で、

「法学がご専門ですか。国際法とかですか？」

と訊ねたところ、

「いいえ、宇宙法です」

という答えが返ってきた。私も大学入学時は法学が専門だったのだが、宇宙法というのは初耳だったので詳しく聞いてみた。

「たとえば南極が誰のものか、という問題は国際法で扱われます。実際は、南極条約によって、各国が領有権を主張せず、環境を守りつつ、みんなで協力しながら探査や観測を行っていますよね。あるいは、深海も同じ。いきなりどこかの国が深海に潜って、ドリルで資源を掘り始めたら、未知の生態系も充分に研究される前に破壊されてしまいます」

「ふーん、じゃあ、月も同じですか」

「そうですね。一番先に行った国が領有権を主張できるのなら、月はアメリカ合衆国のものになってしまいますが、さすがにそれは他国が許しませんよね。宇宙法では、月や火星といった、将来、人類が基地を作ったり移住したりする可能性のある天体も扱います。また、人工衛星が増えてきて、宇宙ゴミの問題も深刻化していきそうですから、今後、宇宙法が必要になる場面は増えることでしょう」

よく、法律は社会の進歩に遅れて整備されるというが、こと宇宙に関しては、アメリカ以外の国が月に宇宙飛行士を送りこむ前に、宇宙法の専門家たちが将来の法整備に向けて研究を重ねていたわけだ。

たしかに、中国は月に探査機を着陸させ、早い時期に（核融合発電の原料となる）ヘリウム3などの資源開発を進める意向だともいわれている。このような動きを睨んで、アメリカでは、過去にアメリカの探査機

←宇宙空間の利用を定める国際宇宙法は、アメリカとソ連（現ロシア）の宇宙開発競争が始まった1950年代末、早くも国連によって制定された。　写真/NASA

が着陸した地点を「国立公園」もしくは「世界遺産」とし、立ち入り禁止にしたり、飛行禁止区域にすることなどを検討しているそうだ。

だが、宇宙法の専門家たちは、アメリカの国立公園ということになると、アメリカが領有権を主張しているととられかねず、世界中の反発を食らうのではないかと警鐘を鳴らしている。

月に関しては、領有権や資源開発が現実問題として浮上しつつあるわけだが、火星はどうだろう。

火星の場合、月よりもずっと遠いため、いまだに人類は宇宙飛行士を送りこむ段階に至っていない。だが、アメリカが有人火星探査の計画を練っているし、もしかしたら中国が世界に先んじて火星に宇宙飛行士を送りこむ可能性もある。つまり、今後、数十年以内に、月に続いて、火星の領有権や資源開発をどうすべきか、宇宙法に則って法整備をする必要が出てくるのだ。

さらに遠い将来、火星をテラフォーミングして、人類が移住することになったら、南極や深海や月みたいに「人類の共有財産」という扱いのままでは済まない。人が移住する場合、当然、領有権や所有権の問題が生じる。

現在、一種の洒落として、月や火星の土地を販売している会社があるが、今は笑っていても、将来、裁判になったときに、この洒落の土地所有権が正式な権利として認定される可能性もゼロではない。

宇宙開発はロマンが一杯だが、人間のやることには常に「欲」がつきもの。欲が行く着く先は争いや戦争だ。そういった紛争を未然に防ぐためにも、宇宙法の専門家たちには、火星のテラフォーミングが実現されるまでに、充分に法整備のための研究を進めてもらいたいものである。

火星生命の存在の可能性

新海裕美子

人間は19世紀末以来、火星生命やときには“火星人”の存在に関心を抱き続けてきた。21世紀のいま、その答えはどこまで得られたか。

火星の宇宙船から生命体が……

　第二次世界大戦が間近に迫りヨーロッパ全土がいよいよ緊張を深めていた1938年10月30日、大西洋のかなたのアメリカでラジオから流れていたダンス音楽が突如止まった。そしてアナウンサーが臨時ニュースを読み上げた。「ある天文台の教授が火星観測中にその表面で起こった連続爆発をとらえた」というのであった。

　その後すぐにダンス音楽は再

開されたが、まもなくまたも臨時ニュースによって中断された。こんどは「隕石がニュージャージー州に落下した」という。ニュースはさらに、「隕石と見られたものは実際には宇宙船で、その中から多数の生命体が現れて人間を次々と殺戮《さつりく》し始めた」と伝えたのである。

これを聞いた人々が自宅を飛び出して道路にあふれ、ラジオ局や警察の電話は問い合わせでパンク状態となった。

だが実はこの臨時ニュースは、俳優・脚本家のオーソン・ウェルズが演出したラジオ番組、つまり作り話であった。彼はイギリスの高名なＳＦ作家Ｈ・G・ウェルズの小説『宇宙戦争』(38ページ写真)からこの話を着想し、大衆の反応を見ようとしたのだ。

番組のはじめにこれはドラマだと告知していたものの、多くの人々が本物のニュースと勘違いして騒動になったのである。それというのも、当時“火星人”の存在はそれほど空想的とは思

⬇1976年に火星に着陸したヴァイキング２号がはじめて撮影したユートピア平原。
画像／Edward A. Guinness, Washington Univ.／NASA

われていなかったからだ。

1877年、大接近した火星を望遠鏡で観察したイタリアの天文学者ジョヴァンニ・スキャパレリは、その表面に見られる多数の紋様は火星全体に張り巡らされた“人工運河”だと考え（右ページ図１）。その後まもなく、自作の大型天体望遠鏡（右ページ写真）で火星の観測に夢中になっていたアメリカの天文学者パーシヴァル・ローウェル――明治時代の日本を何度も訪れた――は、やはり火星の表面に多数の筋状の紋様を目撃し、火星には高度な文明が存在すると主張した。

だが20世紀半ばから本格的な火星探査が始まると、“火星文明”はすっかり姿を消すことになった。1976年、火星に着陸したアメリカの無人探査機ヴァイキングが送ってきた写真には赤茶けた砂漠のような大地のみが広がり（36～37ページ写真）、人工運河らしきものはどこにも写っていなかった。

⬅1898年にH. G. ウェルズが書いた小説『宇宙戦争』では、火星文明が地球に３本脚のロボットを送り込む。これはフランス語版（1906年）の挿絵。イラスト/Henrique Alvim Correa

ヴァイキングはまた、火星の大気が非常に薄く、着陸地点は夏でも気温がマイナス60度C程度とする観測データを送ってきた。地球の生物にとってはきわめて過酷な環境である。そしてヴァイキングがそこで行った実験も、地上の生命の存在を示唆してはいなかった。知的生命体や人工運河を建設できる高度文明の可能性は完全に消えた。

では、知的生命体はともかくとして、火星にはどんな生命体も存在しないのか？

研究者たちは必ずしもそうは考えていない。少なくとも過去には原始的な微生物が生きていた可能性があると見ている。そして、現在もその生物は地中深くで生き続けているかもしれないという。

研究者たちは根拠もなしにそう考えているのではない。彼らに火星生命への期待をもたせるもの、それは液体の水の存在である。

図1

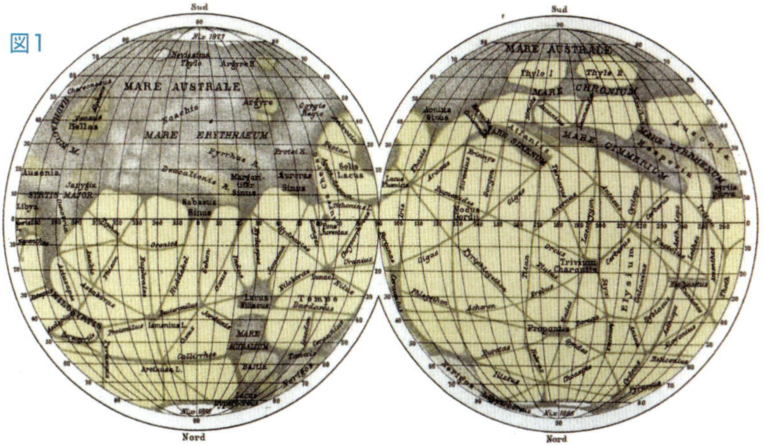

⬆1888年にミラノの天文台長スキャパレリが望遠鏡で観測して描いた火星の地図。大陸や海を仮想して命名している（図の上側が南極）。 図/IPCD

図2

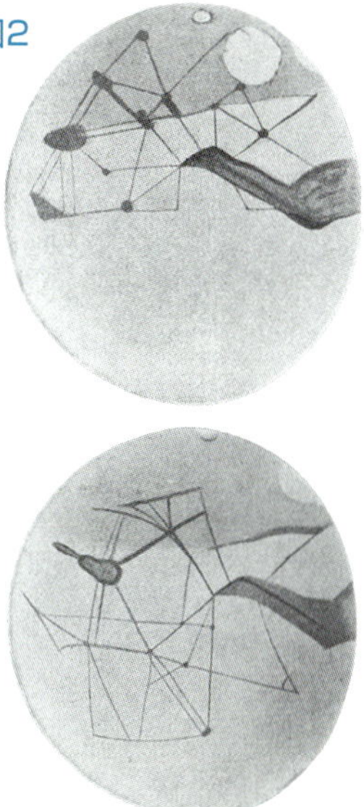

⬆ローウェルの描いた火星。多数の運河のような模様が描かれている。

⬅ローウェルは19世紀末から20世紀にかけて10年間以上、この望遠鏡で火星を観測した。アリゾナ州フラッグスタッフにあるローウェル天文台。 撮影/矢沢 潔

大量の水が存在した証拠

「水を見つけるべし」――これはNASAの火星探査の最重要な目的のひとつである。

いまも火星で地上探査を続けているNASAのキュリオシティーやオポチュニティーをはじめ、これまでに火星を訪れた数々の探査機はどれも、水や水の痕跡、あるいは水の氷を探し求めてきた。それは、水の存在が火星生命の存在または非存在のカギだからである(下用語解説)。

地球上に住むあらゆる生物(ウイルスを除いて)は細胞でできている。細胞とは一言で言うなら“水を入れた袋”である。ただし細胞内の水は実際にはさまざまな分子が溶け込んだ濃密な液体であり、それらの分子が次々に互いに反応することによって生命活動が生じる(42ページコラム参照)。

科学者の多くは、地球に生命が誕生したのはただの偶然ではないと考えている。さまざまな説はあるものの、地球の温暖な気候と海の存在がいわば必然的に生命を生み出したというのだ。つまり、広大な海のいたるところで無数の分子が無数の反応をくり返すうちに、原初の生命ないしその素材が誕生したというのである。

地球は45億年ほど前に形成され、その後数億～10億年で最初の生命が姿を現したと見られている。とすれば地球とかなりよく似た火星でも、過去に何億年かにわたって液体の水が大量に存在した時代があったなら、その間に生命が誕生した可能性は十分にある。そしていまでは、これまでのさまざまな観測結果から、過去の火星に大量の水が液体として存在したことは疑いようがないと見られるようになっている。

1997年、NASAの探査機マーズ・パスファインダーは、南半球のアレス渓谷と呼ばれる地域

用語解説 **火星を汚染する可能性**：一部の地球生物は非常に生命力が強く、極低温や低圧、高い放射線や紫外線にさらされても生き延びる(125ページコラム参照)。惑星探査機は徹底的に殺菌されるが、NASAの火星探査機キュリオシティーは打ち上げ前、ドリルが細菌で汚染された可能性が指摘されている。そのためドリルが火星表面の水や氷に接触したとき、地球の何らかの細菌が繁殖して火星を汚染することが懸念されている。

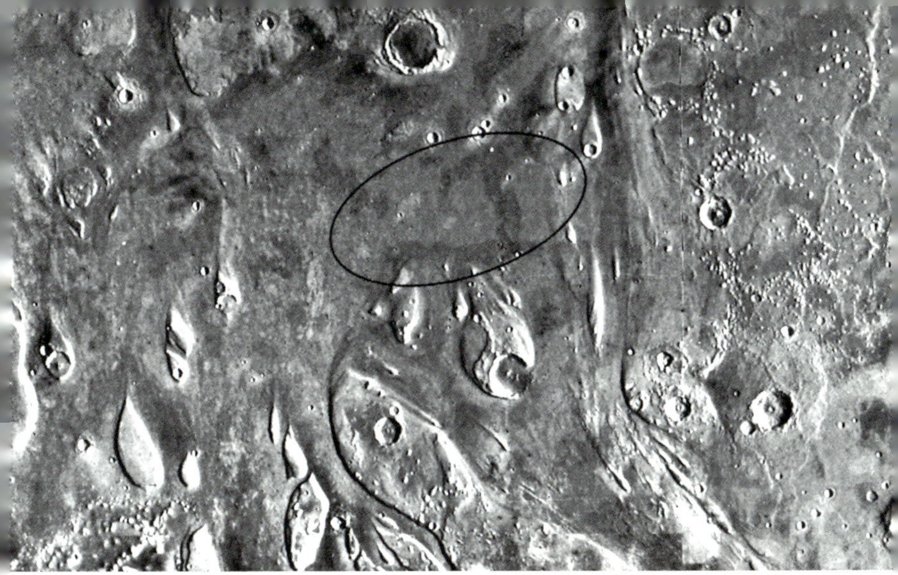

⬆太古の大洪水の跡と見られるアレス渓谷。丸印は探査機パスファインダーの着陸地点。➡アレス渓谷の岩石を調査中の探査車ソジャーナ（パスファインダーと一緒に火星に送られた）。この渓谷で見られる大小さまざまな岩石は大洪水によって運ばれた可能性がある。

画像/NASA

⬆写真は、キュリオシティーがイエローナイフ湾から西北西を臨んで撮影した複数の映像の合成。このローバーが湾の堆積岩を掘削して成分を分析した結果、粘土鉱物スメクタイトなどが発見され、ここがかつて湖であったことが明らかになった。

画像/NASA/JPL-Caltech/MSSS

で、全長1700キロメートルにも達する洪水ないし流水の跡と見られる地形を発見した(41ページ上写真)。

ついで2001年に打ち上げられたマーズ・オデュッセイは、火星の周回軌道を回りながら地表全域を観測し、南北の極地に大量の氷、すなわち固体の水が存在することを明らかにした。冬の間、この氷の表面はドライアイス(固化した二酸化炭素)で覆われることも明らかになった(32ページ参照)。

ほかにもキュリオシティーやオポチュニティーなどの探査機が火星の地上や上空から、かつての広大な川の跡(川床)や湖

MORE INFO 液体の水と生命

"液体の水"が存在するか否か——それは地球型生命にとって必須の環境要件となる。

生命活動にはさまざまな分子が高速で化学反応をくり返すことが不可欠であり、そのためには無数の分子が動きやすくかつ互いに衝突しやすい状態におかれなくてはならない。

固体の中では分子は互いに拘束されているため、分子どうしは反応しにくい。また気体の場合、分子は動きやすいものの、密度が低すぎて分子どうしが遭遇する確率が小さい。そのため、どちらの場合も分子どうしの反応は起こりにくい。

これに対して液体に溶け込んだ分子は、自由に動きまわれるだけでなく他の分子と遭遇・衝突しやすく、化学反応を起こしやすい。

水にはほかにも大きな利点がある。それは温度環境の変化が少ないというものだ。水は比熱が大きく、温度を1度C高めるにも大きなエネルギーを必要とする。

こうした性質のため、大量の水が存在すると、外部から大きな熱が加えられてもそれを容易に吸収し、水温はそれほど上昇しない。逆に周囲の温度が下がっても水温は容易には下がらない。地球の海を見ると、日中と夜間で気温が大きく上下しても海水温はほとんど変化しないことがわかる。

水はまた蒸発熱や凝結熱も大きい。そのため蒸発するときには周囲の熱を大量に奪い、水蒸気が水になるときには逆に大量の熱を放出する。こうした性質はどれも、水が生物にとって安定した環境の提供者であることを示している。

⬆過去の火星で最大級の水源地をなしたと見られるイーチャス谷。ここからわき出た水が、北に数千キロメートル延びる巨大なカセイ渓谷（名称は日本語の火星に由来する）を形作ったと考えられている。写真はマーズ・リコネッサンス・オービターがとらえたもので、谷底の一部は水が失われた後に噴出した溶岩に覆われている。

画像/NASA/JPL-Caltech/Univ. of Arizona

の痕跡など、液体の水が存在していた証拠を次々に発見した。そのため研究者たちは、火星の地下にはいまも大量の水が存在すると考えている。

さらに2013年12月には、NASAの火星ローバー・キュリオシティーがゲール・クレーターにあるイエローナイフ湾の岩石をくわしく調べ、そこがかつて湖の底であったことを明らかにした（41ページ下写真）。この地点の湿潤な環境は数百万〜数千万年続いたと見られている。

こうした観測結果はどれも、過去のいずれかの時代に火星に大量の液体の水が存在したことを示している。それは多くの川や湖、それに海を形成し、太古の地球と同じように生命誕生の条件を整えていた可能性をうかがわせる。

3

南極で見つかった火星の隕石

新海裕美子

イトミミズのような微生物？

NASAのクリス・マッケイ（172ページ写真）といえば、火星の生命探査と“火星テラフォーミング（火星植民化）”の研究に関して、おそらく世界でもっとも知られた正統派の科学者である。

2008年、マッケイはスタンフォード大学で「宇宙生物学と宇宙探査」と題する一連の講義を行った。そしてその16回目に「火星の探査と火星植民化――なぜ、どうやって行うのか？」について話した。

そこでマッケイは次の点を明確に述べた。彼の考える火星探査の意義あるいは目的は、「地球生物とは別種の火星生物を見つけることだ」というのである。

つまり彼は、地球で生命が誕生したように、かつて火星でも独自に生命が出現したかどうかを見極めたいと言ったのだ。いいかえると、火星で地球生命とは無関係に“第２の生命発生”が起こったかどうかである。

もしそこで実際に第２の生命発生が起こったとしたら、それは、宇宙では一定の条件が整いさえすれば、どこでもとまでは言わないまでも、さまざまな天体でさまざまな生命が誕生し得ることになる。従来の生命の定義を書き換えることになるかもしれないこの違いはきわめて大きい。

マッケイが問題にするのは、火星で生命存在の証拠が見つかったとき、それが地球生物の進化系統樹とどのような関係にあるかである。

彼のこうした見方がNASAの他の研究者たちを代表している

用語解説 **火星隕石**：現在６万個以上の隕石が地球上で発見されており、そのうち120個あまりが火星に由来すると見られている。

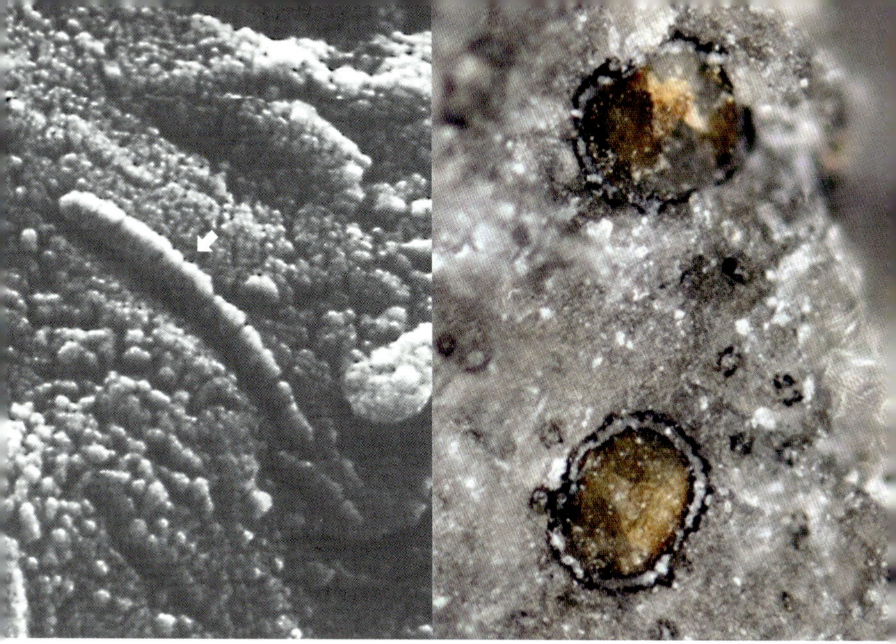

⬆火星隕石ALH84001から発見された微生物のような構造物（左写真の矢印）。一時は極微の細菌“ナノバクテリア”と見られたが、その後自然現象の産物とされるようになった。しかし隕石中の有機物やマグネタイトが生物起源である可能性は残されている。右はALH84001の内部の顕微鏡写真。水が存在するときに生じる炭酸塩（オレンジ色）が含まれていることが判明した。写真/左・NASA　右・Kathie Thomas-Keprta and Simon Clemett/ESCG at NASA Johnson Space Center

ということではない。他の多くの研究者はまず生命の存在やその証拠を見つけたいと考え、それがNASAの火星探査の大目標ともなっている。

　ではこれまでに、火星生命の証拠らしきものはまったく見つかったことはないのか？　そんなことはない。火星生命がかつて活動した証拠と思しきものが、地球に落下した火星起源の隕石（左ページ用語解説）から何度か見つかっている。

　たとえば1996年、NASAのデビッド・マッケイ（2013年死去。クリス・マッケイとは無関係）が率いる研究者たちは、南極大陸で見つかった火星隕石アランヒルズ84001（ALH84001。上写真）から、非常に小さなイトミミズのような構造物を発見した。これは太古の火星で生きていた微生物（ナノバクテリア）の化石ではないか——研究者たちは興奮し、「火星生命の発見か」とメディアも大きく報じた。

アランヒルズ隕石は地球上で発見された火星隕石の中でも非常に古く、40億年ほど前に火星の地殻として形成されたものと見られている。それが後の時代に火星に衝突した巨大な隕石によって宇宙空間まではね飛ばされ、何千万年もの間太陽系宇宙をさまよった末、いまから1万3000年ほど前に地球の南極に落下した。そして1984年にアメリカの研究者たちにより南極で発見されたというのである。

アランヒルズ隕石の微小な構造物は地球上で見つかるナノバクテリアの化石によく似ていた。しかし、その後の研究により地球のほとんどのナノバクテリアは生命ではないことが明らかになった。そのため現在では、アランヒルズ隕石の“化石”も生物起源ではないと見られている。

だがこれでアランヒルズ隕石の重要性が失われたわけではない。というのも、この隕石中には生物由来を思わせる物質が含まれていたからだ。

火星生物の2つの証拠？

そのひとつは「PAH」(多環芳《たかんほう》香族《こうぞく》炭化水素の略)と呼ばれる物質で、火星の岩石からはじめて発見された有機分子でもある。

PAHは地球上ではごく身近な存在だ。細菌などの微生物の活動によって生み出され、石油や石炭、堆積岩中に豊富に見られる。また石油や石炭などの化石燃料の不完全燃焼によっても生じる。

生物なしでもPAHが生まれないわけではないが、それには星(恒星)の誕生などの宇宙的スケールの事象が必要と考えられている。そのためアランヒルズ隕石のPAHは生物がつくり出した可能性を否定できない。

PAHが生成したのはこの隕石のもとである火星の岩石が形成されたときではなく、その数億年後の36億年前――地球に生命が誕生したころ――ということも、この見方を裏付けている。

いまひとつの証拠は、隕石の有機物から見つかったマグネタイト(磁鉄鉱)の結晶だ。マグネタイト自体は地球では身近な鉱

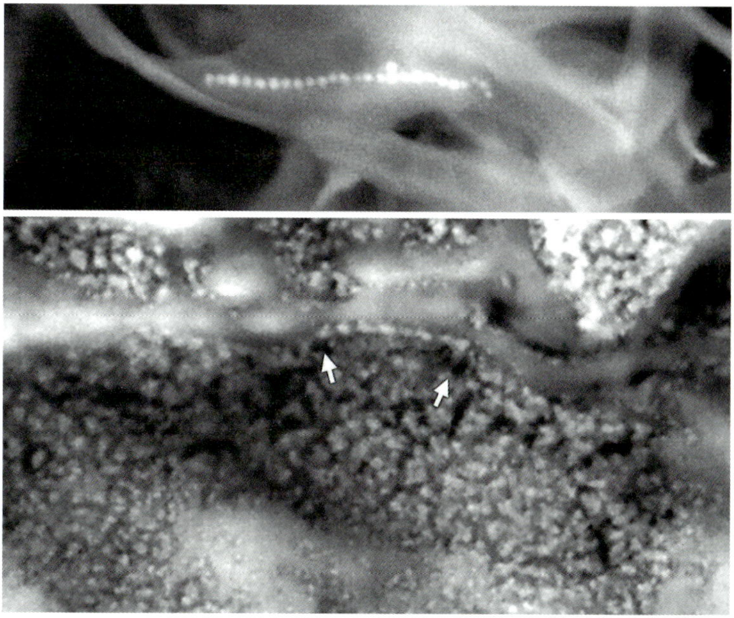

⬆地球上の磁性細菌は磁性体がつながったような構造だが（上）、ALH84001にも同じ構造が見つかった（下の矢印）。
写真/NASA

物として知られる。砂浜で磁石を引きずると砂鉄が引き寄せられるが、その主要な成分がマグネタイトである。

しかしアランヒルズ隕石から発見されたマグネタイトはこうした砂鉄とは大きく異なっていた。これを調べたNASAの研究者キャシー・トーマス－ケプルタは、「かつてこれほど化学的に純粋なマグネタイトを見たことはない」と述べている。しかもこの物質は、地球に住む磁性細菌が体内にもっているマグネタイトと化学的、形態的にそっくりという（上写真）。

アランヒルズ隕石もその一部をなしていたであろう36億年前の火星の地表には、磁性細菌のような微小な生物が生息していたのか。さまざまな議論はあるものの、いまのところその真偽は定かではない。

20億年続いた湿潤な火星環境

火星生命の存在を示唆する隕

⬅アフリカのサハラ砂漠で見つかった隕石“ブラックビューティー”。重さ約320グラム。
写真／NASA

石はアランヒルズ隕石だけではない。すでにこれまでに10個の火星隕石から有機物が発見されている。とりわけ2011年にアフリカのサハラ砂漠で発見された隕石“ブラックビューティー（NWA7034。上写真）”は注目の的である。

その名が示すようにブラックビューティーは黒光りするにぎりこぶし大の隕石で、約21億年前、太陽系最大の火山として知られる火星のオリンポス山の火山活動が活発な時期に生じた火山岩の一部である。

2013年１月のNASAの発表によると、この隕石はそれ以前に発見された隕石の10倍以上の水を含んでいるという。この事実は、20億年あまり前の火星の地表は湿潤であり、そこでは生命存在に適した環境が20億年もの間続いたことを示している。これは生命の発生と繁栄には十分な時間といえる。そしてこのブラックビューティーもまた有機分子を含んでいるのだ。

火星でクリス・マッケイのいう“第２の生命発生”が起こったかどうか、いまのところ確証はない。しかし少なくとも過去に生命が発生した可能性は、地球との類推からも十分にあり得ることである。研究者の中には、そのための条件は地球以上だったと主張する者もいる。

Terraforming Mars : Part 2

パート2

宇宙輸送システム

地球重力圏脱出ロケット
火星有人飛行ロケット

イラスト/NASA

人類はこれまで、巨大なロケットを使って火星に多数の無人探査機を送ってきた。しかし近い将来いよいよ人間を火星に送るとなると、ロケットにはまったく新しい性能や特性が求められる。火星有人飛行を行うには、いったいどんなロケットが必要なのか。ここでは最新のロケットから未来のロケットまで、そのすべてを俯瞰する。

執筆／矢沢 潔

化学ロケットで火星有人飛行は可能か？

アポロ計画もスペースシャトル計画も化学ロケットによって成し遂げられた。ではこのロケットは火星に人間を送ることはできるのか？

⬆半世紀前、人類をはじめて地球以外の天体へと送り出したサターンV型ロケットの巨大な噴射ノズル。その前に立つフォン・ブラウンはこのロケットの開発者であり、アメリカの宇宙開発に多大な貢献をした。　写真（右ページも）/NASA

化学ロケットの長所と短所

宇宙空間でロケットを前進させる力には、ニュートンの運動の第3法則が単純に当てはまる。すなわちどんな力にも逆向きで同じ大きさの力が ともなうというもので、「作用・反作用の法則」とも呼ばれる。そしてよく見ると、実際には大量の燃料を消費して質量（全体の重さ）が大きく変化しながら飛行する化学ロケットでも、基本的には運動の第1法則と第2法則に従うこともわかる（54ページ用語解説）。

化学ロケットの場合、ノズル

⬆アポロ11号を打ち上げるサターンV型ロケット。先端に3人の飛行士が乗っている。

(噴射口)からガスが噴射されると、そのロケットはガスの噴射方向とは正反対の方向に押される。このときロケットを押す力、つまりロケットの質量×加速度は、噴射されるガスの質量×加速度(=推力、推進力)と同じである。

このような化学ロケットの性能は「比推力」(82ページコラム参照)によって示される。比推力とはすなわち使用される燃料の性能である。ある燃料を燃やして(酸素と結合させて)ガス化させ、それをどれほど高速で噴射できるかの目安である。

この場合、ガスの温度が高いほどガス分子は高速で運動するので噴射速度は大きくなり、ロケットの性能は高まる――つまり比推力が高くなる。

化学ロケットで一般に最高の性能を生み出せる燃料は水素である。水素燃料を酸素と反応させた場合、それによって生じるガスの噴射速度は秒速数キロメートルに達し得る。しかし実際のロケットエンジンではさまざまな要因による制約があるので、水素燃料でも秒速3キロメートル程度が限界とされている。

だがこれでは質量の巨大なロケットが地球重力圏を脱出することはできない。地球重力圏の脱出速度は秒速約11.2キロメートルだからである(表1および右ページコラム)。

そこでロケットをいくつも重ねて多段式にし、第1段(燃料はおもにケロシン)が燃え尽きたら第2段へ、ついで第3段へと次々にバトンタッチすると、各段の最終速度の合計によってようやく地球重力圏を脱出できる速度に到達する(地上から垂

表1 太陽系天体の重力圏脱出速度

天体	脱出速度(km/秒)	地球=1のときの速度比
水星	4.3	0.384
金星	10.4	0.926
地球	11.2	1
月	2.4	0.213
火星	5.0	0.450
木星	59.5	5.32
土星	35.5	3.17
天王星	21.3	1.90
海王星	23.5	2.10
冥王星	1.1	0.098
太陽	617.6	55.2
太陽系	16.7	−

資料/NASA, Planetary Fact Sheet

PLUS DATA 脱出速度とは

地球上の物質は地球の重力によって地表に束縛されている。地表から物質を水平に打ち出したとき、その速度が秒速7.9キロメートルより小さければ、物質は楕円を描いて地表に落下する（A）。この速度よりわずかに遅ければ地表に近い周回軌道をとる（B）が、遠からず落下する。

またもしちょうど同じ速度なら、地球の重心を回る円形の周回軌道をとって人工衛星となり（C）、これより速ければ楕円周回軌道の人工衛星となる（D）。

そして速度が地球重力圏脱出速度（秒速11.2キロメートル）なら、その物質は放物線を描いて宇宙に逃げ出し（E）、またこれより速ければ双曲線を描いて宇宙に向かう（F）。そして打ち出される速度が大きくなるほど、その軌道は直線に近くなる（G）。ただしこの模式図では空気抵抗は便宜的に無視している。

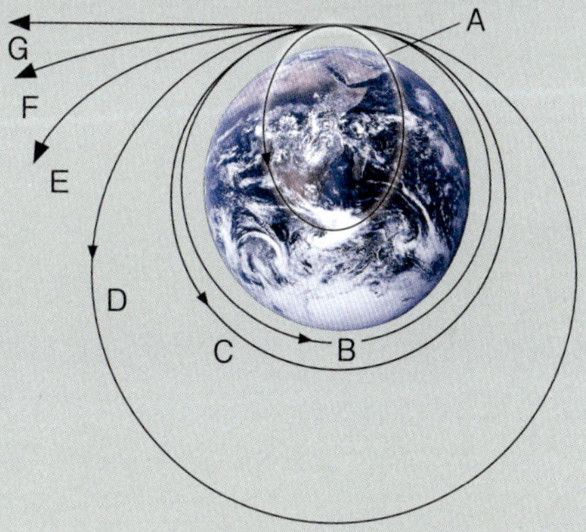

直方向に上昇するほど脱出速度は遅くてもよいが、地球の自転速度を利用しないことになるので、それだけ巨大で強力なロケットが必要になる）。

それでもなお宇宙空間における化学ロケットの最高速度は秒速10〜20キロメートルが限界なので、数週間で火星に到達する宇宙船をつくることはできない。これが、化学ロケット以外の原理のロケットが不可欠な理由となっている。

化学ロケットの絶対的限界

化学ロケットの限界については、早くも19世紀末に帝政ロシアのコンスタンチン・ツィオルコフスキー（220ページ写真参照）が理論的に示唆していた。彼は、「噴射ガスの速度が大きいほど、そしてロケットの点火時と燃焼終了時の推進剤（燃料＋酸化剤）の質量の差が大きいほど、ロケットは大きな速度を得られる」とする公式を生み出した。ツィオルコフスキーのロケット公式とか最適ロケット方程式などと呼ばれる。

他方でこの公式は、よく見るとロケットの速度の限界をも予言していた。というのも、ロケットは燃料を使い切るまでに必要な燃料をはじめからすべて積んでいなくてはならず、当初は単なる貨物でしかないその燃料をも含めた重いロケットを出発時から加速しなくてはならない。そして、最終的により速い速度を出すには、はじめにより多くの燃料を積まなくてはならない。

結局、1960年代にNASAが人類をはじめて月に送り込んだサターンV型ロケット（50、51ページ写真）は、高さ111メートル、直径10メートル、総重量約3000トンという途方もなく巨大なものになった。重量の大半は燃料である。

現在のもっともすぐれた化学ロケットのガス噴射速度は毎秒4～5キロメートルほどであり、こうした条件をもとに計算すると、化学ロケットが自らの力で出せる最高速度は秒速17キロメートル程度、時速にして6万1000キロメートルほどとなる。

しかしこれでは、太陽系の外惑星に至る何億、何十億キロメートルの距離を許容し得る時間表で飛翔するには無理がある。

そのため、これまでに土星や木星などの外惑星の観測に送り出されたNASAのヴォイジャーや、太陽の全方位観測を目的としたユリシーズなどの探査機は、他の惑星の重力と公転運動を利用してパチンコで打ち出されるように加速する“スウィングバイ”という手法によってはじめて目的の軌道に達することができた。

こうして見ると、将来、人間が火星有人飛行を頻繁に行うにはなぜ化学ロケットをはるかに超える宇宙推進技術を必要とするかが容易に理解できる。

用語解説 **ロケットの運動法則**：ニュートンの第2法則は質量を一定とすると、力＝質量×加速度という簡単な公式で表される。しかし時間とともに質量（推進剤）がいっきに減少する化学ロケットの運動は、質量や速度の変化を考慮したより複雑かつ拡張された方程式で示される。

火星に向かう"宇宙の道"

火星と地球の位置関係

すでに1960年代にNASAが何度も実行したように、人間が地球の衛星である月に有人飛行を行い、地球に帰還することはとくに困難ではない。月までの距離は38万キロメートルしかなく、片道飛行に要した時間はわずか3日であった。21世紀のいまなら、半世紀前のアポロ計画よりはるかにうまく効率的に実行できるはずである。

しかし目的地が地球以外の惑星となると、困難度ははるかに高くなる。

太陽系内で見ると、火星は地球のすぐ外側の公転軌道を回っ

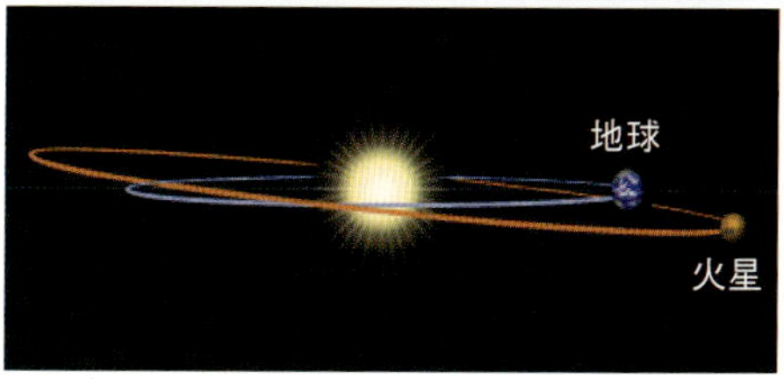

⬆太陽を公転する地球と火星のイメージ（縮尺は不正確）。火星は地球の約2倍（2地球年）の周期で太陽を公転する。
➡この2つの惑星は太陽のまわりの同一面を回っているのではなく、図のように互いにいくらか傾いている。　イラスト/NASA

ている"隣人"だが、両者間の距離は最短でも約5500万キロメートル（正確には5460万キロメートル）である。

問題は、この距離がたえず変化していることだ。地球は太陽を1年365日で1周しているが、火星はその約1.9倍、地球の日数に換算するなら687日をかけて公転している。そのためこれら2つの惑星の距離は一刻たりとも定まらず、もっとも離れたとき、すなわち太陽をはさんで地球と火星が正反対の位置（太陽と火星が同じ側に並んだ状態）——天文学でいう「合《ごう》」の位置

表2 打ち上げの窓（1995～2037年の火星の"衝"）

衝の時期	最接近日	最接近距離 天文単位：AU／単位100万km
1995年2月12日	1995年2月11日	0.67569／101.08
1997年3月17日	1997年3月20日	0.65938／98.64
1999年4月24日	1999年5月1日	0.57846／86.54
2001年6月13日	2001年6月21日	0.45017／67.34
2003年8月28日	2003年8月27日	0.37272／55.76
2005年11月7日	2005年10月30日	0.46406／69.42
2007年12月24日	2007年12月18日	0.58935／88.17
2010年1月29日	2010年1月27日	0.66398／99.33
2012年3月3日	2012年3月5日	0.67368／100.78
2014年4月8日	2014年4月14日	0.61756／92.39
2016年5月22日	2016年5月30日	0.50321／75.28
2018年7月27日	2018年7月31日	0.38496／57.59
2020年10月13日	2020年10月6日	0.41492／62.07
2022年12月8日	2022年12月1日	0.54447／81.45
2025年1月16日	2025年1月12日	0.64228／96.08
2027年2月19日	2027年2月20日	0.67792／101.42
2029年3月25日	2029年3月29日	0.64722／96.82
2031年5月4日	2031年5月12日	0.55336／82.78
2033年6月27日	2033年7月5日	0.42302／63.28
2035年9月15日	2035年9月11日	0.38041／56.91
2037年11月19日	2037年11月11日	0.49358／73.84

⬆火星が地球と"衝"の位置関係（太陽から見て同じ側）にくるとき、両者間の距離はもっとも近くなる。多くの火星探査機はこのタイミングを利用して打ち上げられる。

資料／Hartmut Frommert

図1 地球と火星の位置関係

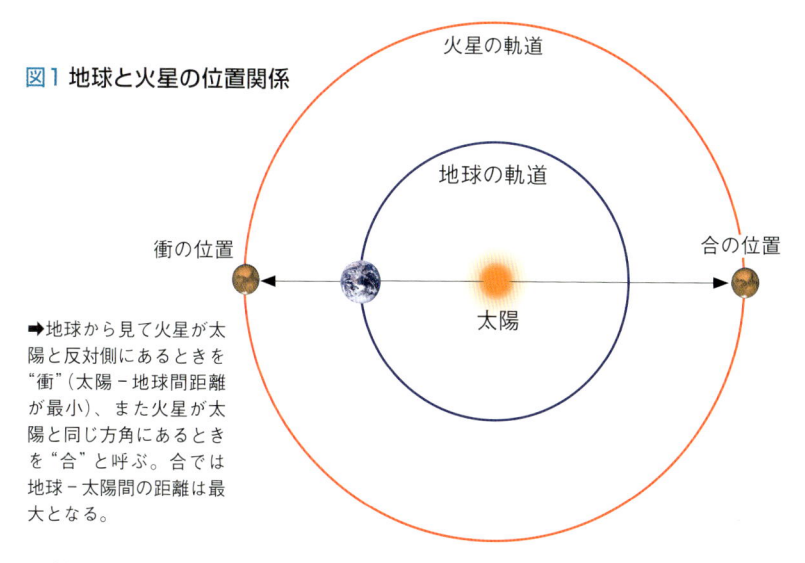

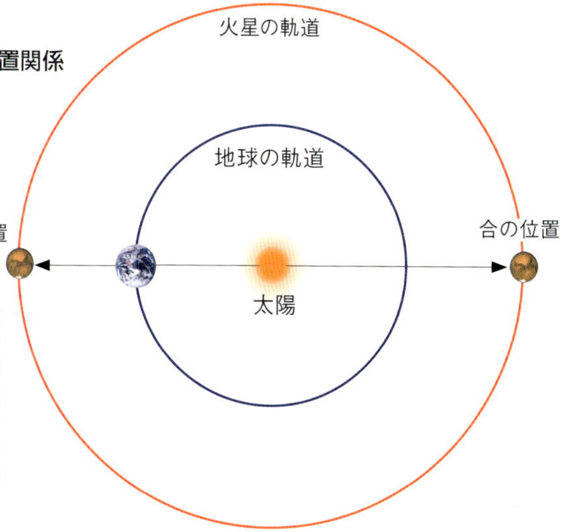

➡地球から見て火星が太陽と反対側にあるときを“衝”(太陽－地球間距離が最小)、また火星が太陽と同じ方角にあるときを“合”と呼ぶ。合では地球－太陽間の距離は最大となる。

関係——に来たとき、両者間の距離は約4億キロメートルとなる(図1。火星の公転軌道は楕円を描き、かつ偏心しているので、この距離も変化する)。

このような理由から、宇宙船がいつでも火星に向けて地球を出発するということはできない。火星までの最短距離をとれるように地球を出発するチャンスは2年あまりに1度しかやってこず、このタイミングを“打ち上げの窓”と呼ぶ(表2)。英語のlaunch windowの訳語である。

さらに、打ち上げの窓の時期であればいつでも出発できるというわけでもない。どんな軌道(飛行コース)をとり、火星でどのくらいの期間何をするのかなどによって宇宙航行のスケジュールが大きく変わってくるからである。

いくつもの飛行コースおよびスケジュールが考えられるが、代表的ないくつかのコースについては図2(58ページ)で少しくわしく見ることにしよう。

いずれも化学ロケットを使用した場合には片道数カ月——おそらく8カ月以上——の長期飛行となり、これに要する燃料や食料・水などの物資は膨大となる。ということは、宇宙船もかなり巨大なものにならざるを得ない。

また長期にわたる無重力環境

での生活は乗組員の健康を損なうので、特殊な形状の宇宙船を回転させて人工重力を発生させながらの飛行といった工夫も考えなくてはならない(134ページ補遺参照)。

火星へのさまざまな飛行ルート

火星まで往復する場合、次のようなルートが用意されている。①火星に最短時間で到達するルート(側方通過ルート)、②火星に短期滞在して帰還するルート、③火星に長期滞在して帰還するルート、④金星スウィングバイを利用して燃料消費を抑えるルートなどである。

①の側方通過ルートは火星の近くで宇宙船をほとんど減速・加速する必要がないので、往復

図2 地球から火星への飛行ルート

① 火星側方通過ルート

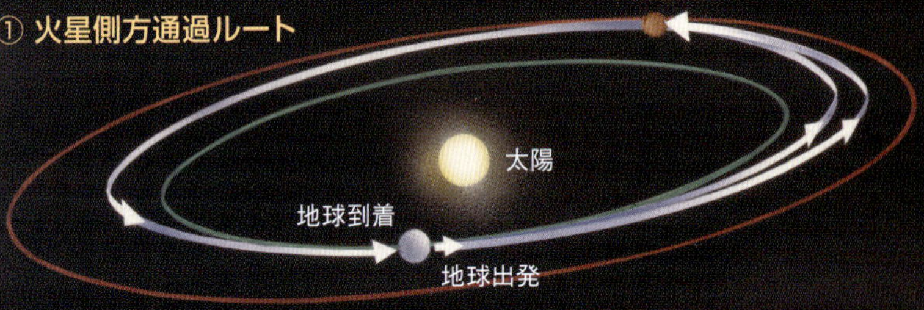

↑宇宙船は火星で停止せずにそばを通過するだけなので減速・加速の必要がなく、4ルート中で燃料消費は最少となる。ただし宇宙船は火星近くで飛行士を降ろすだけなので、彼らを帰還させるには別の宇宙船を送ることになる。

② 火星短期滞在ルート

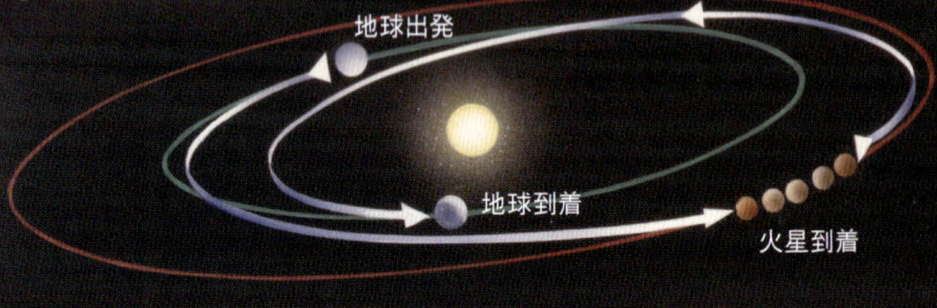

↑火星が地球に最接近するときに宇宙船を到着させるルート。飛行の往復は1年半に短縮できるが、火星滞在時間は20日間しかない。また公転軌道に対して大きな角度で加速するため、大量の燃料と巨大なロケットブースター(補助エンジン)を必要とする。

に要する燃料は圧倒的に少なくてよい。ただしこの方法では、火星上空に到達した母船から貨物または人間を乗せた小型の着陸船を切り離し、着陸船だけを火星の地表に降ろすことになる。そのため、探査後には宇宙飛行士たちを別の宇宙船で迎えにいかねばならない。

これは利点にもなり得る。重量のある食料や燃料などの貨物と人間を別ルートおよび別スケジュールで送ることができるため、人間の身体的、精神的な負担を著しく軽減できる可能性があることだ。

よく知られているルートは③の「火星長期滞在ルート」である。この場合、2つの惑星の位置を黄道面《こうどうめん》（太陽のまわりを惑

イラスト/木原康彦/矢沢サイエンスオフィス

③ 火星長期滞在ルート

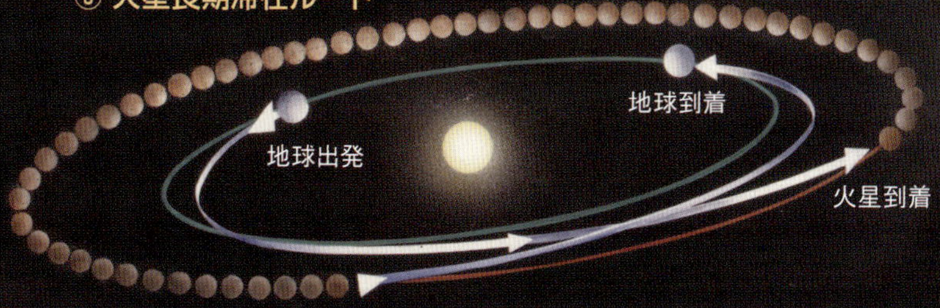

⬆火星が太陽に最接近するときに地球を出発して8カ月あまりで火星到着。そこで1年3カ月を過ごし、往路と同じ約8カ月をかけて帰還する。探査時間は十分にあるが全行程に2年半以上を要し、出発時の燃料や物資は膨大となる。

④ 金星重力利用ルート

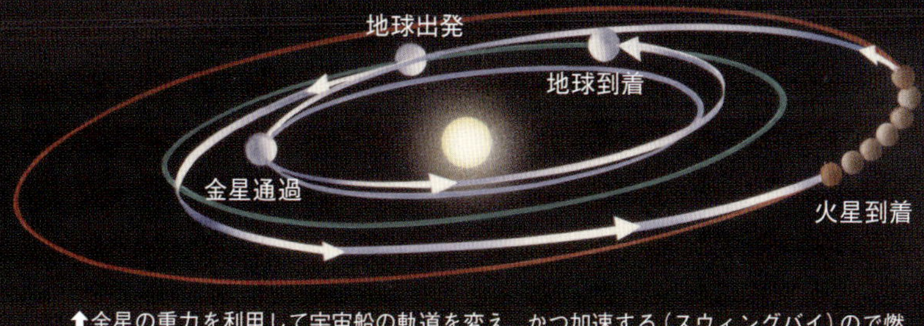

⬆金星の重力を利用して宇宙船の軌道を変え、かつ加速する（スウィングバイ）ので燃料消費を抑えられる。だが金星に向かう際に太陽に接近するので、その強力な熱や放射線の遮蔽が必要となる。

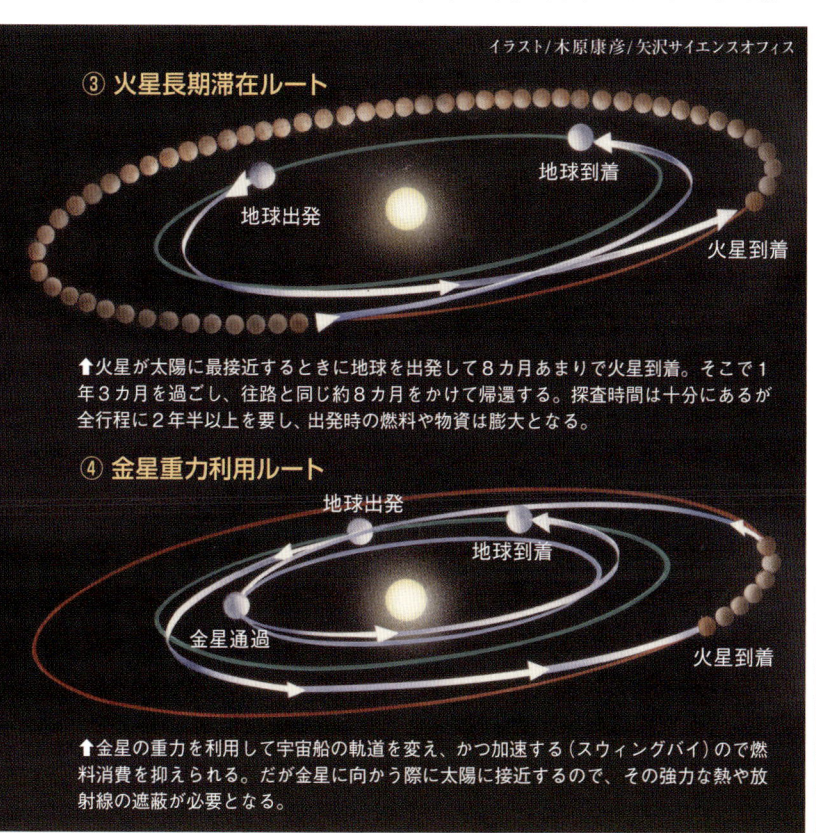

星が公転するときの軌道がつくる平面）で見るとき、火星が地球の45度ほど先を行っている時期に地球を出発する。

このような配置は26カ月ごと、すなわち２年２カ月に１回やってくる（前述の“打ち上げの窓”）。このタイミングで化学ロケットが地球を出発し、地球の公転軌道の外側に向けて加速した後に一定の速度で慣性飛行を続けると、約260日（８カ月あまり）後

MORE INFO 火星に行くためのホーマン軌道とは？

火星にかぎらず太陽系の他の惑星への飛行を考えるときに不可欠の知識、それが「ホーマン軌道（ホーマン遷移軌道）」である。

たとえば地球から火星を目指す場合、太陽を回る地球の公転軌道から火星の公転軌道へと飛び移る、すなわち“軌道間の遷移”を行わねばならない。その際には宇宙船はロケットの推力を上げて加速する必要があるので、燃料を大量に消費する。

このときの軌道の修正にもっともよく用いられる手法は“ホーマン遷移”と呼ばれる。これはドイツの宇宙工学者ヴァルター・ホーマン（1880〜1945年。右上写真）がロケット式の宇宙船を最小のエネルギー消費で他の惑星に送り込む軌道の研究に取り組み、その中で“発見”したものだ。ドイツの第一次世界大戦の敗北からまもない1925年のことである。彼の研究の別の一部は、NASAが1960年代に人間を月に送り込んだアポロ

➡“ホーマン遷移軌道”を発見したドイツの宇宙工学者ヴァルター・ホーマン。

写真／Wiki05

計画で実際に利用された。

ホーマン遷移では、地球を近日点、火星を遠日点とする仮想的な楕円軌道を飛行する。地球からロケットを加速してこの楕円軌道に乗り、次にこの軌道の遠日点にあたる火星の公転軌道で減速して火星に到達する。火星から戻るときはこの逆である（図３）。

現在では、遠方の惑星に探査機を送り出す場合、他の惑星の重力圏を通過させて“スウィングバイ”の効果を利用し、ロケット燃料をいっそう節約する方法がとられることもある。ただしホーマン遷移とスウィングバイを併用すると必然的に飛行時間は著しく長くなる。

図3 ホーマン軌道

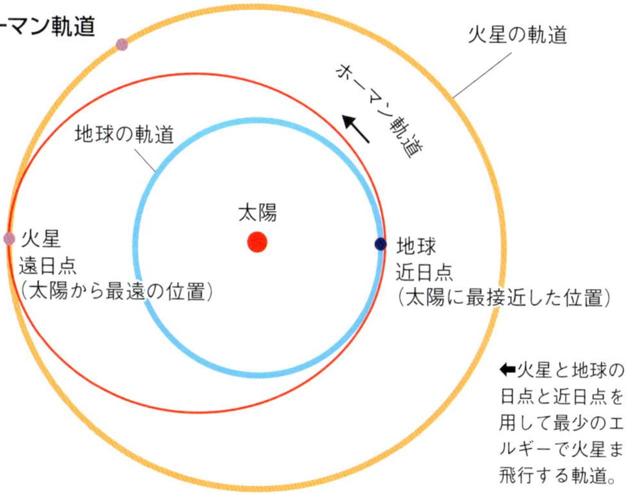

←火星と地球の遠日点と近日点を利用して最少のエネルギーで火星まで飛行する軌道。

に火星に到着する。

帰路は、逆に地球が軌道上を火星より少し前進しているときに火星を出発し、2つの公転軌道間をゆっくりと旋回するように横切るルート(遷移軌道。左ページコラム)をとれば、往路と同じ260日間ほどで地球に帰着できる。

このルートで往復飛行を行った場合、火星に到着した人々はそこに460日間滞在することになる。したがって地球出発から帰還までの全日程は2年半あまりとなる。これは、2つの惑星の位置関係——地球をはさんで火星が太陽と正反対の位置、すなわち天文学でいう「衝《しょう》」に近い配置(57ページ図1)——を利用し、片道に要する時間を最短に抑えようとするものだ。

これとは別に、地球と火星がもっとも接近したときに目的地に到着するルートもある(②)。この場合、宇宙船は火星が地球よりはるかに前を行くときに地球を出発する。このルートの所要時間は約7カ月である。そして帰路には宇宙船は地球の公転軌道の内側を通り、地球の背後から地球に追いついて帰還する。所要時間は9カ月あまり。このルートでは火星に1カ月ほどしか滞在できないので、そこであまり大きな仕事を成し遂げることはできそうにない。

ほかにも、火星の2個の衛星(フォボスとダイモス。199ページコラム参照)を中継基地とし、火星の地上との間をより容易かつ頻繁に往復する方法、あるいは地球と火星の両方の周回軌道上に巨大な宇宙ステーションを建造し、それらの間を膨大な燃料を消費するロケットを使用することなく低コストで往復する方法など、さまざまなアイディアが研究されている。

MORE INFO “冬眠”して火星往復

動物の中には、えさの少ない冬を冬眠して生き延びるものが何百種類も存在する。大型のクマや小さなリスなどの哺乳類のほか、鳥類や両生類、昆虫などにも、冬眠ないし低体温状態でエネルギー代謝を極端に低下させ、食事や排泄をせずに何カ月も耐えて春の到来を待つものがいる。

そこでいま、この手法を火星有人飛行に応用する研究が始まっている。人間を人工的に冬眠させてエネルギー代謝を下げ、本人が気づかない状態で地球－火星間の大半を飛行するというアイディアだ。そのような場面は、「エイリアン」や「アバター」、古くは「2001年宇宙の旅」などのハリウッドのSF映画に何度も登場しているので、すでに多くの人にとってめずらしい話ではない。

この技術の実用化をNASAの支援を受けて研究しているのはアメリカのスペースワークス社。同社によると飛行中の宇宙飛行士は半年間ほど冬眠し、その間コンピューターで健康状態をチェックし続ける。飛行士たちが交代で活動と冬眠をくり返す方式も考えられる。

人間は冬眠動物とは違うと考えがちだが、冬の事故で雪の中に閉じ込められ、1カ月あるいは2～3カ月もたって救出され蘇生した複数の事例もある。医療の分野では患者を数日間低体温状態にする治療法も試みられており、中国では2週間人工冬眠の事例もあるという。

スペースワークス社はこの技術は30年以内に実用化できると考えており、NASAの火星有人飛行のスケジュールに間に合うだろうと語っている。

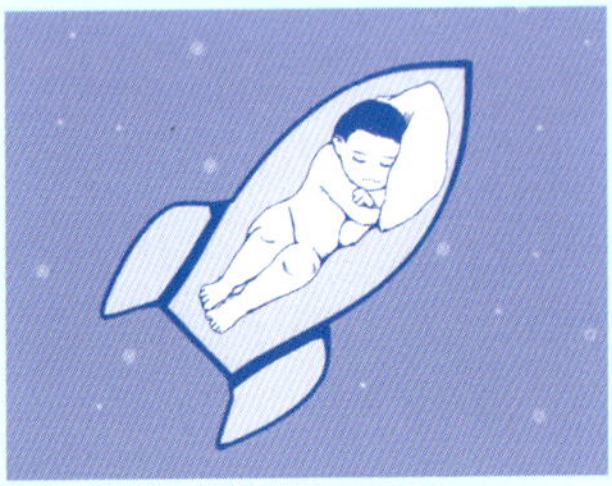

竹内薫のPoint of View 3

火星への旅はヒッチハイクで？

⬆加速スウィングバイのイメージ。宇宙船が惑星（地球）の公転軌道の後方近くを通過すると、宇宙船は地球の重力に引かれて加速する（重力アシストともいう）。この原理は減速や軌道修正にも応用できる。　資料/Ohio State Univ.

火星に行くためには、宇宙船が、地球の重力圏を脱出して、火星の周回軌道に入る必要がある。

ロケットの質量の９割程度は燃料だ。そのほとんどは地球の重力を振り切るために使われる。空っぽになった燃料タンクは切り離され、ロケットの先端部（宇宙船）だけが宇宙空間へと旅立つことになる。

この時点で充分な燃料が残っていれば問題ないのだが、なにしろお金がかかって仕方ないので、宇宙空間に出たら、ほとんど燃料が残っていない、というのが実情だ（税金を湯水のごとく投入できるなら話は別だが）。

そこで、火星に向かう宇宙船は、まるでヒッチハイクみたいなことをして、ほとんど燃料（エネルギー）を使わずに旅をする。具体的には、地球の重力エネルギーを利用して、「加速スウィングバイ」を行う。うん？　なんだろう、コレ。

火星にかぎらず、太陽系のさまざまな惑星への旅は、窪みのあるゴムシート上をビー玉が転がってゆくようなイメージだ。惑星は重いので、惑星の周辺でゴムシートは窪んでいる。ビー玉（＝宇宙船）が、まっすぐ

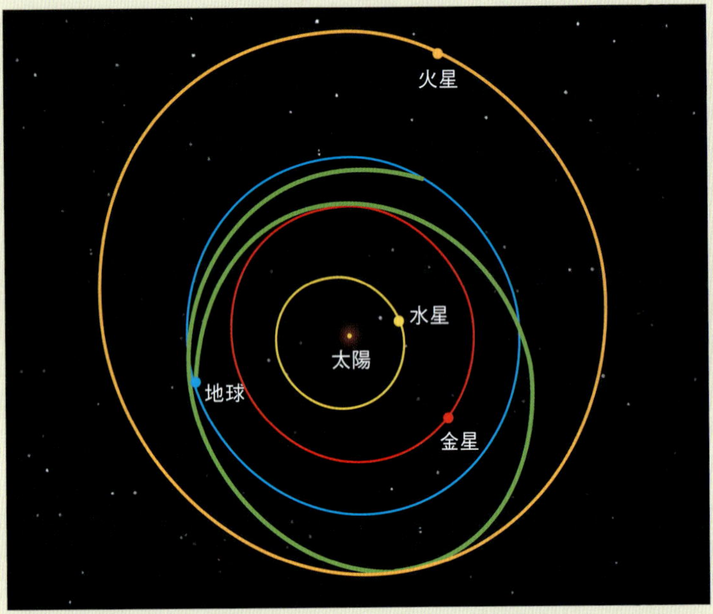

⬆地球−火星間を最少の燃料で往復するさまざまなルートが検討されている。グリーンの線が宇宙船のルートを示す。　図/NASA

にこの窪みに向かって行けば、窪みにはまる。惑星の重力に捕まって墜落もしくは着地することになるだろう。

でも、まっすぐではなく、窪みの「縁《へり》」をかすめて飛んだらどうなるか。

もしも惑星が止まっていたら、かすめる際に、入るときは勢いが増して、出るときは勢いを殺がれるので、プラスマイナスゼロ。宇宙船の速度は上がらない。

しかし、実際の惑星は動いている。そのため、惑星の後ろをかすめて飛ぶと、入るときに勢いが増して、出るときには（惑星が少し遠のいているので）少しだけ勢いが殺がれる。結果的に、宇宙船はプラスのエネルギーをもらって、速度が増す。これを加速スウィングバイと呼ぶ。イタリアの天文学者ジュゼッペ・コロンボさんが提唱した方法で、現在では、ほとんどの宇宙探査船がこのスウィングバイを使っている。

いま、惑星の後ろをかすめると書いたが、逆に、惑星の前をかすめてたらどうだろう？　この場合は、話が逆になって、宇宙船は少しエネルギーを失ってしまう。これを減速スウィングバイと呼ぶ。速度が落ちるのだから「使えない」と思われるか

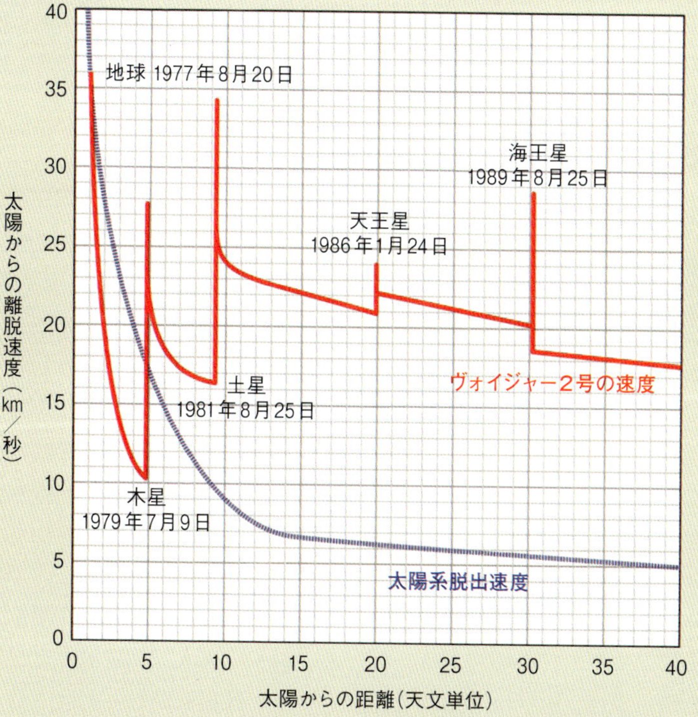

注／1天文単位≒1億5000万km

⬆これはNASAが1970年代に太陽系外惑星に向けて送り出した探査機ヴォイジャー2が太陽から遠ざかる速度の変化を示している。途中で木星、土星、天王星、海王星のそばを通過して加速スウィングバイを行い、そのつどスピードがいっきに上昇、最終的に太陽系脱出速度を超えていることがわかる。 図/NASA

もしれないが、この減速スウィングバイは、地球より太陽に近い、水星や金星に向かうときに必須の技法なのだ。

まとめると、地球から太陽系の外側に向かうときは、（地球や他の惑星を使って）加速スウィングバイを行い、地球から太陽系の内側に向かうときは、減速スウィングバイを行う。

宇宙船という名のビー玉は、最初にこつんと押してやれば、後は、スウィングバイをくり返しながら、目的地まで（ほぼ）自動的に到達する。惑星の重力エネルギーにタダ乗りしているので、まさに宇宙のヒッチハイカーと呼ぶことができるだろう。宇宙の旅は、究極の省エネ旅行なのです。

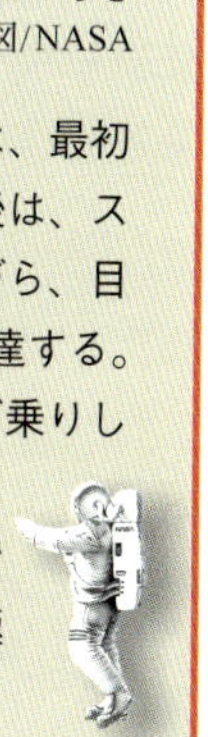

2018年に飛び立つ巨大ロケット「SLS」

火星有人飛行への架け橋

ここでいちど2015年初頭の現実に立ち戻り、NASAがいま火星や小惑星を目的地とする史上初の有人飛行のために開発している巨大ロケット「SLS」に目を向けておこう。SLSは“スペース・ローンチ・システム（Space Launch System＝宇宙打ち上げシステム）”の略である。

右ページは2013年8月にNASAが発表したSLSの打ち上げ想像図で、全長は100メートルあまり。日本のHⅡロケットの2倍以上の高さをもち、かつて世界最大であったサターンⅤ型ロケットよりさらに巨大な化学ロケットである。

最初の打ち上げは3年後の2018年を目指している。このとき地球の低周回軌道――現在の国際宇宙ステーションと同程度の高度――にこのロケットが打ち上げるのは、おそらくアメリカの次期宇宙船「オリオン」（70ページコラム）になりそうである。最初は無人で試験飛行を行い、その後何回か打ち上げて信頼性を確立できれば、火星や↗

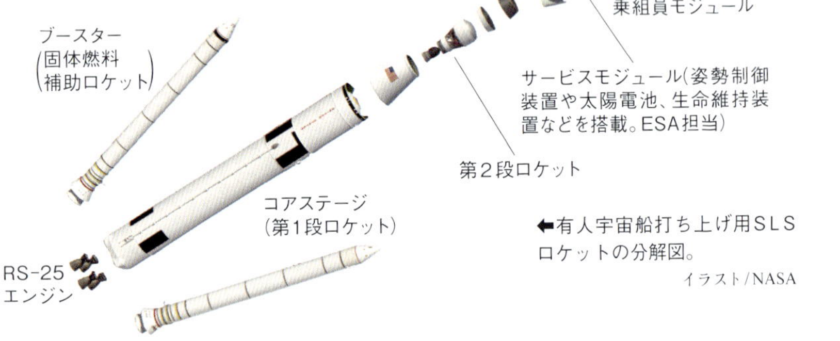

←有人宇宙船打ち上げ用SLSロケットの分解図。
イラスト/NASA

⬆試験台に置かれたSLSの第２段ロケットエンジン。
➡NASAの次世代ロケットSLSの打ち上げ（想像図）。
イラスト・写真/NASA/SSC

小惑星へと人間を送り出す主役ロケットとなる。

このロケットが、2011年９月の基本構想の発表からわずか２年間で完成図として公表できたのはなぜか？　それは、開発コストを抑えるという制約の中で（NASAの予算は近年緊縮傾向が続いている）、なるべく性能が立証ずみの既存のロケット技術やコンポーネントを組み合わせることで、はじめから高い信頼性をもたせることができたからである。

実はこのロケットの前に「コンステレーション計画」と命名された有人飛行計画があった。これは、まず人間を国際宇宙ステーションに送り、次に半世紀ぶりに月面に、そしてさらに火星有人飛行を目指すという野心的構想だった。2005年には実際に開発作業が開始された。

だが膨大な予算を必要とするこの計画は、2010年にオバマ大統領によってキャンセルされた。オバマはこれに代わって、(月着陸計画を削除することも含めて) 予算圧縮型のSLS計画を承認したのである。

こうして立案されたSLSロケットは、完全に熟成されたスペースシャトルの重要部分などを大量かつ上手な方法で流用する。考え方の異なる複数のロケットを開発し、その中から最善のものを選ぶというような贅沢はもはや過去のものである。

実績のあるロケットの流用

SLSの最大の流用部分はスペースシャトルのメインロケットエンジンである。シャトル計画終了後もRS-25と呼ばれるこのエンジン――スペースシャトル用のスペアで、1000億円相当以上の価値があるとされている(右ページ下写真)――が残されており、まず信頼性のきわめて高いこれらのエンジンを4基束ねて使用する(過去のスペースシャトルでは3基)。

またSLSの第1段ロケットの燃料タンク部分にはスペースシャトルの巨大な外部タンク(右ページ上写真)と基本的に共通だが全長を伸ばしたものを採用する。これも再利用である。

さらに、第1段ロケットの側面に固定されるブースター(固体燃料を使用する補助ロケット。左下用語解説)もスペースシャトル用を改良して使用する。ロケットの制御装置も過去からの流用となる。こうした技術の踏襲によってSLSは開発コストを著しく抑えられると見られている。

アメリカは、巨大なデルタⅣ型ロケット用の世界最強のメインエンジン(RS-68型。79ページ写真参照)を現役として使用している。推力はスペースシャトルのRS-25型エンジンの2倍である。なぜこれをSLSに使用しないのか。

用語解説 **補助ロケット(ブースター)**:多くの大型打ち上げロケットは、その側面に2基以上の固体燃料ロケットを固定して打ち上げ時の推力を補助する(日本のHⅡも同様)。液体燃料ロケットのように複雑な機器を必要とせず、打ち上げ重量を減らすことができる。

⬆ＳＬＳロケットは、2011年までに135回打ち上げられたスペースシャトルの外部燃料タンク（上）やメインエンジン（下）などを再利用する。

写真/上・NASA、下・NASA/Dimitri Gerondidakis

PLUS DATA 新しい有人宇宙船「オリオン」

オリオンはスペースシャトルの後継となる有人宇宙船の最有力候補で、2015年初頭のいま開発の最終段階を迎えている。

オリオンはもともとコンステレーション計画の一部として開発が始まったが、コンステレーション計画は2010年にNASAの予算削減によって中止された。しかしその中でもオリオンの開発だけは続けられ、目的も国際宇宙ステーションへの宇宙飛行士や貨物の輸送、小惑星や火星の有人探査などを担う多目的輸送船（MPCV）へと変更された。

すでに2014年12月にはデルタⅣ型ロケットで最初の無人飛行テストを行い、高度5800キロメートルに達して地球を2周した後、海上にみごとに着水した（右ページ右上写真）。2018年には次世代ロケットSLSに搭載されて試験飛行を行う予定である。

オリオンが火星有人飛行を行うときには、長期飛行を支えるエネルギー機器や推進装置、生命維持装置、貨物などを積んだサービスモジュールが組み合わされる。

⬅ケネディ宇宙センターで組み立て中のオリオンの試験機。写真/Lockheed Martin

NASAの今後の有人宇宙計画の統括責任者トッド・メイ博士によると、探査機などの無人貨物用に設計されているデルタⅣ型ロケットのエンジンを有人飛行用に改造するには10億ドル、1000億円相当がかかるという。ただし同じデルタⅣ型の第2段ロケットは、初期のSLSロケットの上段ロケットとして使用されるようである。

こうして見るとわかるように、SLSロケットの開発手法は、これまでの技術的蓄積を最大限に生かして開発予算を抑えながら、信頼性と安全性の高い宇宙有人

⬆新型宇宙服の試験のためオリオンに乗り込む。

⬆2014年12月に初の試験飛行に成功して海上に着水したオリオン。

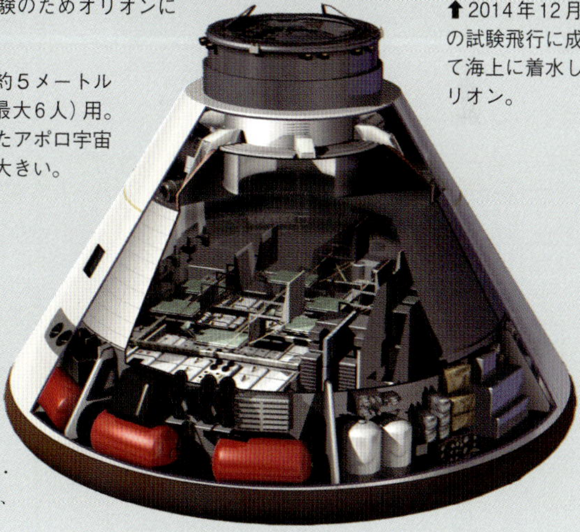

➡オリオンは直径約5メートルの円錐形で4人（最大6人）用。月有人飛行を行ったアポロ宇宙船よりひとまわり大きい。

写真・イラスト/上左・NASA / Bill Stafford、上右&下・NASA

飛行の手段をわずか数年で完成させようというものである。

なおSLSにはフェーズ1とフェーズ2の2つの型式がある。フェーズ1は上段ロケットがなく、地球低軌道に70〜100トンのペイロード（貨物）を運び上げることができる。またフェーズ2とその派生型は130トン以上を打ち上げる能力をもつことになる。

トッド・メイ博士は、SLSロケットは当初年1回程度の打ち上げを行い、その後は年2回のペースで打ち上げられるようにしたいとしている。

MORE INFO 軌道エレベーターの現実性

人類が本格的に宇宙に進出しようとするときの最初の高い壁——それは地球重力圏の存在である。

この重力圏から脱出するためのロケットの打ち上げは、一見してすでに日常化しているように見える。だが人間や貨物を化学ロケットで地球周回軌道まで押し上げるには大変なエネルギーやコストがかかり、技術力と経済力をもつ国家以外には実行できないほどの仕事となっている。

軌道エレベーター（宇宙エレベーター）は、この打ち上げ方式に完全にとって代わり得る宇宙輸送システムである。サイエンスフィクションの世界ではかなり以前から知られていたアイディアだが、それは単なる未来の夢やファンタジーとしてであった。だがいまその実現に必要な技術的可能性が高まってきたことにより、市井の宇宙ファンだけでなく、NASAから大学などの研究機関に至るまでが真剣に取り組み始めている。

軌道エレベーターとは、一言で言うと、地上3万6000キロメートルの地球静止軌道から地表まで一種のケーブルを延ばしたものである。人間や貨物はこのケーブルを伝って地表と地球周回軌道との間を往来する。文字通り地上－宇宙間のエレベータ

図4 軌道エレベーターの概念

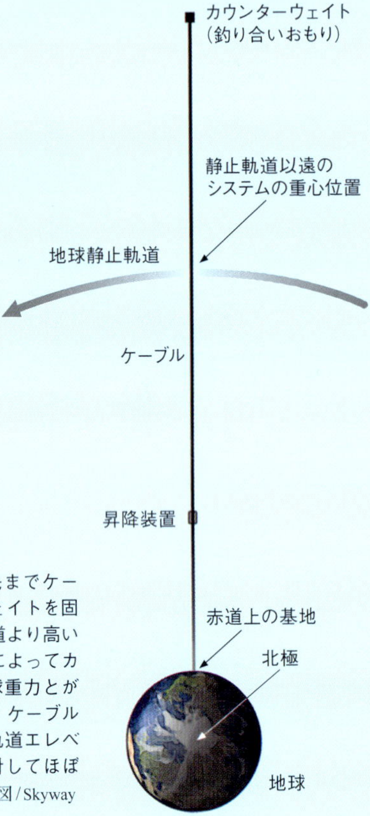

➡赤道地域から宇宙静止軌道のはるか先までケーブルを延ばし、その先端にカウンターウェイトを固定すると、ケーブル全体の重心が静止軌道より高い位置で安定する。このとき、地球の自転によってカウンターウェイトに生じる遠心力と地球重力とがケーブルを引き合うように作用するため、ケーブルは静止軌道から地上へと垂直に垂れる軌道エレベーターとなる。この図は地球の直径に対してほぼ正確な縮尺で描かれている。 図/Skyway

ーである。

軌道エレベーターの理論や構造、必要な強度をもつカーボンナノチューブなどの素材、運用のしかた、さまざまな困難やリスクについての研究は急速に深まりつつある。

とはいえ、まず高さ３万6000キロメートルの静止軌道から地表まで、さらに静止軌道から先の宇宙空間へも何万キロメートルか伸ばさねばならない軌道エレベーターの物理的スケールは、人類文明にとってまったく未知の領域でもある。そのため、これより技術的困難性の低い別のさまざまなアイディアも研究されている。

⬆地上３万6000キロメートルの地球静止軌道をはるかに超えて宇宙空間まで延びる軌道エレベーターを伝って、いましも地上から巨大な昇降装置が昇ってきた。この昇降装置は積荷として宇宙船や球形の燃料タンクなどを運搬している。　イラスト/NASA

竹内薫のPoint of View 4

誰が火星への第一歩を記すのか？

アポロ11号を振り返る

将来、人類が初めて火星への有人探査を決行する際、そこにはどのようなドラマが待っているのか。それを推測するために、人類初の月面着陸を成し遂げたアポロ11号の例を振り返ってみたい。

アポロ11号の宇宙飛行士は、ニール・アームストロング船長、マイケル・コリンズ司令船パイロット、エドウィン・オルドリン月面着陸船パイロットの3名だった。アームストロングとオルドリンの2名は1969年7月20日、月面に降り立った（その間、コリンズは月の周回軌道上にいた。3名とも月面に降り立ってしまうと、司令船が無人になってしまう。当時の技術ではパイロットの手動操作が必要な場面もあったのだろう）。

NASAの計画では、月面着陸後、アームストロングとオルドリンは船外に出ずに「休息」するスケジュールになっていた。だが、興奮の絶頂にあった2名は「すぐに船外活動をしたい」と主張し、NASAもこの現場の要求を呑んだという。

アームストロングとオルドリンのどちらが先に月面に降り立つのかは、決まっていなかったようだ。その証拠に、オルドリンは、「人類初」の名誉をアームストロングに譲ってしまった後悔から、地球に帰還後、鬱状態になってしまった。

肝心な順番を決めていなかったのも驚きだが、月面着陸後に悠長に昼寝をするスケジュールを組んでいたのにも首を傾げざるを得ない。将来の有人火星探査の際には、誰が最初に降りるのかを決めた上で、火星に着陸したらすぐに船外活動を開始するスケジュールにすべきだろう（笑）。

アームストロングは月面に降り立った際、「That's one small step for [a] man, one giant leap for mankind.」（これは［一人の］人間に

➡人類史上はじめて地球外の天体（月）に到達した宇宙飛行士たち。左からニール・アームストロング、マイケル・コリンズ、そしてエドウィン・オルドリン。写真/NASA

とっては小さな一歩だが、人類にとっては偉大な飛躍である。）と地球にメッセージを送った。私は当時、小学生だったが、タイムライフ誌が発売したレコードを買ってもらって、この有名な言葉を聞いた。面白いことに、アームストロングは英語のネイティブでありながら、冠詞の「a」を言い忘れてしまった。よほど緊張していたのだろうか。この冠詞の有無は重大で、冠詞があると「一人の人間＝私」という意味になるが、冠詞がないと「人類」になってしまう。この過ちは、アームストロングが死ぬまで付いて回った。

オルドリンは星条旗をたて、アームストロングの写真を撮影する予定だったが、ワイヤ入りできつく折り畳まれていた旗を拡げて掲げるのに手間取り、後に「旗がたなびいているから月面ではなく地上だったのではないか」というアポロ11号陰謀説につながってしまった。さらに、ニクソン大統領から予定外の電話が入ったりしたため、充分に写真撮影をすることができず、アームストロングの月面活動の写真はたった5枚しか残っていない。

この一連の出来事からわかることは、まず、メッセージは「その場でアドリブで発言した」という余計な演出などせず、ちゃんとカンペを見て発言すべきこと（アームストロングのメッセージも実際には事前に用意されていた）。また、旗を立てることには時間を割かないこと。大統領は一番忙しいときには電話しないこと。そして、プロカメラマンを一人連れていくこと、である（笑）。

火星に第一歩を記した宇宙飛行士のメッセージはどんなものになるだろう。うーん、「ここは一人の人間には広すぎる、でも人類にはちょうどいい」とか？　読者のみなさんもいろいろ考えてみてください。

最後に付け加えておくと、オルドリンは後に「バズ・オルドリン」と改名した。子供時代、妹が「ブラザー」を「バザー」と発音したのが「バズ」の元だと言われている。もちろん、ピクサーの名作「トイ・ストーリー」の主人公バズ・ライトイヤーはオルドリンにあやかった名前である。

火星に"39日"で到達するヴァシミールロケット

近い将来、わずか数週間で火星に到達できるさまざまなロケットが出現する。その代表格は原子力ロケット"ヴァシミール"である。

進化しない化学ロケット

1960年代に人類がはじめて宇宙に飛び立って以来（下用語解説）、すでに半世紀が経過している。その間に、人間はアポロ宇宙船によって月面にくり返し着陸し、またロシア（旧ソ連）のミールや国際宇宙ステーションによって地球周回軌道での長期滞在が日常化するなど、宇宙技術はめざましく発展した。

さらに、これらと並行して太陽系惑星に向けて多数の探査機が送り出されてきた。実際、太陽系のすべての惑星に探査機が到達し、最遠の冥王星（準惑星）にもいま探査機が近づいている。

だがこの間、決定的に重要であるにもかかわらずほとんど進歩の見られなかった分野がある。ロケット技術、すなわち地上か

←プラズマ推進方式のヴァシミールロケットの噴射実験。電波で推進剤（燃料）をイオン化してプラズマを生み出し、これを強大な磁場で加速してロケット噴射に利用する。写真の実験は2005～2006年に行われた。この原理は核融合の実験がヒントになった。

写真/NASA

用語解説 旧ソ連のユーリ・ガガーリンは1961年4月12日に宇宙船ヴォストークで地球周回軌道を1周し、地上から宇宙空間に出た最初の人類となった。

⬆火星に向かうヴァシミールロケット推進の宇宙船（想像図）。
イラスト/PopSci/NASA

図5 ヴァシミールロケットの原理

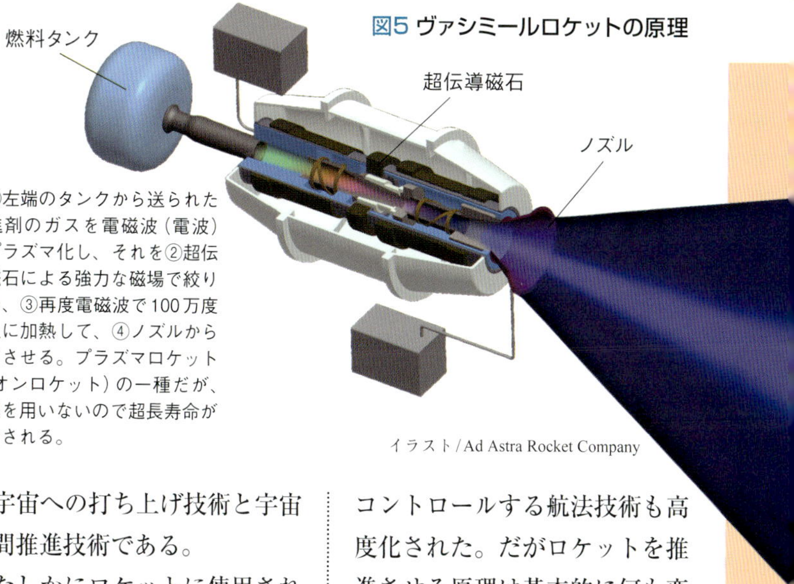

➡①左端のタンクから送られた推進剤のガスを電磁波（電波）でプラズマ化し、それを②超伝導磁石による強力な磁場で絞り込み、③再度電磁波で100万度以上に加熱して、④ノズルから噴出させる。プラズマロケット（イオンロケット）の一種だが、電極を用いないので超長寿命が期待される。

イラスト/Ad Astra Rocket Company

ら宇宙への打ち上げ技術と宇宙空間推進技術である。

たしかにロケットに使用される燃料はさまざまに工夫され、また宇宙空間での飛行ルートをコントロールする航法技術も高度化された。だがロケットを推進させる原理は基本的に何も変わっていない。相変わらず化学ロケット、すなわちケロシンや水素などの燃料を酸素で燃やしてガス化させ、ノズルから噴射させるしくみのままである。これでは火星有人飛行には大きな困難がともない、“人類の本格的な宇宙進出”は絵空事のままである。

そのため、NASAをはじめとして世界の多くの研究機関・研究者は、とくに（地球周回軌道への打ち上げ用ロケットではなく）宇宙空間推進のためのまったく別の原理のロケットを開発している。ここでは、その最先端を走るNASAとのある共同計画に注目してみる。

課題は超高速の宇宙飛行

新しい方式のロケットにはいくつもの課題が求められるが、宇宙空間における最大の課題はいうまでもなく、化学ロケットをはるかに超えるスピードである。

現在の最良の化学ロケットでも、宇宙空間で出し得る最高速

表3 大型の化学ロケットの性能（アメリカの主要ロケットのみ）

ロケット（打ち上げ年）	ステージ	推進剤	真空中の比推力（秒）
アトラス-セントール（1962年）	0	液体酸素/ケロシン（RP-1）	292
	1	液体酸素/ケロシン	309
	2	液体酸素/液体水素	444
タイタンII（1964年）	1	四酸化二窒素/エアロジン50	285
	2	四酸化二窒素/エアロジン50	312
サターンV（1967年）	1	液体酸素/ケロシン	304
	2	液体酸素/液体水素	424
	3	液体酸素/液体水素	424
スペースシャトル（1981年）	0	PBAN（ポリブタジエン系固体燃料）	268
	1	液体酸素/液体水素	453
	OMS	四酸化二窒素/MMH（モノメチルヒドラジン）	313
	RCS	四酸化二窒素/MMH	280
デルタII（1989年）	0	固体燃料HTPB（末端水酸基ポリブタジエン）	266
	1	液体酸素/ケロシン	295
	2	四酸化二窒素/エアロジン50	320

注／OMS：軌道制御システム、RCS：姿勢制御システム

⬆ヴァシミールは2010年末に比推力5000秒を実証した。上表の化学ロケットの比推力の10～20倍に達する。

資料／Robert A. Braeunig

図6 化学ロケットのしくみ

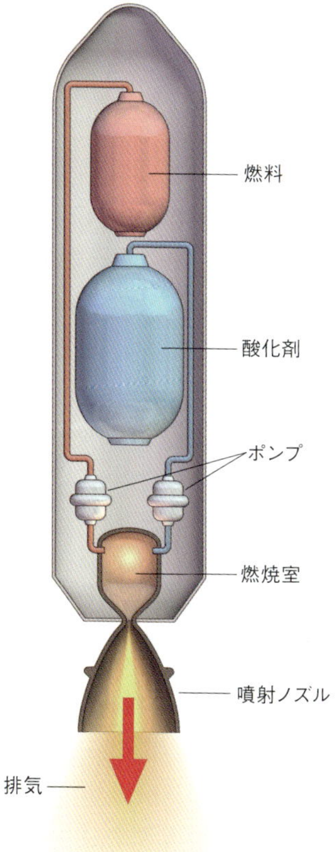

図/細江道義　写真・資料/NASA

⬆デルタⅣ型ロケットのエンジン（RS−68型）。液体水素と液体酸素を推進剤とする化学ロケットとしては世界最強で、推力はスペースシャトルのメインエンジンの２倍に達する。

⬅打ち上げ用の化学ロケットの原理は単純だが、比推力が小さいため大量の燃料と酸化剤を必要とする（固体燃料を用いる場合も基本的に共通）。そのためロケットの全重量の大半を燃料と酸化剤が占めることになる。

度は、たとえば1962年にアメリカの宇宙飛行士ジョン・グレンがフレンドシップ７ではじめて地球軌道を周回した際に使用されたアトラスロケットのそれとほとんど同じである（表３）。

人間を月に送り込んだ最大最強のロケットであるNASAのサターンＶ型ロケット、豪華な宇宙往復便であったスペースシャトル、もっとも経験豊富なロシアのソユーズ、ヨーロッパのアリアン、中国の長征《チャンチョン》、日本のＨⅡ——どれも原理的に変わるところはない。長距離弾道ミサイル（ICBM）などの兵器システムに用いられる固体燃料ロケットも同様である。

これに対し、現在開発されている新原理のロケットが、イオン推進ロケットやプラズマ推進ロケットである（これらは電気推進ロケットと総称される）。また別項で見るように、アメリカでは究極的な性能をもつであろう核融合ロケットの研究開発も行われている。

これらのうち小型のイオンロケットはすでに実用化されており、小惑星イトカワへの往復探査を行った日本の探査機はやぶさも、小さなイオンロケット4基を使用していた。

しかしここでは、本格的なプラズマ推進ロケットのひとつ「ヴァシミール（VASIMR。英語ではヴァシマーと発音）」（77ページイラスト）を例に、そのしくみと特性に注目してみることにする。

ヴァシミールはVariable Specific Impulse Magnetoplasma Rocket（可変比推力電磁プラズマロケット）の略で、開発者たちはしばしば“ヴァシマーエンジン”と呼んでいる。

帰路の燃料は火星で調達

イオン推進ロケットやプラズマ推進ロケットは宇宙空間で、重さ（質量）が何十トンあるいは何百トンもある宇宙船をいっきに加速することはできない。イオンやプラズマの質量が非常に小さく、化学ロケットのような大きな推進力を生み出すことはできないからである。

ヴァシミールもその点は同じだが、他方で、後述するように比推力が途方もなく大きいため、噴射時間とともに速度を上昇させていき、ついには化学ロケットとは比べものにならないほどの超高速で宇宙船を飛行させることができる（比推力につては図7および82ページコラム参照）。

このことは、（NASAの研究者が指摘するように）火星有人飛行についてまわる前記の重大な困難、すなわち宇宙線被曝の問題（後述）を大きく軽減することにもつながる。

またヴァシミールが実現すると、人間が火星往復飛行を行う

図7 ロケットの種類別性能の比較

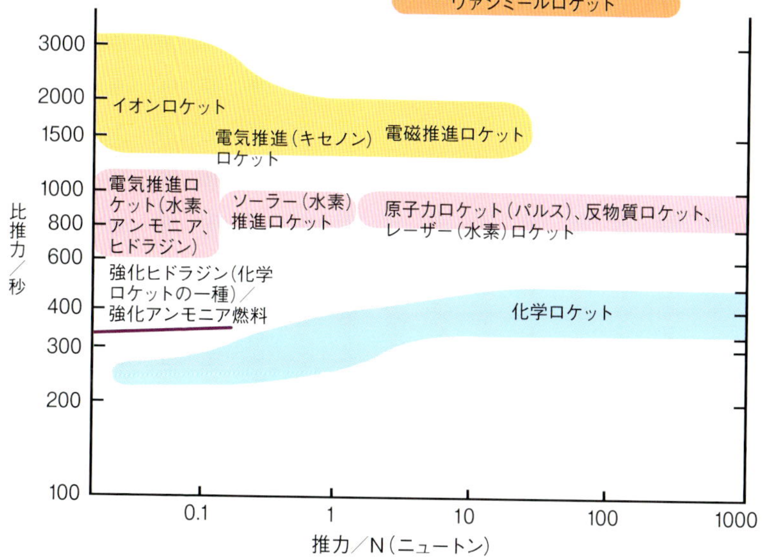

⬆縦軸は比推力、横軸は推力を示す。イオンロケットや電気推進ロケットは比推力が非常に高く、推力が小さい。他方、化学ロケットは推力が大きく比推力が最小である。このことから、地上からの打ち上げには化学ロケットが、また外宇宙航行にはイオン＆電気推進ロケットが適することがわかる。これらの中間に原子力（パルス方式）や反物質を用いる未来型ロケットが位置している。 資料/NASA/JPL

場合に帰路用の燃料を地球から運んでいく必要がなく、「火星で入手」できると見られている。

さらにヴァシミールは、火星飛行に先立って別の用途に利用することができる。たとえば現在の国際宇宙ステーション（ISS）を高度400キロメートルの地球周回軌道に留めておくための燃料が不要となる。

あまり知られていないが、国際宇宙ステーションは毎日約90メートルずつ高度が下がっている。これは、高度400キロメートル前後の宇宙空間であっても大気の分子がわずかに存在し、宇宙ステーションがたえずこの分子に衝突してブレーキがかかっているためだ。放置すれば巨大な宇宙ステーションはついには大気中に突入して燃え尽きてしまう。

またこの高度の宇宙空間に無数に浮いているデブリ（宇宙ゴ

PLUS DATA ロケットの推力と比推力

ロケットの性能を決定し、したがってそのロケットで航行する宇宙船の性能をも決める２つの特性が「推力（比出力）」と「比推力」である。これら２つの特性は、①推進システムを作動させるエネルギー源の種類と、②そのエネルギーがロケット排気（噴射ガス）に含まれる指向性運動エネルギーにどのような割合で変換されるかに依存している。

ロケットは、質量（ふつうはロケットの運動速度よりも高速で噴射される推進剤ガス）をロケットの進行方向と逆向きに排出することによって推力を生み出し、自らを前進させる。推力は基本的に排気の運動量であり、排気量が大きく、また排気が速いほど高くなる（下記の式①）。

ロケットの場合、慣用的に重力加速度（１G）で排気の運動量を割った値を推力として示すことが多い。これは重力に抗してどのくらいの質量の物体を空間にとどめておけるかを意味し、単位はキログラムになる（式②）。十分な推力がなければ、ロケットは地球の重力圏を飛び出すことはできない。

これに対して比推力は、推進剤の効率を示すものだ。比推力は１秒間に推進剤１キログラムを消費したときの推力であり（式③）、別の表現を使うなら、「１キログラムの燃料が１キログラムの推力を出し続けられる時間を秒で表したもの」である。ロケットの推進剤の噴射速度が大きいほど比推力も長くなり、この値が大きいほど宇宙空間では高速まで加速できる。

●推力

① $\text{推力}\ (\mathrm{N}=\mathrm{kg\cdot m/秒^2}) = \text{排気の運動量}(\mathrm{kg\cdot m/秒^2})$

$$② \ \text{推力}\ (\mathrm{kg}) = \frac{\text{排気の運動量}(\mathrm{kg\cdot m/秒^2})}{\text{重力加速度}(\mathrm{m/秒^2})}$$

$$= \frac{1\text{秒あたりの推進剤重量}(\mathrm{kg/秒}) \times \text{排気速度}(\mathrm{m/秒})}{\text{重力加速度}\ (\mathrm{m/秒^2})}$$

●比推力

$$③ \ \text{比推力}\ (\text{秒}) = \frac{\text{推力}(\mathrm{kg})}{1\text{秒あたりの推進剤重量}(\mathrm{kg/秒})}$$

$$= \frac{\text{排気速度}(\mathrm{m/秒})}{\text{重力加速度}(\mathrm{m/秒^2})}$$

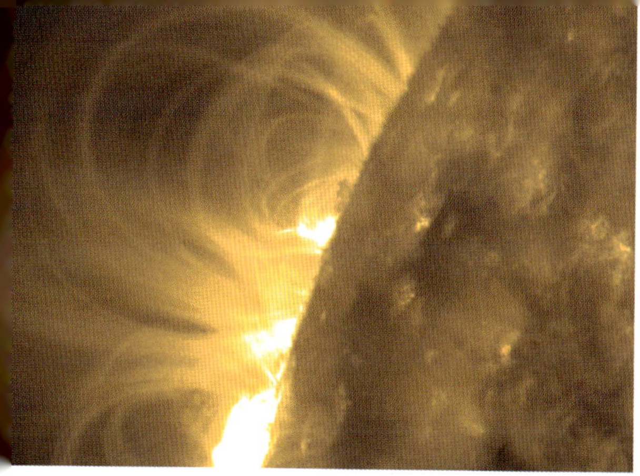

⬅太陽の表面から噴き出しているコロナは、100万度以上の超高温の中で原子が電離して陽イオンと電子の混合体（＝プラズマ）となった状態である。プラズマロケットはこれと同じプラズマを技術的に生み出してロケット後部のノズルから噴射する。

画像/NASA/A. Young

ミ）との衝突を避けるために軌道を修正する必要もある。

こうした理由から、宇宙ステーションはしばしばスラスター（小型の化学ロケット）を噴射して軌道を修正しており、このためだけに年間７トンもの燃料を地上から運び上げている。だが宇宙ステーションにヴァシミールロケットを装着しておけば、その必要はなくなる。

火星まで39日で飛行

ヴァシミールのようなプラズマ推進ロケットは化学ロケットのように燃料を酸化してガスにするのではなく、“イオン化”してプラズマにし、それを噴射する。

ここでいうイオン化とは、原子や分子に高いエネルギーを与えたとき、原子をつくっている原子核から電子の一部またはすべてがはぎとられてしまう現象（電離）である。こうして電子を失った原子（イオン）や原子核、電子などの荷電粒子からなる気体をプラズマという。イオンロケットはイオンだけを推進に利用し、プラズマロケットはイオンと電子の混合気体であるプラズマを用いる。

“物質の第４態”（他の３態は固体、液体、気体）とも呼ばれるプラズマはわれわれにとって身近な存在である。太陽は全体がプラズマであり（上写真）、地球の極地に現れるオーロラや真夏の積乱雲が生み出す稲妻、蛍光灯の中で放電によって光を発するガス、ろうそくの炎などはみなプラズマである。

ヴァシミールロケットは強大な電場で燃料を加熱してプラズマ化し、次にそれを強力な磁場で一定方向に噴射させる。このプラズマの噴射がロケットを押し、推進力が生じる。

ヴァシミールはその構造上、他のイオンロケットやプラズマロケットと異なってプラズマがロケット本体と接触しない。そのため宇宙できわめて長期にわたって使用できるとされている。

このロケットは燃料として、当初の地球周回軌道上や月往復用には、イオン化しやすく（したがってプラズマを得やすく）かつ入手の容易なキセノンやアルゴン、クリプトンを使用する。しかし火星などの外惑星を目指す大型宇宙船に使用する場合は、

⬆ヴァシミールロケットの開発者チャンディアス（中央）が実験施設を訪れた学生たちと記念撮影。彼は７回の宇宙飛行を経験した元宇宙飛行士でもある。　写真/O2050

エネルギー効率のすぐれた軽い元素である水素や重水素、ヘリウムを使用すると見られている。

ヴァシミールは、ロケットの性能の指標である比推力が化学ロケット（300〜400秒台）よりはるかに大きく、初期的な実験でも4800秒に達したという。

他方で別の性能の指標である推力、すなわち地上から重い物体を宇宙に押し上げる力はきわめて小さい。こうした特徴から、地上からの打ち上げには適さないが、いちど宇宙に出てから、つまり地球周回軌道から外宇宙に向かうときには最適のロケットになることがわかる。

ヴァシミールはまた、推力を非常に大きな範囲でコントロールして加速・減速できるだけでなく、必要なら燃費を犠牲にして“アフターバーナー（高温の排気に燃料を噴射して再燃焼させ、推力を増強する方法）”を作動させ、一時的に強力な推力を生み出すこともできるという。

ちなみに、ヴァシミールが完成して火星有人飛行に用いられる場合、地球周回軌道から火星周回軌道まで、化学ロケットに

よる8〜9カ月ではなく、わずか“39日”で到達できると開発者たちは述べている。

火星探査に原子力は不可欠

ヴァシミールロケットの考案者・開発者はフランクリン・チャンディアス博士（左ページ写真）である。かつてNASAで最多の7回の宇宙飛行を経験した異色の物理学者・ロケット工学者である彼は、このロケットに最終的に水素燃料を用いるのは性能以外にもさまざまなメリットがあるからだと述べている。

第1のメリットは、水素は太陽系宇宙の至るところで入手できる可能性が高いことだという。つまりこのロケットで推進する宇宙船は、たとえば火星を目指す場合、片道分の燃料さえ積んでおけばよい。地球に戻るための燃料は火星で調達することができる。

第2のメリットは、パート3で見るように、水素は最良の放射線遮蔽効果をもつということだ。ヴァシミールロケットの水素燃料は、有人飛行の際に太陽風や銀河宇宙線による被曝から乗組員を守る壁として利用できる。

ヴァシミールの駆動に要する電力は小型の原子力発電機またはソーラーパネルで供給する。チャンディアス博士は、飛行が長期にわたる場合は原子力発電が最良の選択肢になるだろうと述べている。彼は、人間が火星に出かけるには原子力は不可欠だという。

実際ヴァシミールは、現在NASAが“プロジェクト・プロメテウス”の名のもとに進めている宇宙飛行用の原子力発電機をエネルギー源として使用することになると見られている。

しかし、地上テストを終えたヴァシミールの試作機はまず国際宇宙ステーションに運ばれ、宇宙ステーションのソーラーパネルが生み出す電力によって性能試験が行われるようである。この試験が成功すれば、宇宙ステーションでいまも水から酸素をつくった後の“使用済み廃棄物”として生じている水素を燃料にして、前述した宇宙ステーションの軌道修正用に利用される可能性があるという。

竹内薫のPoint of View 5

なぜ人類は冒険したがるのか？

マーズ・ワンというプロジェクトがある。オランダの民間団体が提唱している「火星移住計画」なのだが、驚くのはその内容。なんと、「片道切符」だという。つまり、このプロジェクトに参加する宇宙飛行士たちは、火星に行ったら、そこでコロニーを作り、そこで死ぬことになる(汗)。

そんな計画に参加する宇宙飛行士がいるのか？と、素朴な疑問が湧くが、計画発表からわずか２週間で全世界から７万8000人の応募があったというから驚きだ。

ちなみに、応募の手数料は日本円にして3800円也。火星に行くために新たな技術開発はせず、既存の技術のみを使うというが、それでも１回の飛行で6000億円くらいかかってしまう。応募手数料は、ようするに「募金」という位置づけらしいが、単純計算だと、6000億円÷3800円＝１億5789万人の応募が必要になる。うーん、日本人が全員募金しても足りませんな(笑)。

まあ、資金調達の話はともかく、計画は机上で着々と進んでいて、タイムスケジュールも決まっている。応募者の中から初回飛行の宇宙飛行士を男女２名ずつ選んで、2024年から隔年で火星移住船を打ち上げるのだとか。もちろん、いきなり有人飛行というわけにはいかないので、2018年には無人探査船を火星に送りこむ計画だ。

どこまで現実的な計画なのか、さまざまな疑問符がつくが、不思議と心が躍らされる。いったいなぜか考えていたら、妻に、

「あなただって夢のハワイ移住計画立ててるじゃない？」

と、突っ込まれた。そう、何を隠そう、私は数年後にハワイに移住する計画を練っているのだ。しかも、この原稿の執筆時点で、なんとハワイには１回しか旅行したことがないに

➡マーズ・ワン計画は、火星有人宇宙船の打ち上げロケットとしてアメリカの民間宇宙企業スペースX社のファルコンを候補にあげている。このロケットの発展型で世界最強の打ち上げ能力をもつ“ファルコン・ヘビー”（18ページ巻頭記事参照）は、NASAの火星有人飛行で使用される可能性が高いとみられている。

写真／NASA

もかかわらず、である。つまり、ほとんど知らない外国に、いきなり移住しようという無謀な計画なのだ。

火星移住計画とハワイ移住計画とでは、比べものにならないが、それでも、そこには共通の心理状態があるような気がする。実際、人類はアフリカが起源だが、いまでは（アフリカから見て）地球の裏まで、そして、絶海の孤島にまで進出してしまった。その過程で、多くの犠牲者が出たことだろう。でも、人類の祖先は「冒険」をやめずに、果敢に前に進んだ。人類のDNAには「冒険心」がプログラムされているのではあるまいか。

さらに遡ると、人類の遠い祖先は、何億年も前に海から陸に進出したわけだ。地球環境の激変で酸素不足になったから、肺を進化させ、手足を進化させ、陸に這い上がった。もちろん、肺が発達してからも、「全員」が陸に上がったわけではない。海に戻って、肺を浮き袋に進化させた連中もいる（古代魚を除く、現代の魚のほとんど！）。そして、陸にあがったグループは、どんどん枝分かれして進化し、恐竜から鳥になったり、哺乳類から人類になったりした。

そうやって考えると、いま現在、マーズ・ワン計画に応募している人々は、「次なる進化」の予備軍なのかもしれない。将来、火星に移住した人類は、いったいどのような進化を遂げるのだろう……それは別のコラム（154ページ）で考えてみたいと思います。

宇宙推進の主役となる原子力ロケットの開発

惑星探査機と原子力電池

どんな動力システムもたえず技術革新を追求し続けている。宇宙推進の手段としてのロケットエンジンもまた、より大きな比推力とスピード、より高いエネルギー変換効率、より長い稼動時間などを追い求めてやまない。

それらの中でも“原子力ロケット”すなわち核分裂エネルギーを用いる推進システムに関しては、アメリカとソ連（現ロシア）において一般社会にあまり知られていない開発の歴史が存在する。

宇宙探査機のエネルギー源に原子力を用いる手法（原子力電池）は、すでに1960年代から採用されてきた。これは核分裂物質の放射性崩壊が生み出すエネルギーを発電に利用するもので、これまでに20機以上のおもに外惑星探査機に搭載されてきた。

太陽から２億3000万キロメートルの距離にある火星、あるいは火星と木星の中間軌道に広がる小惑星群のあたりより遠ざかると、そこに届く太陽光はエ

図8 惑星と太陽エネルギー

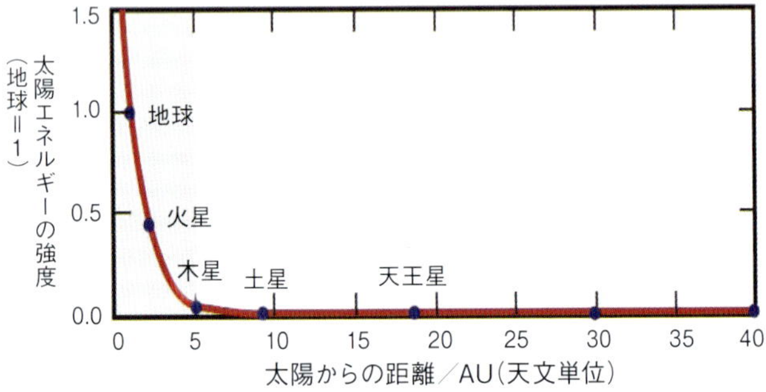

←火星表面が受け取る太陽放射の強度は地球の約２分の1、木星では25分の１となる。

資料／NASA

⬆太陽系の外縁天体の観測を目指す探査機ニューホライズンズ。左の黒い筒状構造が原子力電池。2015年夏に冥王星とその衛星に接近する。　写真/NASA/KSC

ネルギー密度が微小となり、もはや太陽電池では必要な電力を得ることができなくなる。そのため外惑星探査機はほとんど例外なく原子力電池が不可避の選択となる。

たとえば太陽系の第７惑星である天王星は太陽から最遠時45億キロメートルほど離れており、表面温度がマイナス210度Ｃという極寒の世界である。この距離では太陽エネルギーは存在しないに等しい（図８）。だがＮＡＳＡの探査機ヴォイジャー２号は太陽系の辺縁に近いこの惑星に接近し、見事な写真を地球に送信してきた。

これほど太陽から遠くかつ寒い宇宙空間でボイジャーがその機能を保ち、コンピューターを動かし、撮影や送信を行った電源は原子力電池である。土星探査機カッシーニ、木星探査機ガリレオなども同様である。

これらの探査機に用いられている原子力電池は、プルトニウム238やポロニウム210などの放射性同位体の自然崩壊熱を電力に変えるもので、地上の発電用原子炉のような核分裂の連鎖反応は用いない。ヴォイジャーの例で見るように、このタイプの電池ないし発電機は数十年間もはたらき続けることがすでに実証されている。

打ち上げ時にロケットが爆発事故を起こすとプルトニウムが大気中に飛散するなどとしてこの電池を批判する意見もあるが、宇宙探査には今後ともこの電池が使用されていくはずである。ちなみにアメリカのエネルギー省とNASAはいま、より効率の高い新しいタイプのプルトニウム電池を開発している（右ページ下写真）。

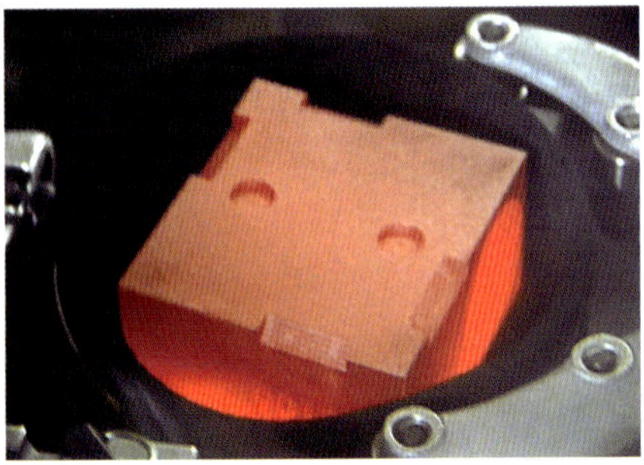

⬅火星探査ローバー、キュリオシティーの原子力電池。赤色の物体は発電用の崩壊熱を生み出す放射性同位体。高強度の炭素複合材料の容器内に密封されている。

写真 / Idaho National Lab.

⬇原子力電池にはアポロ計画以来ほぼ半世紀にわたる歴史がある。多くが設計寿命をはるかに超える年月にわたって探査機にエネルギーを供給している。

資料 / NASA, Radioisotope power systems

表4 原子力電池の性能比較

電池の種類 / 性能ほか	SNAP-19RTG	MHW-RTG	GPHS-RTG	MMRTG	ASRG
使用探査機（稼働年数）	①ヴァイキング1号（6年）、2号（4年） ②パイオニア10号（30年）、11号（22年）	ヴォイジャー1、2号（30年～）	①カッシーニ（14年～） ②ニューホライズンズ（6年～） ③ガリレオ（14年） ④ユリシーズ（19年）	キュリオシティー（2年半～）	開発中
電力最大出力（W）	42.6（①） 40.3（②）	158	292	110	130～
熱源の数	2（①）、4（②）	3	3（①）、1（②） 2（③）、1（④）	8	2
放射性同位体	プルトニウム238				

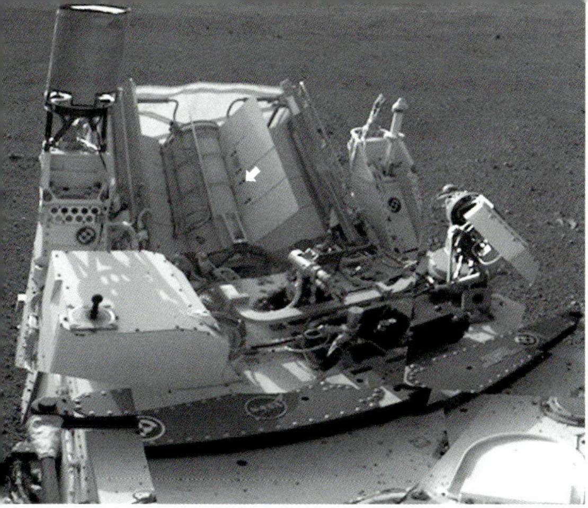

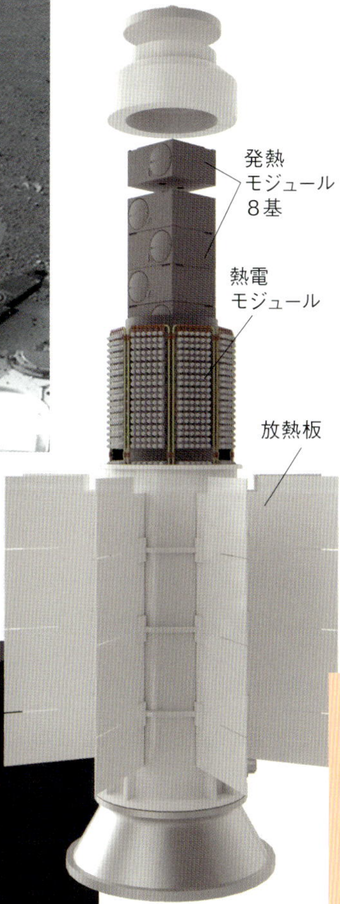

⬆火星探査機キュリオシティーに搭載されている原子力電池（矢印）は多目的型で、1970年代の火星探査機ヴァイキングなどに使用された汎用型を改良した最新型。➡合計4.8キログラムの二酸化プルトニウムにより2000ワットの熱出力、110ワットの電力を生み出す。　写真/上・NASA/JPL−Caltech、右・NASA

⬅NASAとエネルギー省が現在開発中の最新の原子力電池（ASRG）。従来型とは異なり機械式の発電機（スターリングエンジン。92ページ用語解説）を駆動して発電する。４分の１の量のプルトニウムで従来以上の発電能力をもち、宇宙空間でも火星大気中でも使用できる。

写真/NASA

原子力電池は宇宙では非常にすぐれた電力源であり、これに代わるものは存在せず、また事故に備えて電池は厳重に密閉防護されてもいる。この電池を使用しないとしたら、それは人類が未来永劫、惑星探査を行わないと宣言するに等しい。

世界が競った原子力推進

しかしここで注目するのは、原子力電池とはまったく異なる核分裂エネルギーで推進する「原子力ロケット」である。原子力はさまざまな方法で宇宙空間におけるロケット推進に利用できるが、ここではもっとも代表的かつ単純な原子力ロケットの原理を紹介しておきたい。

このロケットは熱核推進ロケットなどとも呼ばれる。通常の原子力発電などに使用されるものと同じ原理の小型原子炉が生み出す核分裂連鎖反応による熱エネルギーで、燃料（推進剤。通常は水素）を加熱する。こうすると水素燃料は爆発的にガス化して膨張し、ロケットの噴射ノズルから非常な高速で噴出する。

温度が高ければ高いほど水素は激しくガス化し、ロケットの噴射能力は高まる。ここで用いられる原子炉の燃料（核分裂物質）は、固体でも液体でも、あるいは液体／固体の混合燃料でもよいが、それぞれに長所と短所がついてまわる。

たしかにこれまで、いま見た

⬆1971年に行われた原子力ロケットエンジン（ナーバ）の噴射実験。

写真/William R. Corliss, Francis C. Schwenk

用語解説 **スターリングエンジン**：シリンダー内の気体を加熱または冷却して仕事をする外燃機関。熱エネルギーを最大効率で運動エネルギーに変えるとされる。
キロニュートン：国際単位系で使用される力の単位。1キロニュートンは1キログラムの物体を1000メートル/秒^{2}加速する力で、推力102キログラムに相当する。

⬆1967年に初期の噴射実験（核分裂物質を使用しない通常燃料による噴射）のためにネバダ砂漠に運ばれた原子力ロケット（左奥）。右手前のアルミニウム製の円筒は宇宙空間でエンジンを密閉するための構造物。　写真/AEC-NASA

ような原子力ロケットが地上から宇宙に飛び立ったり宇宙を飛行したことは一度もない。しかし原子力ロケットはかつてのアメリカと旧ソ連によって開発され、地上で何度も噴射実験が行われた。

アメリカの原子力ロケット開発計画には「ローバー計画」と「ナーバ計画」が存在した。いずれも1950年代半ばに開始され、ネバダ砂漠で行われた噴射実験では、ローバー計画で開発された原子力ロケットエンジンは通算17時間の噴射実験を行った。

他方ナーバ計画によるエンジンは合計2時間以上運転され、うち28分間はフルパワー運転だった（左ページ写真）。1950年代末には史上最大の爆撃機B-36（94ページ左写真）に原子炉を載せて飛行試験も行っている（原子炉を推進力として使用してはいない）。ソ連もこの時代に類似の実験を行ったことが後に明らかになっている。

しかしアメリカは、1960年代の米ソ冷戦下でくり広げられた国家の威信をかけた宇宙開発競争の中でケネディ大統領が下した決定——60年代末までに人間を月面に送り込むアポロ計画を成功させる——に宇宙開発予算のほぼすべてを投入することになった。その結果、アポロ計画以外のさまざまな宇宙計画が中止に追い込まれた。1972年にはニクソン大統領によって原子力ロケット計画も正式にキャンセルされた。

だが1950年代以降のこの時代には、アメリカとソ連はいうまでもなく、ドイツや日本でもさまざまな輸送システム——ロケット、航空機、船舶、機関車など——に原子力を利用しようとする構想や計画が存在した。

とくに船舶については、これらの4カ国がいずれも原子力推進の商船や貨物船、実験船を建造した。アメリカのサヴァンナ号、ソ連のセブモルプーチ号(下右写真)、ドイツのオットーハーン号、それに日本のむつである。

しかしこれらはいずれも後に原子炉を撤去してディーゼルエンジンなどに乗せ変えられ、通常の船舶に姿を変えている(むつは4回の試験航海の後、原子炉を解体して海洋観測船“みらい”に生まれ変わっている)。

現在、原子力発電炉を動力源としているのは主要国の航空母艦、巡洋艦、潜水艦、それに砕氷船(これはすべてソ連／ロシア製で計10隻が建造された)である。つまり地球上で実用化されている原子力推進システムは大半が軍艦と砕氷船に搭載されているのであり、航空機や機関車の動力として実用化されたものはどこにも存在しない。

火星行き原子力ロケット計画

原子力ロケットはさまざまな方法で推力を生み出すことがで

⬆左は原子力ロケットの搭載実験を行った史上最大の爆撃機B-36ピースメーカー。右は旧ソ連のセブモルプーチ号。

写真/左・U.S. Air Force、右・Терский берег

きる。これらのうち前記のローバー計画やナーバ計画で採用された方式は、小型原子炉の生み出す高熱によって液化水素燃料を爆発的に膨張させ、ノズルから噴出させるものだ。

ナーバ計画でつくられた最後の原子力ロケットエンジンは、地球の周回軌道から出発して火星まで宇宙船を送り出すことがほぼ可能な性能を実現していたとされている。すなわち1時間以上にわたって最大10万キログラム（1000キロニュートン。設計値。92ページ用語解説）の推力を生み出し、比推力は化学ロケットの約2倍、原子炉の炉心温度は2500度Cというデータが残されている。

これら最初期の原子力ロケット計画は前記したように1972年に消滅した。だがそれから40年の歳月が流れた2015年のいま、この推進システムはふたたび動き始めている。それは、NASAが現在進めている「高度探査システム計画（Advanced Exploration Systems program）」の一角を占める専門家チームによってである。

図9 ナーバの構造

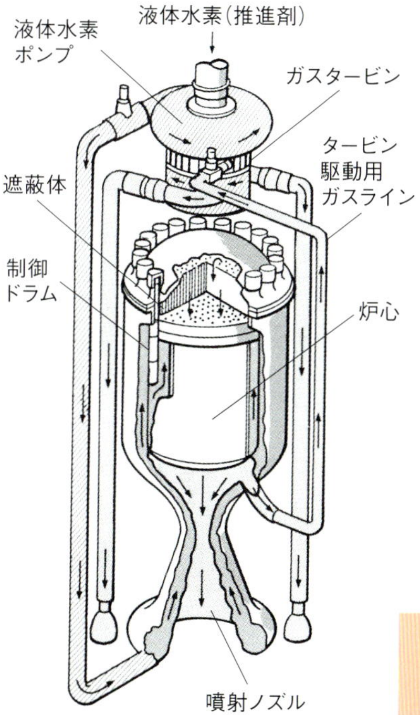

⬆ナーバ計画の原子力ロケットエンジンの構造図。23回の噴射実験が行われ、最終回には宇宙空間での使用をシミュレーションしたとされている。

NASAの新しい原子力ロケット計画は「NCPS（Nuclear Cryogenic Propulsion Stage：原子力冷温推進ロケット）」と呼ばれる（97ページイラスト）。これはナーバ計画などのロケットと同じ原理で、極低温の液化水素を燃料とする。これを小型原子炉で超高温に加熱し、それによって生じる高温ガスをノズルから噴射して推力を発生させる。

ここで問題になるのは、原子炉が生み出す2500度Cないしそれ以上の超高温に安定的に耐えるロケット構造材があるか否かである。

鉄は1500度C、鉄とニッケルやクロムの合金であるステンレスは1400度Cを超えると融点を超えて融け始める。しかしタングステンやオスミウム、レニウム（希少金属）などのように融点が3000度C以上の金属も存在する。さまざまな合金の中から最適の素材を見つけることができるかもしれない。原子力ロケットの性能としての比推力は、この金属素材によって決定される可能性がある。

原子力ロケットは、大型の化学ロケットと比較して小型化できるという特徴もある。ナーバ計画でつくられたロケット用の原子炉は、炉心の全長が150センチ、直径は50〜140センチという非常に小さなものだった。研究者たちは、将来火星に向かう大型の宇宙船に用いられる場合でも、全長12メートルあまりで直径は7.5メートル、燃料を含めた総重量は40トン程度と予想している。

この原子力ロケットは運転停止状態で地球の低周回軌道に打ち上げられ、宇宙船が地球を離れる直前にはじめて原子炉に点火して臨界に達するという方法をとる。これにより、万一打ち上げに失敗しても大気中を落下する放射性物質は100キログラムほどの密閉防護された低濃縮ウランだけとなる。

ちなみにこの原子力ロケットは、同じ原子力を用いるプラズマロケット（99ページ参照）とは原理的にまったく異なっている。プラズマロケットは長い時間をかければ軽い宇宙船を超高速で外惑星まで送り出すことができるが、熱核推進型のロケットと違って巨大で重い宇宙船を短時間で超高速まで加速することはできない。

NASAの研究者たちは、この熱核反応型の原子力ロケットが実用化されないかぎり、人類文明が火星やそれ以遠の深宇宙に本格的に進出することはできないと考えている。

⬆現在NASAが火星やその衛星（フォボス、ダイモス）、小惑星などの探査用に開発している熱核推進ロケット（原子力ロケット）。巨大なロケットの左端と下部に２機のオリオン宇宙船（70ページ参照）がドッキングされている。　イラスト/John Frassanito & Associates/NASA

図10 ハイブリッド型原子力ロケット

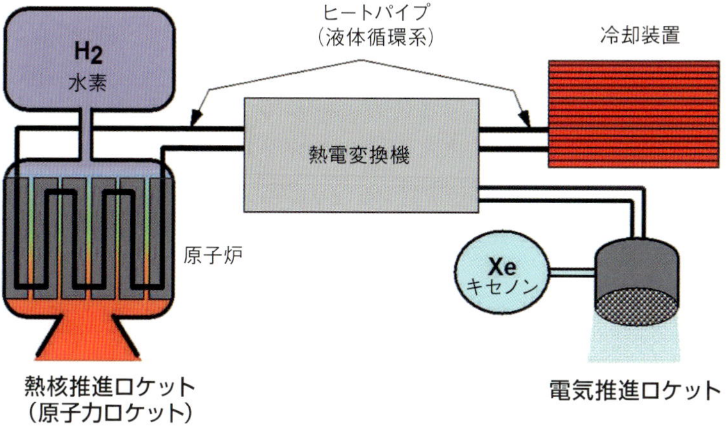

⬆左側の原子炉はそれ自体が熱核ロケットとして推力を生み出し、同時に熱エネルギーを電力に変えて右側の電気推進ロケットを作動させる。左右２種類のロケットが推力を生み出す“ハイブリッドロケット”である。　図/NASA/JPL

MORE INFO ロシアの原子力ロケット計画

ロシアでもいま、火星まで2～4カ月で往復できる宇宙推進システムとして原子力ロケットの研究開発を行っている。場所はモスクワのムスチスラフ・ケルディシュ研究所および宇宙開発企業エネルギア社。

ケルディシュ研究所所長アナトリー・コロテイエフはこの原子力ロケット開発の理由をこう述べている。「現在の化学ロケットでは現実的に秒速16.6キロメートル以上に加速することはできない。原子力ロケットはこの限界をはるかに超えることができる」。比推力の限界が速度の限界になっているというのである。

アメリカと同様、かつてのソ連も1950年代に原子力ロケットの開発を行ったが、原子炉で推進剤(水素)を加熱しても3000度Cが限界で期待した性能が得られず、開発を中止した。

そこで同研究所は近年になり、原子力の利用方法をかつての核分裂エネルギーで推進剤を直接加熱する方式からプラズマロケットに変更した。これは小型原子炉(ガス冷却型)が生み出す高温ガスでタービン発電機を駆動し、その電力でプラズマの生成と加速および噴射を行う。

ロシアの通信社プラウダおよびWNA(世界原子力協会)によると、エネルギア社はこの原子力ロケットの試作機を2015年に完成させ、2018年からの噴射試験を経て、2025年以降にこれを搭載した宇宙船の打ち上げを目指すという。

ロシアは同時にいま"原子力スペースタグ"も開発している。これは、人工衛星や宇宙船を地球の低軌道から静止軌道や月周回軌道へと引き上げるシステムである。

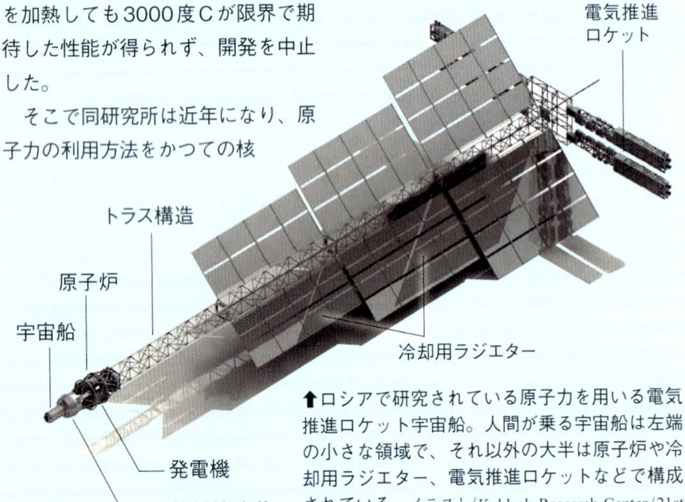

⬆ロシアで研究されている原子力を用いる電気推進ロケット宇宙船。人間が乗る宇宙船は左端の小さな領域で、それ以外の大半は原子炉や冷却用ラジエター、電気推進ロケットなどで構成されている。イラスト/Keldysh Research Center/21st CENTURY, Fall/Winter (2012-2013)

パート2■宇宙輸送システム－火星有人飛行ロケット

文明の未来と核融合ロケット

“夢の核融合ロケット”は20年後に実現？

ここでは、今日明日ではないにしても、遠からず究極の宇宙推進システムとなるであろう「核融合ロケット」(101ページイラスト）にも注目しておかねばならない。

核融合ロケットは火星までわずか30～60日間で往復することを可能にし、前述した“打ち上げの窓”に発射のスケジュールを縛られることもない。そしていずれは土星や木星へ、さらには太陽系から何光年ものかなたにある他の恒星へさえ、少なくとも人工知能化した宇宙船を送り出せる可能性を秘めている。核融合ロケットは、人類文明の未来の方向性を決定づけるひとつの技術的到達点ということができる。

核融合の研究にはすでに数十年の歴史がある。2013年には超大型の国際プロジェクトである熱核融合実験炉“ITER（イーター)”の建設がフランス、マルセイユ北方のカダラッシュで始まっている。核融合研究ではこれまで世界の最先端グループの一員であり続けた日本も、このプロジェクトの中で非常に重要な役割を果たすことが確実である（下用語解説)。

核融合炉が実現すれば、事実上無限といえるそのエネルギー――おもな燃料となる重水素（水素の同位体）は海水から得られる――によって世界のエネルギー問題、とりわけ電力エネルギー供給が永久的に保障されると見られている。

だがここで注目するのは、核融合エネルギーを宇宙ロケット

用語解説　**日本の核融合研究**：磁場閉じ込め方式（トカマク型やヘリカル型）および慣性閉じ込め方式（レーザー核融合）のいずれにおいても世界最先端の一部をなしている。

の推進力として利用する技術についてである。

核融合は、原子力発電のエネルギー源である核分裂とは似て非なる物理現象である。われわれの太陽のような星（恒星）が生み出す莫大なエネルギーは、水素などの軽い元素の原子核どうしが超高温・超高圧の中で“融合”する――水素の原子核４個が結合してヘリウムの原子核１個に変わる――ことによって生み出される。このとき質量の一部がエネルギーとして放出され、それが太陽をわれわれが真昼の空に見るように激しく輝かせている。

人間をも含めて地球の生物は、太陽から受け取るこの核融合エネルギーによってはじめて生命活動を維持することができる。生物にとっては、核分裂によって発電用原子炉が生み出すエネルギーよりはるかに日常的な自然エネルギーである。

この核融合エネルギーを人工的、技術的に取り出す核融合炉が実現したとき、それはまず前記のように、①無尽蔵の発電を可能にし、また②別のエネルギー資源としての水素の大量生産に新たな道を開くはずである。さらにその技術は、③火星やそれ以遠の深宇宙へと超高速で飛行する“夢の核融合ロケット”を出現させることにもなる。

トカマク型核融合とレーザー核融合

核融合ロケットはこれまでに、日本も含めて世界の多くの物理学者やロケット工学者による理論的、技術的な研究が行われてきた（左用語解説）。それは、核融合ロケットの性能が、化学ロケットはいうまでもなく、原子力ロケットと比べてもはるかにすぐれているからである。

前述の国際協力による核融合実験炉イーターは「トカマク型」と呼ばれる方式で、１億度という超高温・超高圧のプラズマを

用語解説 **日本の核融合ロケット研究**：九州大学の中島秀紀教授らのグループは長年、核融合プラズマを用いる宇宙推進システム（核融合ロケットエンジン）の実験・研究を行っている。

トカマク型：ドーナツ形の真空容器の中にプラズマを磁場で閉じ込める核融合の方式。アメリカのプリンストン大学のＴＦＴＲ、日本（日本原子力研究開発機構）のＪＴ-60ＳＡのほか、ヨーロッパやロシアにも大型実験装置がある。“トカマク”は1950年代に旧ソ連の科学者が考案したプラズマ閉じ込め方式のロシア語の略称。

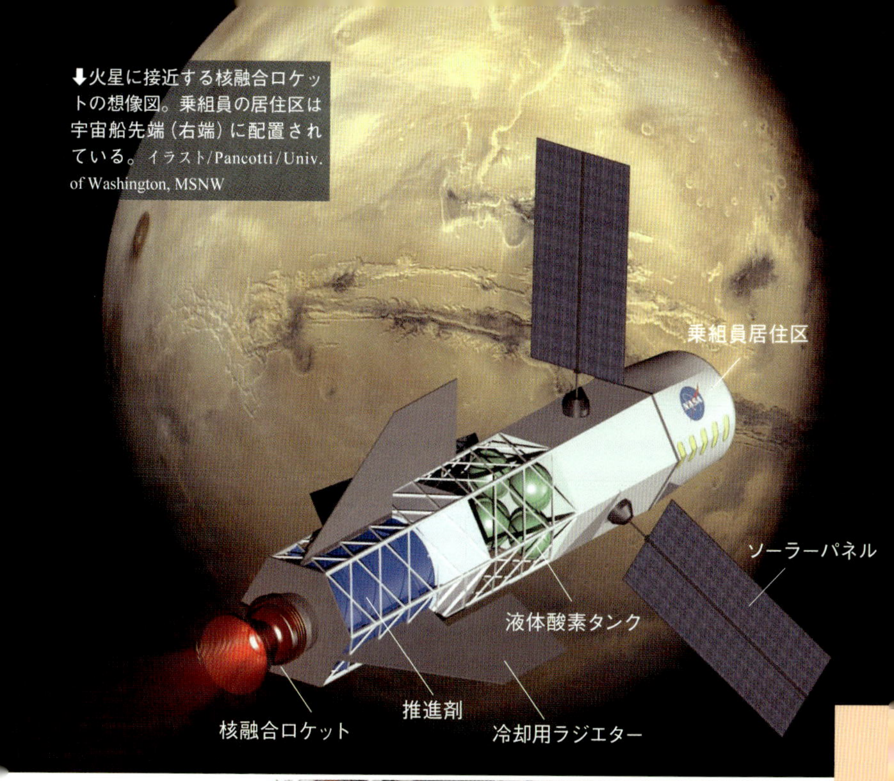

⬇火星に接近する核融合ロケットの想像図。乗組員の居住区は宇宙船先端（右端）に配置されている。イラスト/Pancotti/Univ. of Washington, MSNW

➡ワシントン大学がNASAの予算によって開発中の核融合ロケットの実験装置。すでに1回だけの核融合は起こせるが、それを連続させることが困難な課題となっている。写真/Univ. of Washington, MSNW

強力な磁場を使って炉内に"閉じ込める"。そのためこの方式は別名「磁場閉じ込め式」とも呼ばれる（102ページ図11の①、左ページ用語解説）。

しかしプラズマを閉じ込めることは容易ではない。プラズマはプラスの電気を帯びた陽イオ

図11 核融合の2つの方式

❶トカマク型核融合（磁場閉じ込め方式）

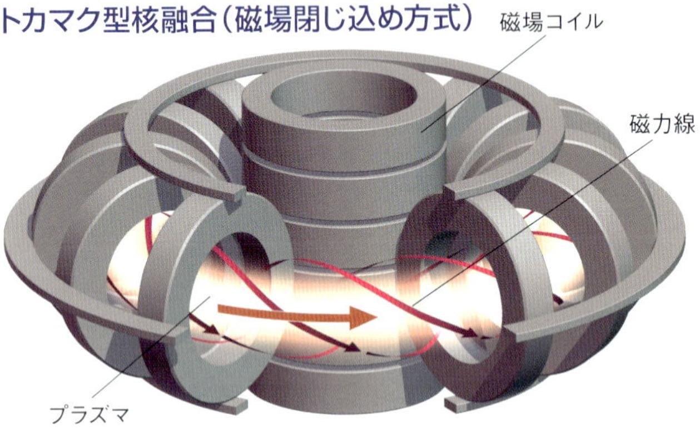

⬆1億度という超高温のプラズマを強力なコイルが生み出す中空ドーナツ型の磁場の中に閉じ込め、核融合反応を起こさせる。代表的なトカマク型実験炉には、日本のJT-60SAやヨーロッパのJET、現在建設中の国際協力炉ITER（イーター）などがある。　図/細江道義　資料/Max-Planck-Institut für Plasmaphysik

❷レーザー核融合（慣性閉じ込め方式）

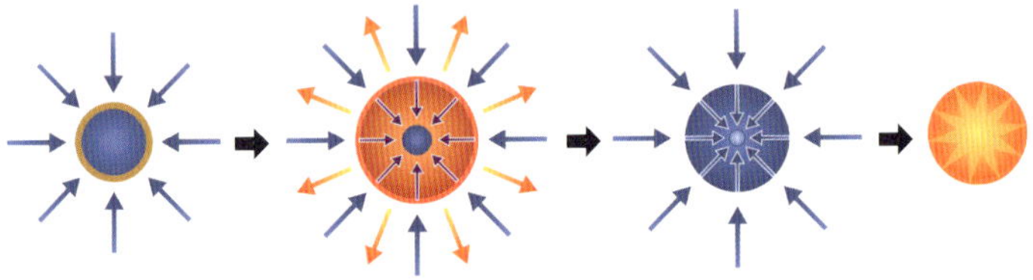

①中央のペレットに周囲から多数のレーザービームを一様に照射して表面をプラズマ化する。

②プラズマ化したペレットの表面が瞬時に膨張する。

③膨張の反力によってペレット中心部が圧縮されて超高密度（固体の1000倍）となり、温度が1億度に上昇する。

④その結果、核融合反応が起こる。

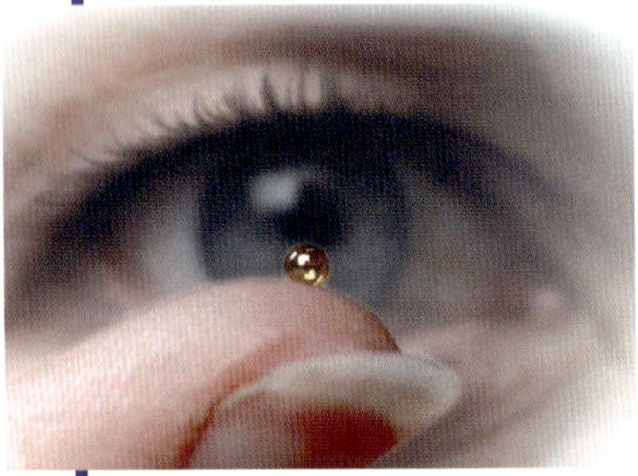

⬆レーザーなどの高エネルギービームで小球状の燃料ペレットに核融合を起こす手法。「慣性核融合」とも呼ばれる。　図/Benjamin D. Esham

⬅レーザー核融合の燃料ペレット。冷却固化した重水素（D）とトリチウム（T：三重水素）の内部にさらに重水素とトリチウムのガスをつめた中空の球殻状カプセル。表面はアブレーター（特殊な樹脂）でコーティングされている。
写真/Lawrence Livermore National Lab.

世界最大のレーザー核融合装置であるアメリカのＮＩＦ(National Ignition Facility：国立点火施設）は192本のレーザービームを有し、それらを中央のターゲットチャンバーに集光して核融合を起こす。この写真では技術者がチャンバー内部を点検中。

写真／Lawrence Livermore National Lab.

ンとマイナスの電気を帯びた電子からなる電離したガスのような存在である。この状態は固体でも気体でもなく、液体でもないため、“物質の第４の状態”とも呼ばれる。

プラズマは電気を帯びているため磁場によって閉じ込めることができるが、その中では陽イオンも電子もたえず激しく動き回っている。そのため、磁場にごくわずかなすきまがあってもそこから生き物のように逃げ出し、核融合を起こす条件は一瞬で失われてしまう。研究者たちは長年、こうした性質をもつプラズマを安定的に押さえ込む技術と格闘してきた。

核融合にはこのほかにもさまざまな方式があるが、その中でもとくに注目すべき方式が「レーザー核融合（慣性核融合）」である（左ページ図11の②、上写真）。

これは、無数の微小な燃料——重水素とトリチウム（三重水素。104ページ用語解説）を直径数ミリの容器に詰めたもので、“マイクロカプセル”などと呼ばれる（102ページ下写真）――に次々と強力なレーザーを照射して燃料を瞬間的にプラズマ化し、その中心部で核融合反応を起こす（点火する）ものだ。平易に言うなら、非常に小さな“人工太陽”を連続的に生み出す方式である。

レーザー核融合のもっとも著名な研究機関は、アメリカのローレンス・リヴァモア国立研究所と大阪大学レーザーエネルギー学研究センターである（右ページ写真）。

レーザー核融合の研究も主たる目的は核融合エネルギーを取り出すことである。しかしここでは本書のテーマに合わせて核融合ロケットへの応用が関心事となる。というのも、磁場閉じ込め方式の核融合と慣性閉じ込め方式の核融合は、どちらも核融合ロケットへの応用が可能であり、実際に研究ないしすでに開発されているからである。

化学ロケットの300倍の比推力

核融合ロケットの最大の利点は、ロケットの性能の目安である比推力が途方もなく大きいことである。

比推力とは、ある量の推進剤（燃料）を使ってある大きさの推力（推進力）を何秒間出し続けられるかを示す目安である（82ページコラムも参照）。自動車で燃費を問題にするときに「ガソリン1リットルあたり何キロメートル走る」という表現を用いるが、比推力はそれをジェットエンジンやロケットエンジンに当てはめたものと考えればよい。

たとえば、30年間も地上と宇宙を往復した後の2011年に引退したスペースシャトルの主エンジンの性能は、ガス噴射速度が秒速4440メートル、比推力は453秒である。日本の打ち上げロケットH-IIの第1段ロケットの比推力もほぼ同じ440秒である。これは1キログラムの燃料で1キログラムの推力を450秒間ほど生み出せるということを示し、このあたりが現在の化

用語解説　重水素とトリチウム（三重水素）：重水素は原子核が陽子1個と中性子1個からなる水素の安定同位体、トリチウムは同じく陽子1個と中性子2個からなる放射性同位体。DとTの記号で表される。

⬆世界有数の性能を有する大阪大学レーザー核融合研究センター（現レーザーエネルギー学研究センター）の激光Ⅻ。中央の真空チャンバー内の燃料ペレットにレーザーを集光して核融合を起こす。➡アメリカ、ローレンス・リヴァモア国立研究所の巨大レーザー「ノヴァ」（NIFの前身。中央に立つのは筆者）。レーザー核融合は無限のエネルギー源となる前にまず究極の宇宙ロケットとして実現する可能性がある。写真/上・大阪大学レーザーエネルギー学研究センター、右・矢沢 潔

学ロケットの限界性能であることがわかる。

これに対して前出の原子力ロケットの比推力は2倍の900秒、そして核融合ロケットの比推力は（ロケットの方式によって異なるものの）、理論的には“13万秒”とされている。化学ロケットの300倍、原子力ロケットと比べてさえ150倍という桁違いの性能である。

また核融合ロケットは燃料として水素（の同位体である重水素やトリチウム）を使用するが、この燃料ははじめから全量を宇宙船に積んで地球を出発する必要はない。というのも、多くの惑星の大気には水素が含まれて

いるので、“現地調達”によって補給できる可能性があるからである。

核融合ロケットが実現すると、火星よりはるかに遠い木星まで２年で往復できると見られている。太陽－地球間の距離（１天文単位）は約１億5000万キロメートルだが、太陽－木星間の平均距離はその５倍以上の約７億8000万キロメートルである。化学ロケットがどれほど進歩しても、有人探査はまったく不可能な距離である。

NASAがいま開発しているヴァシミールロケット（76ページ）は一種のプラズマ推進ロケットだが、NASAの科学者たちはこのロケットは核融合ロケットへの道を切り開く前段階と考えている。というのも、ここで言う核融合ロケットも、ヴァシミールのようにプラズマ噴射によって推力を得るからである。

最大の困難を回避するテクニック

さきほど磁場閉じ込め方式の核融合の困難、すなわち超高温・超高圧のプラズマを磁場で完全に閉じ込めることのむずかしさに触れた。しかし実際に核融合ロケットを研究しているNASAマーシャル宇宙飛行センターの研究者チームは、この困難な技術的要求を巧妙に回避する手法を考え出したようだ。

彼らのアイディアは、プラズマが決して逃げ出せない密閉された磁場空間をつくるのではなく、逆にプラズマが逃げ出せるすきまのある磁場によってロケットの推力を生み出すというものだ。そのすきまからプラズマが噴出すると、それがすなわちロケットの推力となる。

ただしこの場合、プラズマは１億度ではなく、マイクロ波照射によって達成できるであろう６億度もの超高温に加熱しなくてはならない。この温度になると、重水素やトリチウムより重い原子が核融合を起こし、そこで生じる荷電粒子（アルファ粒子＝ヘリウム核）を噴射できるというのである。

研究者たちは、このユニークな発想から生まれる核融合ロケット——全長100メートルに達する——は、今後20年くらいで実現できると予想している。

Terraforming Mars : Part 3

パート3

人間は火星環境にどこまで適応できるか

画像/NASA/JPL/Univ. of Arizona

人間が火星有人飛行を行い、そこで長期滞在し、いずれ火星に移住するには、いくつもの困難を克服しなくてはならない。最初の難関は宇宙線被曝、そして無重力または小重力環境への適応である。ここでは人間の“非地球的環境”への適応力が問われる。

執筆/矢沢 潔、新海裕美子

パート3■人間は火星環境にどこまで適応できるか

火星有人飛行と宇宙放射線被曝

人類の宇宙進出の前に立ちはだかる難題のひとつが宇宙放射線による被曝である。はたして人間はこの壁を乗り越えることができるのか。

宇宙長期滞在の記録保持者

宇宙空間ではどこでも宇宙放射線が飛び交っているため、人間が地球の大気圏を上昇するにつれてしだいに被曝線量が高まっていく。

たとえば地上高度約400キロメートルを周回飛行している国際宇宙ステーション（ISS）に滞在する飛行士は、1日に0.5〜1ミリシーベルト（mSv。110ページ用語解説）を被曝するとされている。高度1万メートル前後を飛行する航空機の旅客はこの10分の1、地上の日常生活者はそのさらに100分の1程度と見られている。

宇宙空間における被曝の問題は、宇宙開発の黎明期からしばしばメディアなどでも話題になってきた。とくにソ連（現ロシ

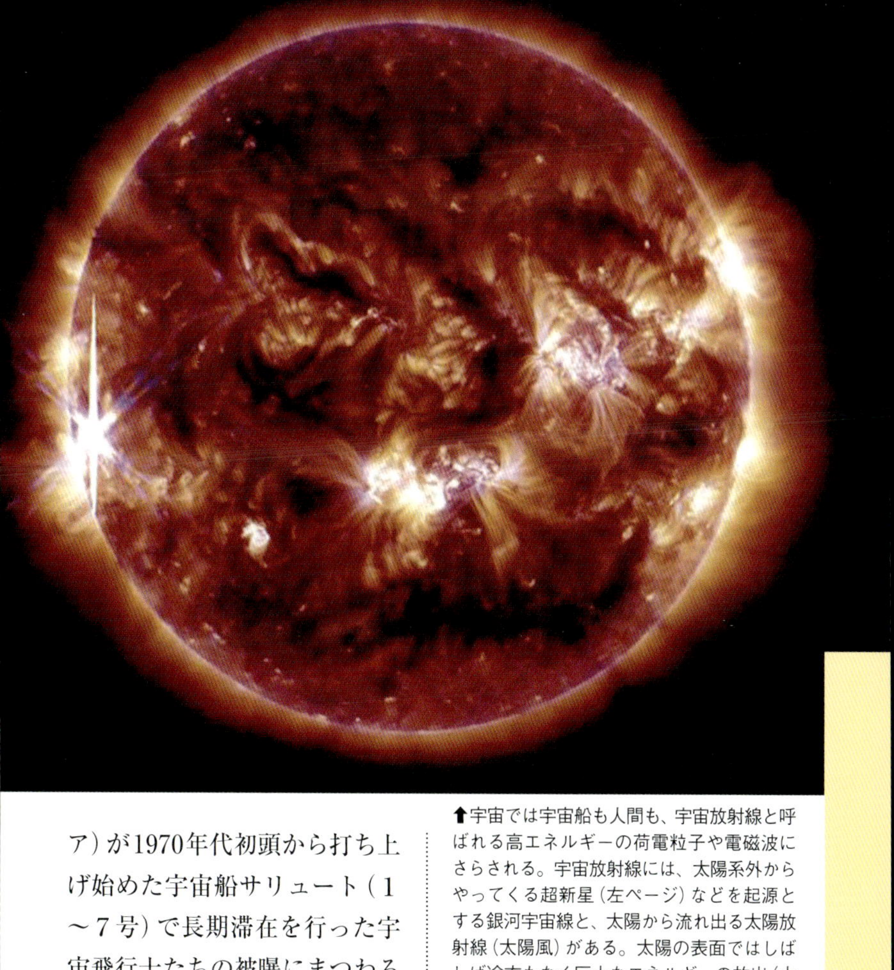

⬆宇宙では宇宙船も人間も、宇宙放射線と呼ばれる高エネルギーの荷電粒子や電磁波にさらされる。宇宙放射線には、太陽系外からやってくる超新星（左ページ）などを起源とする銀河宇宙線と、太陽から流れ出る太陽放射線（太陽風）がある。太陽の表面ではしばしば途方もなく巨大なエネルギーの放出（太陽面爆発、ソーラーフレア。上）が起こり、宇宙で活動する人間に宇宙線被曝を引き起こす。画像/左・NASA, ESA, HEIC and The Hubble Heritage Team（STScI/AURA）、上・NASA

ア）が1970年代初頭から打ち上げ始めた宇宙船サリュート（1〜7号）で長期滞在を行った宇宙飛行士たちの被曝にまつわる話題が少なくなかった。もっとも、ソ連が秘密のベールに包まれていた時代なので、すべては西側の推測の域を出てはいなかったのだが。

当時報じられた人体の被曝の影響の現れ方はおもに、体がだるくなる、筋力が低下する、骨組織からカルシウムが抜け出て骨《こつ》粗《そ》鬆症《しょうしょう》的な症状が生じるなどであった。これらは被曝だけが原因ではなく、無重力あるいは微小重力空間での長期滞在に起因する部分がかなり多いことも知られていた。

こうした健康影響は宇宙滞在時間が長くなるほど顕著となり、地上に戻ってから回復に要する時間も長くなる。これまでに1回の飛行で最長の宇宙滞在を経験したとされるのは、ロシアの宇宙飛行士ワレリー・ポリャコフ（下写真①）である。彼は1988年、同国の宇宙ステーション・ミールで240日間を過ごし、その6年後の1994年1月8日にはふたたび自ら望んでミールに搭乗し、今度は437.7日間も滞在した。

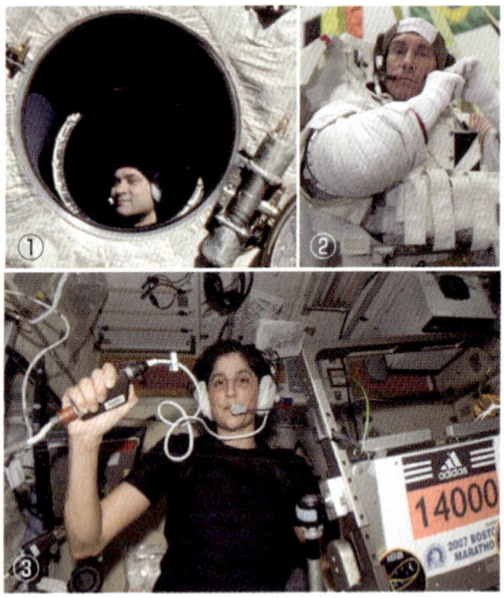

⬆ワレリー・ポリャコフ（①）、セルゲイ・クリカレフ（②）、スニータ・ウィリアムズ（③）。　写真／NASA

他方、宇宙滞在の通算最多時間の記録保持者はやはりロシアのセルゲイ・クリカレフ（写真②）で、彼は実に803日9時間39分を宇宙で過ごしている。通算2年2カ月半である。ちなみに女性の1回の長期滞在記録はインド系アメリカ人スニータ・ウィリアムズ（写真③）の195日。彼女の通算宇宙滞在時間は321日17時間15分となっただけでなく、2006年には国際宇宙ステーションの中でボストンマラソンに参加し、4時間あまりで地上と同じ距離を走り切った。

こうした記録をつくった人々は、地上に帰還した後も現在まで宇宙開発や一般社会におけるさまざまな活動を行っている。宇宙での長期滞在が彼らのその

用語解説 **ミリシーベルト（mSv）**：シーベルトは放射線の体への影響を示す単位で、体に吸収されたエネルギーが大きいほど、また放射線粒子の質量が重いほど、数値は大きくなる（体への影響が大きい）。シーベルトは1986年以降、レムに代わって国際的に公式の単位として用いられるようになったが、アメリカなどでは現在もレムがふつうに使われている。一般にはミリシーベルト（1シーベルトの1000分の1：mSv）、およびマイクロシーベルト（1シーベルトの100万分の1：μSv）が用いられる。地上の自然放射線は世界平均が年間2.4ミリシーベルトで、200ミリシーベルト以上では健康影響が生じる可能性があるとされている。

後の健康を明らかに損ねた様子は見られない。

宇宙被曝の最新データ

ところで、さきほどのワレリー・ポリャコフの場合、437日あまりの宇宙滞在中の被曝線量は400ミリシーベルト(mSv)を超えたと推定されている。1日あたり約1ミリシーベルト(=1000マイクロシーベルト)ということになる。

そしてポリャコフは地上に帰還したとき、誰にも体を支えられることなく着陸船の狭い出口から自力で外に出て歩いた。彼はこのように振る舞った理由を、「人間の火星有人飛行が可能であることを人々に見せたかったからだ」と語っている。

地上の人間は地域によって1年に1〜3ミリシーベルトの自然放射線による被曝を受けている。日本の低地では被曝線量は世界平均よりやや低く、ヨーロッパ中部の高地やアメリカ中西部などでは高い。イランや中国の一部には自然界の被曝線量がこれよりはるかに高いところがあり(イランのラムサールは年間平均10ミリシーベルトとされている)、そこには昔から多くの人々が居住している。

地上の人間が1年間に自然被曝する線量を3ミリシーベルト程度とすると、ポリャコフは宇宙滞在中、毎日地上の130倍前後を被曝し続けたことになる。人間がこれほどの被曝を受け続ければ顕著な健康被害を生じるはずだと思いたくなる。

しかしポリャコフもその他の宇宙長期滞在者も、地球帰還後いまに至るまで活動的な日々を送っている。彼らの経験は、有人火星飛行にともなう被曝の影響を考えるうえで重要な人体実験的データになりそうである。

他方でごく最近、より新しくより頭痛のタネになりそうなデータも公表されている。それは、いままさに火星の地表を探査中のNASAの探査機キュリオシティーが、2012年8月に火星に到着するまでに測定した放射線量の最新データである。

このデータは、従来の有人宇宙活動から推測される放射線量をかなり上回っていた。これは、宇宙飛行士たちが地球周回軌道上で受ける被曝と小惑星や火星への有人飛行で受ける被曝には、同じ宇宙線被曝でも異なる側面があるということを示している。次項でその問題に注目してみよう。

火星探査機が測定した放射線量

ロボット化された火星地表探査機キュリオシティーを乗せた母船は、2012年８月６日にキュリオシティーを切り離し、火星の地上に見事に軟着陸させた。場所は赤道のすぐ南側にあるゲール・クレーター（南緯5.2度、東経137.3度）である。

ゲールの名は、19世紀末にこのクレーターを発見したオーストラリアのアマチュア天文家の名前に由来する。このクレーターの中央にはクレーターの底からの高さが5500メートルと富士山をはるかに凌駕するアイオリス山（シャープ山とも呼ばれる。下写真）がそびえ立ち、一帯は今回の探査の目的地となっている。かつての探査機スピリットもここから遠くない地点に着陸した。

母船に乗せられたキュリオシティーは、地球を出発してから火星に到着するまでの８カ月間、搭載した10種類の観測機器のひとつであるRAD《ラド》（放射線評価検出器。右ページ写真）でたえず宇宙線の線量を測定していた。そしてNASAの研究者チ

⬇キュリオシティー（手前）から撮影したアイオリス山。写真右の矢印は宇宙放射線を測定するRAD（放射線評価検出器）。
画像／NASA／JPL－Caltech

ームはそのデータを2013年５月に公表した（115ページ図1、2）。

ここで注目されるのは、研究者たちがこのとき、火星の往復有人飛行を行った場合、その被曝線量は人体に危険を及ぼすレベルだと述べたことである。

それによると、仮に約１年間（360日）をかけて火星を往復した場合の宇宙飛行士の被曝線量は約660ミリシーベルトとなり、現在のアメリカの被曝許容量を超える可能性があるという。ただしこれは現在の化学推進ロケットを用いる場合であり、また360日には火星滞在の日数は含まれていない。

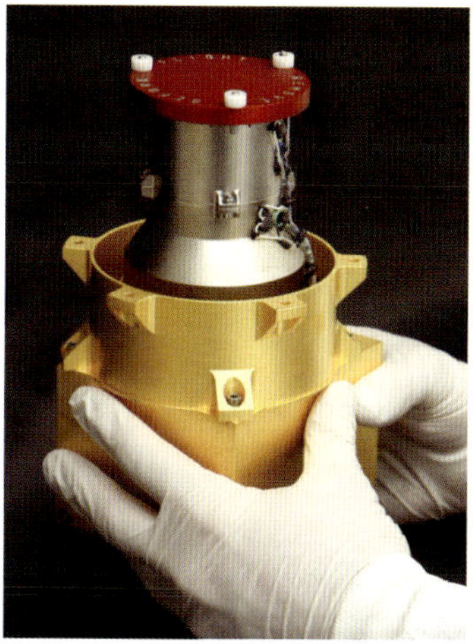

⬆キュリオシティーに搭載された放射線評価検出器はトースターほどの大きさ。上部で放射線を検出する。

写真／NASA／JPL－Caltech／SwRI

ちなみに、宇宙空間における現在の化学推進ロケットの性能は、現実的に見ると最速で時速６万1000キロメートル程度、また火星往復に要する飛行距離——複雑な飛行ルートなどの問題は後述——は最短で２億5000万キロメートル程度である。

NASAは宇宙飛行士が被曝

によって将来がんを発症する確率の増大範囲を３パーセントまでと定めている。これは年齢や性別などによって異なるものの(男性は女性より発症率が高く、また年齢が高いほど発症率が下がる)、累積的な線量に換算して800〜1200ミリシーベルトとされている。

キュリオシティーの測定値を公表した際、研究チームの中の医学担当者は、「この値は最短の火星往復飛行でも被曝線量が限度に近づくということだ」と述べている。

なお、地上約400キロメートルの低軌道を周回飛行する現在の国際宇宙ステーション(ＩＳＳ)に滞在する宇宙飛行士は、６カ月間で約100〜200ミリシーベルトを被曝する(116ページ図３)。胃のＸ線検査やＣＴ検査では１回あたり３〜７ミリシーベルトを被曝し、また医師や放射線技師の年間被曝線量の限度は50ミリシーベルト(日本)となっている。これらの数値を基準にすると、宇宙における被曝線量を想像しやすいかもしれない。

ただし、国際宇宙ステーションの飛行高度ではまだ地球磁場によって宇宙線はいくらか遮られるが、それ以遠の宇宙に出ると放射線を遮るものは何もないという違いがある。

国立がんセンターの最新資料によると、地上で生活している一般人(日本人)が生涯にがんを発症する確率は、男性が53パーセント、女性が41パーセントとなっている。前記のNASAの被曝許容量はこの確率の増加分を３パーセント以下に抑えるというものだ。日本人に置き換えると男性の53パーセントを56パーセントまでに、女性の41パーセントを44パーセントまでに抑えるということになる。

こうした新しい知見を見ると、われわれはそこからしばしば安易な結論を引き出しやすい。たとえば、宇宙線被曝の問題があるかぎり火星有人飛行や火星長期滞在はむずかしい、あるいは不可能だという類である。世界

用語解説 **宇宙放射線被曝**：宇宙放射線とは高エネルギーの電子、陽子、アルファ粒子などの荷電粒子、それにやはり高エネルギーの電磁波(Ｘ線、ガンマ線)を指す。人体がこれらにさらされることを宇宙放射線被曝という。

図1 火星飛行中の放射線量

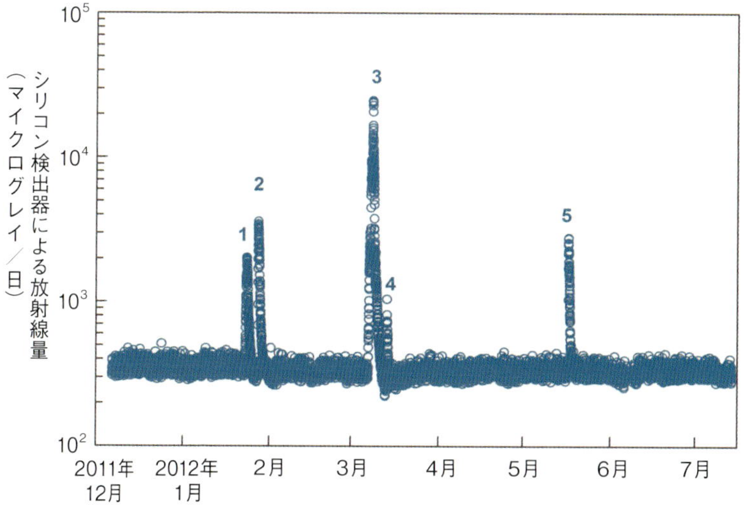

⬆このグラフは、キュリオシティーを乗せた火星宇宙船MSLが飛行中に測定した宇宙放射線量を示している。5つのスパイク（放射線量の突出）は太陽フレアの時期と一致している。

図2 火星上の放射線量

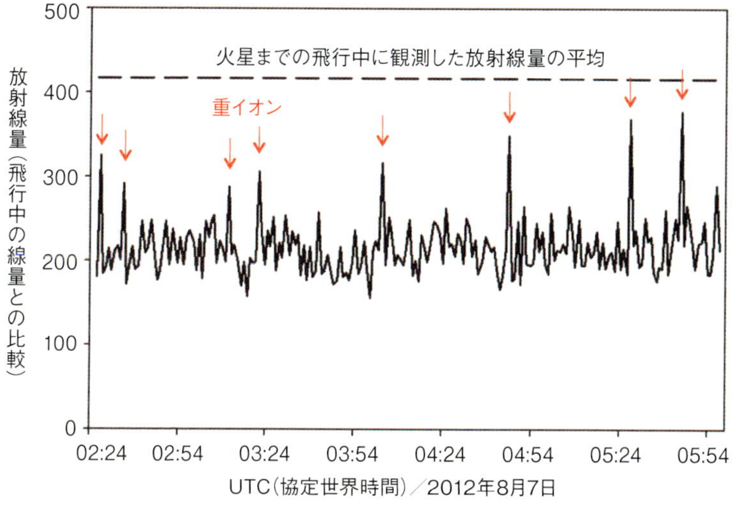

⬆火星の地上でキュリオシティーの放射線測定器が観測した放射線量。NASAはこの観測の最大の目的は将来の有人探査に備えるためとしている。宇宙から直接飛来する放射線、2次放射線、地上放射線のすべてが観測されている。

出典／NASA／JPL－Caltech／SwRI

図3 放射線被曝量の例

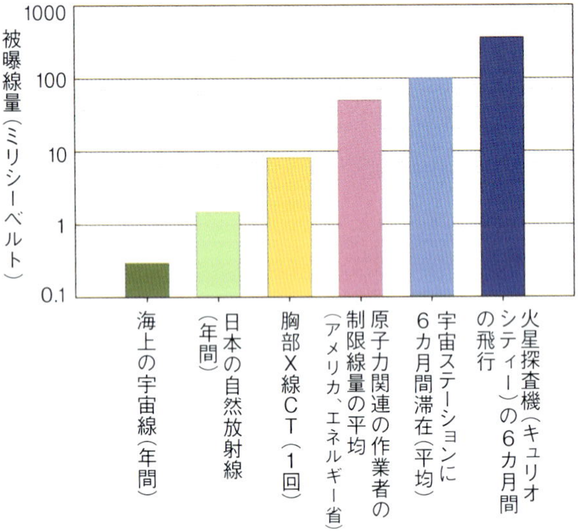

←キュリオシティーの地球－火星間飛行中の放射線量（累計）を他の事例と比較している。資料／NASA／JPL－Caltech／SwRI 一部改変

注／縦軸は対数目盛。

には実際、そのように主張する人々も少なからずいる。

しかしこれが事実なら、人類文明は未来永劫、地球表面のわずかな空間、地表からせいぜい国際宇宙ステーションが飛行する高度数百キロメートルまでの狭い空間に閉じ込められて生き続ける以外に、新たな選択肢も活動領域拡大の可能性もないことになる。だが幸いにも、われわれはそのような宿命を背負ってはいないようである。

火星有人飛行の際の被曝を減らすには、基本的に2つのアプローチが必要である。第1は、よりすぐれた放射線遮蔽の方法を見つけることである。これについてはさまざまな技術や手法が各国で研究されてきた。とりわけNASAの研究者たちはこの問題に真剣に取り組んでおり、すでに2013年にはその新しい可能性や考え方を公表してもいる（次項参照）。

第2は、これまでの化学ロケットよりはるかに高速を得られる宇宙推進技術を開発することだ。これについてもすでに数十年前からさまざまな理論や原理が研究され、実験も行われてきている（パート2参照）。

パート3■人間は火星環境にどこまで適応できるか

宇宙放射線被曝を最小化する画期的な方法

プラスチックで放射線を遮蔽

世界の科学者の中には、旧来の知識をもとに、宇宙空間である種の強力な放射線を効果的に遮蔽することは不可能だと考える人々もいる。そしてこのような前提から、人間は将来とも深宇宙には決して進出できないと主張する。

だがそうした主張は、科学研究の絶えざる前進に対して目を閉じることから生じているのかもしれない。

ごく最近、われわれの身近にあふれているプラスチックのような軽い素材が、宇宙におけるおもな被曝原因となり得る宇宙線（太陽放射線および銀河宇宙線）の高エネルギー荷電粒子をかなり効果的に遮蔽することが明らかになってきた。そしてこれらは、宇宙船の船体構造物として一般に使用されているアルミニウムよりはるかにすぐれた遮蔽効果を生み出すというのである。

この研究結果をもたらしたのは、2009年にNASAが打ち上げた月周回衛星“ルナー・リコネッサンス・オービター（略称LRO。119ページ上イラスト）”である。この衛星は約4カ月にわたって月の地表を精密に観測したが（2015年初頭も稼働中）、放射線遮蔽の効果はその際に研究者たちが手にした“棚からぼたもち”的な副次的成果であった。

この研究結果を発表したＮＡＳＡ研究チームの主任研究員であるコロラド州サウスウェスト研究所のキャリー・ザイトリンはこう述べている。

「プラスチックの放射線遮蔽機能については以前からある程度予想されてはいたが、今回の観測結果は実際の宇宙で得られた最初の確実な成果となった」

銀河宇宙線の正体は、はるか遠方の星の爆発（超新星。108ページ写真）やブラックホールなどから放出された超高エネルギーの荷電粒子――おもに陽子で、わずかながらニッケルや鉄イオンも含まれる――と見られている。宇宙空間をつねに飛び交うこれらの粒子はエネルギーがきわめて高いため、完全に遮蔽するには分厚い鉛やコンクリートの壁を必要とする。また金属で荷電粒子を遮蔽しようとすると２次放射線の発生という問題が起こる。

アメリカ、ニューヨーク郊外のブルックヘブン国立研究所が粒子加速器を用いてこれと同様の荷電粒子をマウスに照射したところ、マウスには自然環境より早く心臓循環系や脳に異変が生じたという。

ここで言う脳の異変とは、人間でいうなら記憶力や認識力の低下などの認知症的症状を引き起こすたんぱく質（ベータアミロイド）の蓄積である。この実験結果は2013年１月に公表されたばかりだ。

地球上では銀河宇宙線は地球の磁場（磁気圏）によって宇宙に押し返されるため、地上の生物

図4 放射線遮蔽性能の比較

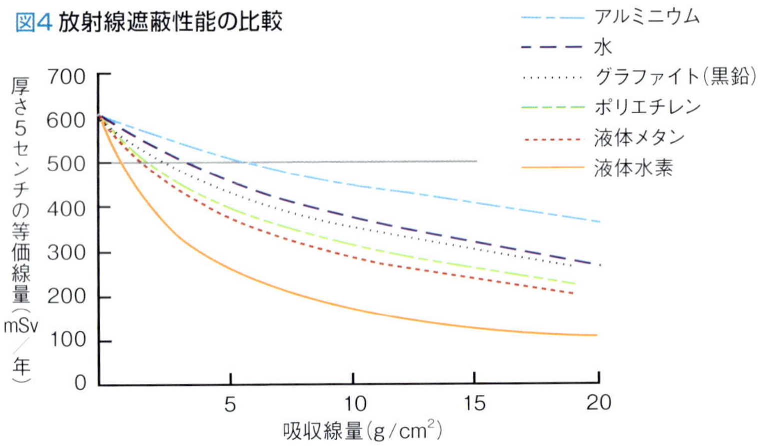

⬆テキサス大学およびNASAの研究者による素材別の放射線遮蔽性能の比較図。宇宙船の船体に使われるアルミニウムは放射線を通しやすく遮蔽効果は最低、ロケット燃料である液体水素や液体メタンが最高の遮蔽性能を示した。ポリエチレン、グラファイト（黒鉛）、水もアルミニウムよりすぐれた遮蔽能力を示している。

資料／M. Stanforda, J. A. Jones, Acta Astronautica, vol.45 (1999) 39–47

⬅LRO（月周回無人衛星）は、月や小惑星、火星の有人探査の初期準備段階として打ち上げられた。月面から50キロメートルの低高度から鮮明な画像や放射線環境、資源など探索した。

イラスト/Chris Meaney/NASA 2008

⬇LROに積まれた放射線検出器（CRaTER）の断面。6つの検出器が3カ所にペアで配置され、その間に黒い硬質プラスチックが置かれている。最初に放射線が通過するD1とD2がそのエネルギーを測定し、次のD3とD4がエネルギーの減衰度を測定する。

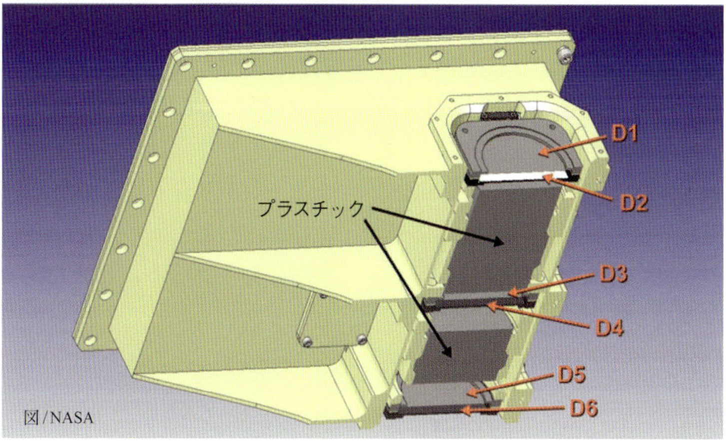

図/NASA

にはほとんど影響が及ばない。しかし地球の磁場から抜け出して宇宙を長期間飛行する人間は、この宇宙線にさらされることになる。またこの宇宙線は、おもにアルミニウムでできた宇宙船の外壁をたやすく貫通する。

しかしコンピューター・シミュレーションと加速器実験では、意外にもプラスチック素材がすぐれた宇宙線遮蔽効果をもつことが示された。そこで前記の月周回無人探査機LROは、プラスチックの遮蔽性能を実際の宇宙で試す役割を担うことになった。LROは月面の高度50キロメートルを周回飛行し続け、搭載された専用の観測機器によって宇宙線被曝のデータを取り続けた（上図）。この観測を行った前記のザイトリンは次のように報告している。

「宇宙におけるプラスチックの放射線遮蔽効果は地上実験の結果を確認することになった」——そして、プラスチックのように水素原子を多量に含む材質なら何であれ同様の遮蔽効果をもつというのである（118ページ図4）。

ただし、多くのプラスチックは強い放射線を照射され続けると硬化が進んで徐々にもろくなるなどの傾向をもっている。そこで、遮蔽材をときどき交換するとか、プラスチックと金属材料との混合材料を開発するなどの必要があるかもしれない。

また、多量の水素原子を含む材料が有効だというなら、ただの水でもよいということになる。実際、宇宙船を水の壁“ウォーターウォール”で覆うというアイディアについての研究や実験も行われている（右ページイラスト、図5）。何十トンもの水を地上から地球周回軌道へと運び上げることができるなら、これも大きな希望となりそうである。

ちなみに1960年代のアポロ月宇宙船の打ち上げに使用されたサターンV型ロケットの搭載可能重量は118トン——十分な量の水を打ち上げることができる——であった。

表1 ウォーターウォールの生命維持機能とシステムの機能重複性

おもな機能	藻類バッグ	固形排泄物バッグ	PEM燃料電池	尿／水バッグ	湿度・温度制御バッグ
酸素の再生	●				
二酸化炭素の除去	●				
脱窒素／窒素化合物の分解		●	●	●	
清浄な水の製造				●	●
尿と生活排水の処理				●	
準揮発性物質の除去	●				
排泄物の処理	●	●			
湿度と温度の制御					●
栄養補助食の生産	●				
発電			●		

⬆ウォーターウォールには生命維持のための機能（丸印）が割り当てられている。
資料／NASA, Water Walls : Highly Reliable, Massively Redundant Life Support Architecture

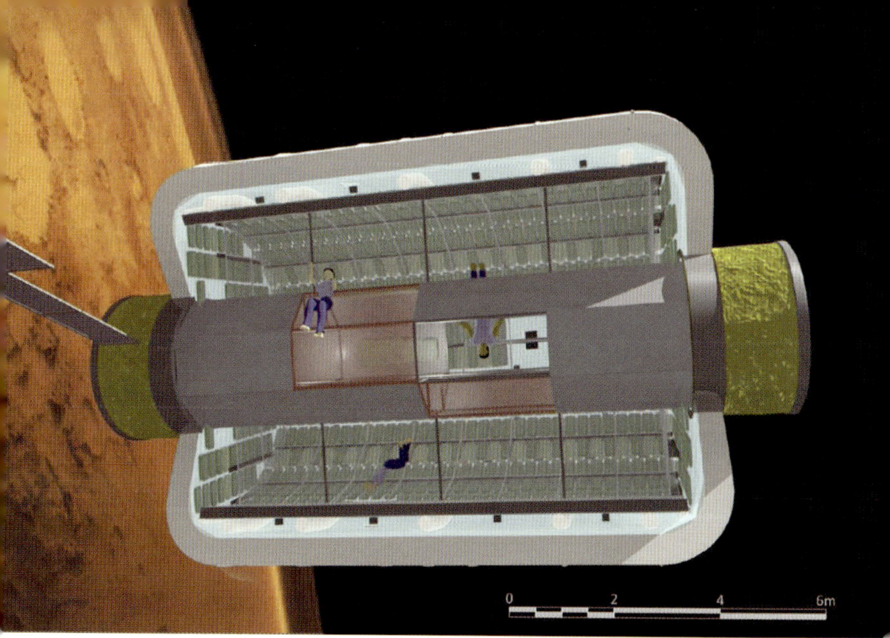

⬆➡宇宙船の壁内に宇宙飛行士が生命を維持するためのシステムを埋め込んだ“ウォーターウォール(水壁)”。空気や排水などの清浄化、食料生産、水の保管などの役割をもつほか、宇宙放射線を効果的に遮蔽する。右は２層構造のウォーターウォールをもつ宇宙船、上はその断面の想像図。　イラスト/上・François Levy/NASA、右・NASA

図5 ウォーターウォールのしくみ

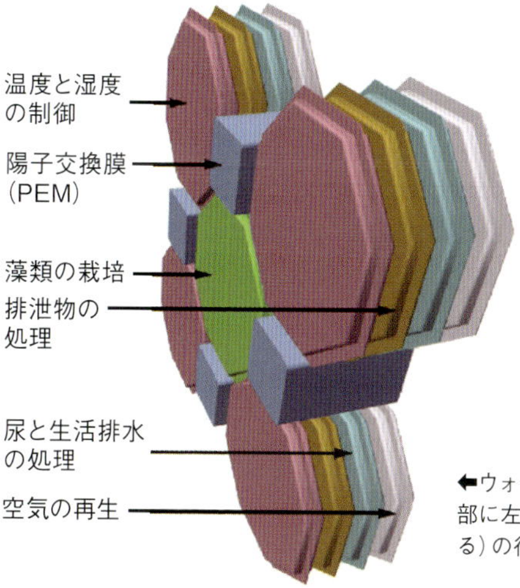

⬅ウォーターウォールの各モジュール(内部に左ページ表のバッグが挿入されている)の役割を示している。　イラスト/NASA

⬆内部で藻類の水耕栽培を行う“アルゲー(藻類)バッグ”。
写真/NASA

太陽風による被曝

宇宙に長期滞在する人間は、銀河宇宙放射線のほかにいまひとつの放射線にさらされる。太陽から放出される太陽放射線、いわゆる“太陽風”である（右ページイラスト）。

太陽表層のコロナは温度が100万度以上もの超高温となっているため、そこでは水素原子やヘリウム原子が分解（電離）して陽子やヘリウムイオン、電子のガス、すなわちプラズマとなっている。太陽の磁場を抜け出てたえず宇宙空間へと流れ出ているこのプラズマが太陽風の正体である。

太陽コロナに含まれる陽子は秒速150キロメートルものスピードで運動しているものの、太陽の脱出速度である毎秒600キロメートルにははるかに及ばないので、ふつうに考えれば宇宙空間に流れ出ることはできないはずである。そこでこれは、プラズマの中に脱出速度を上回って運動する超高速の陽子が含まれているためと考えられている。

ちなみにアメリカの天文学者エリック・マクミランらの計算では、太陽はこの太陽風によって毎秒100万トンの質量を失っているという。1日に8兆トン、1年に2900兆トンである。

これほどの質量を失い続ければ太陽は急速に痩せ細るように思われるが、実際にはこれはほとんどゼロに等しい。太陽は、45億年ほど前に誕生してからこれまでにその質量の0.5パーセント程度しか失っていないと計算されている。太陽の質量はそれほどに大きいのである。

問題は、こうして宇宙空間に流れ出た太陽風は前述の銀河宇宙放射線を押し返してくれるものの、他方でそれ自体が宇宙空間に滞在する人間に被曝を引き起こすということである。

とりわけ太陽の表面でしばしば起こる“太陽フレア”と呼ばれる爆発現象（109ページ写真、左

用語解説 **太陽フレア**：太陽表面でしばしば突然起こるエネルギー爆発現象を太陽フレアと呼ぶ。その最大エネルギーは水素爆弾1億個分にも相当し、このとき太陽表面から噴き出す荷電粒子（プラズマ）の温度は数千万度に達する。太陽フレアは周辺宇宙に電磁波や高エネルギーの荷電粒子の大波となって広がり、地球にも磁気嵐を引き起こす。

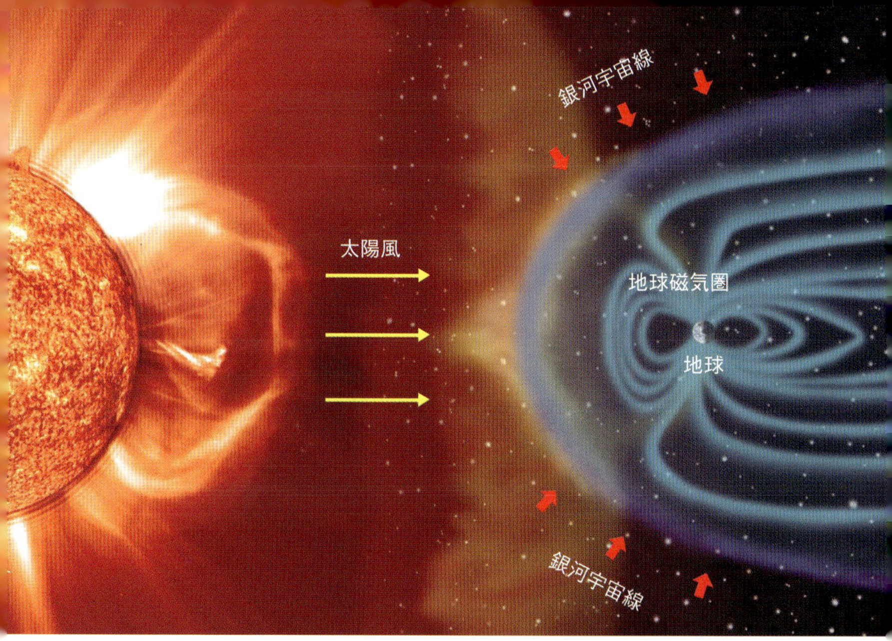

⬆太陽表面からはつねに太陽風（荷電粒子の風、プラズマ）が流れ出し、太陽系全体に吹き渡っている。地球は自らの大気とその外側に広がる磁気圏によって太陽風を押し返し、その環境を守っている。
合成画像／SOHO（ESA & NASA）

用語解説）の際には、きわめて強力な太陽風が地球や火星の公転軌道周辺にまで到達する。火星有人飛行を実行するには、こうした事態に直面した場合の対策も講じておかねばならない。

地球は自らがもつ磁場によって太陽風の大半をその上空で跳ね返しているものの、大気も磁場ももたない地球の月や、かつての磁場がすでに消失している火星のような天体では、地表がたえず太陽風にさらされることになる。

宇宙滞在を短縮する方法

宇宙飛行中の被曝を減らすには、前項で見たようになるべく効果的な放射線遮蔽を行う必要がある。しかし100パーセントの遮蔽が困難であるなら、被曝を減らすための別の観点をも考慮しなくてはならない。それは宇宙航行に要する時間をなるべく短くすることだ。

火星有人飛行には、現在の化学ロケットを前提とするかぎり最短6カ月から12カ月を要する。

往復に要する時間に火星滞在時間を加えれば所要時間はさらに延びる（地球から火星までの飛行軌道、“打ち上げの窓”、ロケット技術の違いによる飛行速度などについてくわしくはパート2参照）。

火星までの飛行距離や出発のタイミングは、地球と火星がそれぞれ独自の公転軌道と公転周期で太陽を巡っているという理由によって制約されている。しかしそれ以外に火星到着までの所要時間を容易に短縮することができない最大の理由がある。それは化学ロケットの性能的限界である。

現在用いられているほぼすべてのロケットエンジンは、燃料を酸化剤で燃やしてその燃焼ガスをノズルから噴出させ、それによって生じる反動（反力）で推進力を得ている。宇宙船や搭載貨物、それに宇宙飛行士を地上から高度数百キロメートルの地球周回軌道に押し上げたり、また惑星探査機を宇宙空間に向けて加速させるには、いまのところこうした化学ロケットを用いる以外に選択肢がない。

化学ロケットでより大きな推力を得るにはよりすぐれた燃料——最良の燃料は水素——をより多く燃やさねばならず、それにはロケットにはじめからより多くの燃料、したがってより大きな質量（重量）を積まねばならない。その結果ロケットは重くなるのでさらに多くの燃料を燃やさねばならず……こうして化学ロケットの性能は物理的矛盾のわなに陥ってしまう。

この矛盾から抜け出すことができない以上、放射線被曝を抑えるために宇宙飛行時間を短縮するには、化学ロケットとは別のよりすぐれた原理の宇宙推進システムの実現が不可欠だという結論が導かれる。

実際、NASAをはじめ世界数カ国で原理の異なるさまざまなロケットが研究・開発されてきた。プラズマロケット（イオン推進システム）、原子力ロケットなどだ。より未来的な宇宙推進システムとして核融合ロケットの概念研究や初歩的な実験研究も、日本の研究者も含めて各国の研究者によって長年行われている。

MORE INFO 強い放射線環境で生きる動物と植物

このパートの本文では人体への放射線被曝の影響をいくらか悲観的に扱ったが、生物は実際には放射線環境に驚くほど容易に順応することを示す報告が少なくない。かつては多くの専門家も信じなかったことだが、いまでは高レベルの電離放射線の中でやすやすと生きる生物の存在が報告されている。

たとえば史上最大の放射性物質放出事故を起こした旧ソ連のチェルノブイリ原発（現ウクライナ）周辺は、事故から28年後の調査で、無人化して放置された高放射線地域であらゆる動植物が繁栄している。多くの動物や鳥類は強い放射線耐性をもつように変異し、驚くべきことに本来の自然環境に似てオオカミが生態系の頂点に立っていることが明らかになったとされている。

ブラジルのミナスジェライス州のウラン鉱山跡地の高放射線環境でもやはり強い放射線耐性をもつ多様な昆虫や植物が繁殖している。

また国内の最近の報告では2014年７月、山梨大学やＪＡＸＡ（宇宙航空研究開発機構）の研究グループが、国際宇宙ステーションで長期冷凍保管して地上に持ち帰ったマウスの精子を卵子と授精させ、57匹もの“宇宙マウス”を誕生させたと発表した。９カ月にわたり地上の150倍の放射線下におかれたヒトと同じ哺乳類の生殖細胞のDNAは被曝損傷していなかったということだ。

こうした事例を見ると、もともと放射線が飛び交うこの宇宙で生まれ進化した地球生物は、われわれの固定観念や知識の及ばない環境適応力をそなえているようだ。放射線被曝が火星有人飛行を困難にするといささか大げさな見出しをつけた本稿のテーマがそもそも科学的誤謬かもしれない。

これらが実現すると、地球を出発してから火星に到着するまでに何カ月かかるかではなく「何週間を要するか」という議論ができるようになる。

いずれにせよこうした新しい宇宙推進技術が実用化されるまでの間、惑星間有人飛行には放射線被曝の問題がついて回りそうである。そして、惑星間宇宙あるいは深宇宙の探査や開発はすべて、生身の人間ではなく「人工知能ロボットにやらせればよい」という古くからの主張が幅を利かせ続けることになるかもしれない。

竹内薫のPoint of View 6

JAXAってどんなところ？

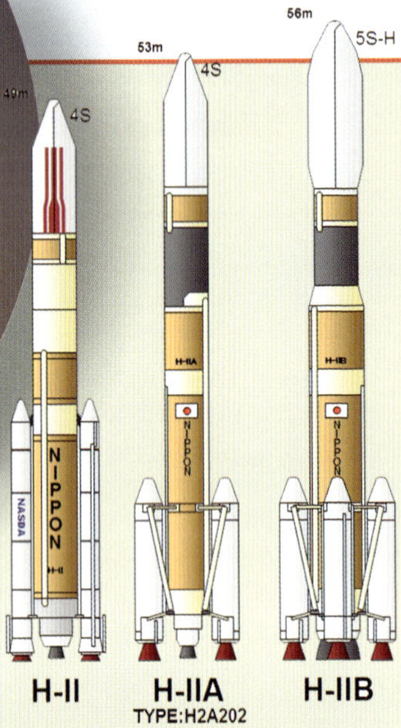

⬆国産のH－Ⅱロケットシリーズ。人工衛星の打ち上げを担ってきたH－ⅡAおよびより遠くへ物資を運ぶH－ⅡBは日本の主力大型ロケット。　イラスト/ofuku

人類が火星の有人探査を決行するとき、ほぼ確実にアメリカのNASAと一緒に宇宙飛行士を送りこむことになるのが、日本のJAXAだ。むかしはNASDAという名前だったこともあるが（詳しくは下記）、JAXAになってから一気に知名度がアップした感がある。申し訳ないが、NASDAだと「茄子だ」に聞こえてしまうのに対して、JAXAだと何だかカッコイイ響きなのである。

私は長い間、サイエンス作家の癖にJAXAとは縁が無かったが、「経営に関する懇親会」というJAXAの内部委員会に呼ばれて以来、いろいろなところでお付き合いをするようになった。

実は、JAXAの前身はNASDAだけではない、JAXAは複数の組織が統合してできた寄り合い所帯なのだ。2003年の10月に文部科学省宇宙科学研究所（ISAS）・独立行政法人航空宇宙技術研究所（NAL）・特殊法人宇宙開発事業団（NASDA）の３つが一緒になった。現在は、内閣府・総務省・文部科学省・経済産業省の所轄になっている。この所轄官庁の顔ぶれを見るだけで、JAXAが置かれている複雑な事情がわかろうというものだ。学術研究だけでなく、産業への応用、人工衛星による通信など、JAXAの使命は多岐に亘る。

NASAとJAXAの決定的な違いは「軍事」にある（あった？）。NASAの最新技術はアメリカの軍事と切り離すことができない。それに対して、JAXAは純粋に「宇宙の平和利用と研究開発」のための組織であり、軍事

➡国際宇宙ステーションに実験装置や食料などを輸送する日本の無人補給機「こうのとり」。　写真/NASA

とは一線を画してきた。だが、2008年に制定された宇宙基本法を見ると、そろそろ日本政府も宇宙開発において軍事面への参画を考えていることがうかがえる。世界中の宇宙先進国が、あたりまえのように宇宙開発と軍事を結びつけている中、日本だけが軍事を切り離していては、後れを取ってしまう、ということらしい。

そもそもサイエンスと軍事の関係は古代まで遡る。アルキメデスがローマ軍相手に科学兵器で立ち向かった話は有名だし、ガリレオも大砲の弾の着弾を計算するための軍事コンパスを発明している。中国が宇宙空間で「人工衛星破壊兵器」の実験をした話は誰でも知っている（このお話は214ページコラムにて）。

個人的には日本のJAXAは「宇宙の平和利用」に徹してもらいたいと思うが、世界各国が宇宙空間の軍事開発に邁進する中、そう悠長なことも言っておられないのだろう。思わずため息が出てしまう。

JAXAの予算はNASAの10分の1にすぎない。経営に関する懇親会で、当時の理事長が嘆いていた。

「私は民間会社の社長を退任してからこちらに来ましたが、いきなり広告費が100分の1になって驚きました」

まあ、民間の大手携帯会社とJAXAとでは、広告費が違っていても不思議ではないが、「国民に成果を知らしめよ」という御上からの命令と、実際に使える予算の乖離がすさまじい。事業仕分けのときなど、丸の内にあった人気のショールームまで閉鎖の憂き目に遭った。

私もJAXAの仕事のお手伝いをするときは、基本的に手弁当で出かけているが、経費削減のツケは、科学技術関係者のボランティア精神で補われていたりするのだ。しかし、それは日本社会における科学技術の宿命。常に限界ぎりぎりまで切り詰めて、根性で頑張るしかない。来る有人火星探査の際も、リッチなアメリカに、ニッチな部分で協力しながら連れていってもらうことになるだろう。それでもガンバレ、JAXA！　みんなが応援している。

⬆地球周回軌道を飛行する宇宙ステーションは無重力状態となるため、どんな物体も空間を漂ってしまう。そのため船外活動を行う宇宙飛行士はロボットアームに足場を固定している。　写真/NASA

パート3■人間は火星環境にどこまで適応できるか

無重力環境下での長期生活

新海裕美子

宇宙の無重力や火星の小重力の環境で人間や植物はどこまで健康に生きられるか。火星有人計画を進める研究者たちの最新研究。

無重力環境での長期生活の影響

地上400キロメートルの地球周回軌道を飛行する国際宇宙ステーション（ISS）の中で両手を広げて浮かぶ宇宙飛行士の映像は、すでにおなじみである。

地球周回軌道上では見かけ上、どんな物体もほぼ無重力（微小重力。130ページ用語解説）になるため、宇宙ステーション内では壁や床に固定されていないものは何であれ宙に浮くことになる。水滴も表面張力（界面張力）だけに支配されるために球形となって漂う（131ページ写真）。

はじめて宇宙飛行を経験した人々は口をそろえて「重力から解放されるのはエキサイティングな経験だ」という。だが他方でそこには肉体的な不快感もともなうことを認める。

人間は無重力空間で自分の体重が感じられなくなると同時に、顔がむくみ始める。心臓は強力なポンプ作用によって血液を全身に送り出しており、とりわけ体の上部には地球の重力に抗して強い圧力で血液を送っている。そのため無重力になると頭部に血液が過剰に送られるようになり、しばらくは頭が割れるように痛む宇宙飛行士もいる。

“宇宙酔い”を起こす飛行士も少なくない。ふだん乗り物に酔わなくても、宇宙では吐き気やめまいを感じたりする。これは、地球上では耳の内部にある感覚毛が、耳石《じせき》やリンパ液の動きによって重力の方向を感知して平衡感覚を保っているが、無重力空間ではこの機能がはたらかないためと見られている。

小柄な人を喜ばせるかもしれない現象も起こる。身長が伸びるのだ。宇宙飛行士の向井千秋氏は身長が4センチ伸びたといい、7センチも伸びた飛行士もいる。もっとも地上に帰還すればもとに戻るが。

無重力状態では“宇宙貧血”が起こり、赤血球が減少することも知られている。1960年代のNASAのジェミニ計画では、宇宙飛行士たちの赤血球は5～20パーセントも失われた。これには血液の濃度を調整する機能が関係すると見られている。宇宙では体の上半身がむくんだ結果、

用語解説 **無重力（微小重力）**：地球の周回軌道上では地球重力と周回による遠心力が釣り合い、物体に重さがなくなる（無重量）。相対性理論により重力と遠心力は同一とみなせるので、周回軌道上は無重力（微小重力）状態ともいえる。

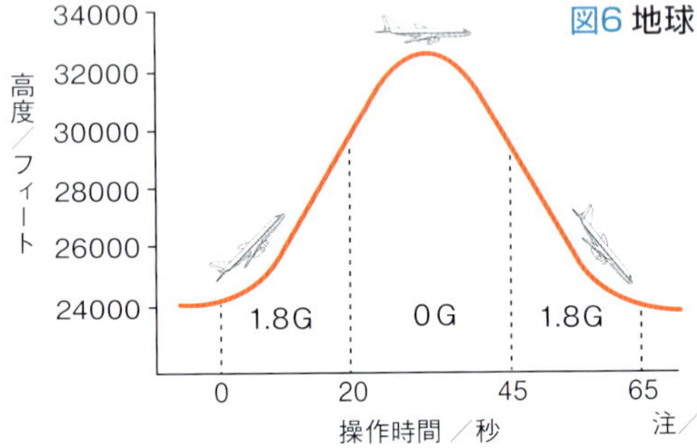

図6 地球大気圏で微小重力を生み出す法

←飛行機を放物線を描くように上昇させてそのまま自由落下させると、機内は短時間だけ微小重力状態となる。NASAはこの方法を無重力実験などに利用している。

資料／NASA

注／1フィートは約0.3メートル

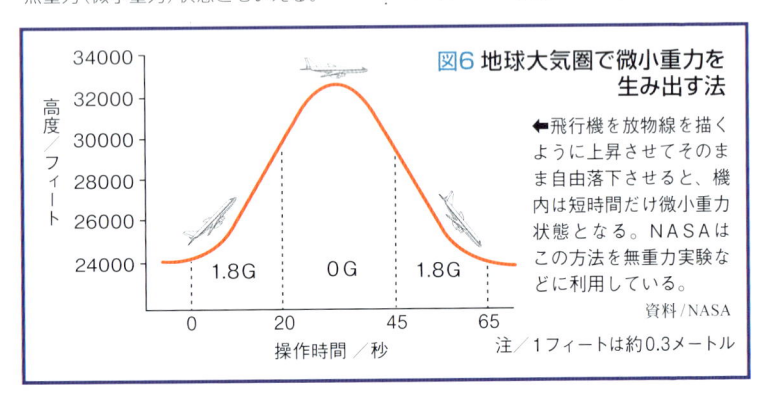

⬆上／宇宙飛行士は寝袋を使い体を固定して睡眠をとる。下／無重力空間では、水はほぼ完全な球体となり、内部の泡は中心部に集まる。　写真／NASA

水分を体外に排出する機能がはたらいて体内の水分量が減り、血液濃度が高くなる。そのため体は、赤血球を減らして血液濃度を下げると推測された。

しかし無重力下で起こるこうした体調不良や不快感は、しばらくすると体がその状態に慣れて収まっていく。問題は、体がいちど無重力に順応すると、今度は地上に帰還したときに重力環境にすぐには対応できなくなることである。

火星有人飛行で健康を保つために

われわれはふだん地球の重力をあまり意識していない。しかしわれわれの体には24時間、どこにいて何をしていても１Ｇの重力がかかっている。人間の体は重力に逆らって活動できるように、200本あまりの強靱な骨からなる骨格とそれらをつなぐ腱や筋肉で支えられている。生命が誕生してから今日まで30億～40億年の間、生命は地球重力の中で進化してきた。

にもかかわらず、いったん重

力が失われると、奇妙なことに体はすぐにその環境に順応する。というより、無重力によって不要になった体の部分が怠け始めるのだ。生物の体は不要な機能を維持しようとはしない。

たとえば心臓の機能を見ると、前述のように無重力でははじめは顔がむくむが、しだいにふだんの状態に戻っていく。これは血液を上半身に強い力で送り出す必要がなくなった心臓が機能を抑えたことによる(図7)。

その結果、地上に戻った飛行士たちの多くは、立ち上がるとめまい(起立性貧血)を起こす。無重力状態が長期にわたると心臓自体の機能が低下するともされている。

また体重を支える必要がなくなった骨は、カルシウムを失って強度が低下する。これまでに骨折しやすくなるほど骨が弱くなった飛行士はいないが、個人差が大きいので予防措置が必要となる。国際宇宙ステーションでは、骨を壊す細胞のはたらきを抑える薬(ビスホスホネート剤)などが使用され、効果を発揮しているとされている。

筋肉はもっとも影響を受けやすい。長期入院や老衰などで“寝たきり”状態が続くと筋肉が萎縮して容易に立てなくなるが、同じことが無重力でも起こる。

スペースシャトルや宇宙ステーションには筋肉萎縮を防ぐため、自転車式のエルゴメーターや体にバネを取り付けて走るトレッドミルなど、さまざまな運動システムが備わっている(上

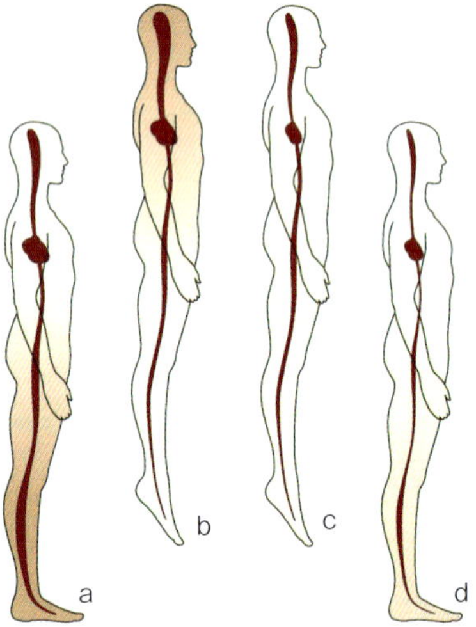

図7 重力の影響

←重力が血液などの体液の循環に及ぼす影響を示している。体内の液体は地球上では下半身にたまろうとするが(a)、無重力の宇宙では体の上方に移動して上半身の体液が増える(b)。この状態を長く続け、その間運動などを行わないと筋肉が衰え、ポンプ作用の負担が軽いために心筋も弱まっていく(c)。この場合には地上に戻ってから回復までに時間がかかる。　資料/NSBRI

⬆国際宇宙ステーションに設置されているトレッドミルで運動する宇宙飛行士（奥）。運動で生じる振動は最小限に抑えられている。
写真/NASA

写真）。それでも脚や背中などの筋肉量の減少が起こる。ちなみに成人の筋細胞は基本的に分裂しないので、筋肉量の変化は筋繊維が太ったりやせたりすることで生じている。

こうしたことから、地上に帰還直後の宇宙飛行士は体が非常に重く感じ、体を動かすときにも安定しないため、しばらくはリハビリを行わねばならない。しかし一般的には数週間で筋力や心臓はほとんどもとに戻り、日常生活に支障もなくなる。

では火星の有人探査や基地建設を行う人間の場合はどうか？

火星の表面重力は地球重力の38パーセントで、心臓や筋肉、骨にも地球ほどの負担はかからないものの、火星有人飛行で数カ月以上の無重力状態が続けば、火星着陸直後にやはり健康上の問題が生じるはずである。そこでいま、こうした場合に生じるめまいを予防したり筋力低下を防ぐ方法などが研究されている。

しかしこの問題の根本的な解決策はやはり、有人飛行中の宇宙船に人工重力を発生させる仕組みをもたせることであろう。その原理はごく単純でもある（134ページ補遺参照）。●

人工重力と火星有人飛行

無重力の宇宙環境からどうやって宇宙飛行士の健康を守るか——もっとも単純かつ効果的な対策は、宇宙船に人工的に重力を発生させることだ。

原理は簡単である。宇宙船を回転させ、それによって発生する外向きの力（遠心力）を重力の代わりとして利用する。このアイディアはすでに人間が宇宙空間に向かう以前から提案されており、現在の国際宇宙ステーション（ISS）が計画された際も、

回転するドーナツ型のモジュールが提案されていた。

火星有人飛行に関しても、非常に長い宇宙船を、重心を中心にしてゆっくりとブーメランのように回転させながら推進する方法などが提案されてきた。近年ではNASAのマーク・ホールダーマンらが、中央部にドーナツ状の回転モジュールのついた宇X宙船「ノーティラス-X」を提案している（左下イラスト）。

ノーティラス（Nautilus-X）は、Non-Atmospheric Universal Transport Intended for Lengthy United States explorationの頭文字をとったもの。オウムガイの学名・英語名でもあり、ジュール・ヴェルヌのSF『海底２万マイル』に登場する潜水艦、そしてアメリカの世界初の原子力潜水艦の名称でもある。●

⬇長期の有人飛行を目的としたNASAの宇宙船ノーティラス-X。リング状の施設は遠心力によってたえず人工重力を発生させる区画。

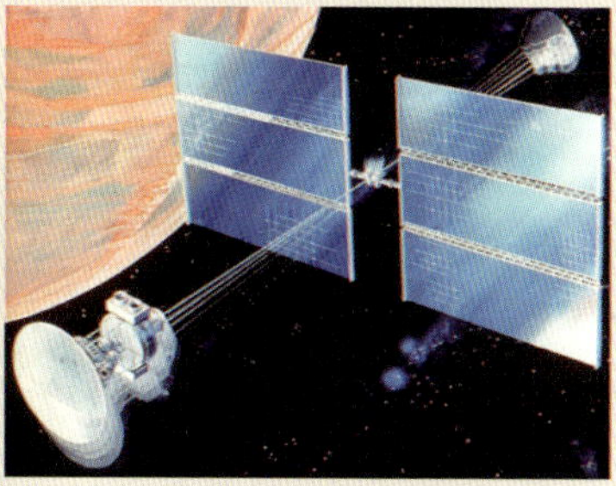

⬆これも火星有人飛行用の宇宙船。２つに分かれた宇宙船はテザー（２つの物体をつなぐケーブル。係留綱）でつながれ、ソーラーパネルの結合部を軸に回転して人工重力を発生させる。テザーの長さと回転速度によって重力の大きさを変えられる。

⬆NASAによる初期の有人宇宙船のアイディアは６角形の回転体。外向きに人工重力が発生するため、内部の人間が歩く床（宇宙船の外縁）は平面になる。

イラスト/左&上・NASA、下・NASA Langley

パート3■人間は火星環境にどこまで適応できるか

無重力空間で植物は育つか

新海裕美子

宇宙で成長しなかった若芽

昔からよく、もし無人島で過ごさなくてはならないとしたら何を持っていくかという類の質問があった。答えはたいてい、家族やペットの写真、長編の本、(キリスト教圏の人間なら)聖書などというものだった。では、火星へ向かう宇宙船ならどうだろうか？

国際宇宙ステーションで合計370日の滞在経験をもつアメリカのベテラン宇宙飛行士ドナルド・ペティのおすすめは“植物”である。彼は次のように語っている。

「機械や電子装置ばかりの金属製の宇宙船で生活しているときに植物が小さな芽を出す様子を見ると、自分の生まれた世界、自分のルーツを思い出させてくれるのです」

植物は実際には宇宙飛行士た

⬆成長の速い野菜を選んで行われた宇宙ステーションでの栽培実験。レタス、フダンソウ、ラディッシュ（大根）、ハクサイ、エンドウ豆などが成長している。⬅無重力の宇宙ステーション内を漂うズッキーニ。プラスチックの袋の中は空気とわずかな水だけ。　写真/左・Don Pettit, NASA、右・NASA

ちの心を慰めるだけでなく、もっとずっと重要な役目を担っている。それは食糧を供給し、二酸化炭素を酸素に変えて呼吸できる空気をつくり出し、空気中に適度な湿度をもたらし、さらに水の浄化を行う。

適切な種類の植物をいくつか選べば、人間はそこからたんぱく質や脂質、糖質、ビタミン、ミネラル等、人間が必要とする栄養分をすべてバランスよく摂取できる。宇宙船や惑星基地のように外部環境から完全に遮断された閉鎖生態系では、植物は絶対的に不可欠の存在である。

しかし、宇宙船や火星の探査基地の内部で植物を育てるのはそれほど容易ではない。

さきほどの宇宙飛行士ドナルド・ペティはあるとき、国際宇宙ステーションにトマトとバジルの種を持ち込んで育てようと

⬆無重力空間で耳栓に種を植えたところ芽が出た。　写真/NASA

した。彼は古い下着をまるめてボール状にし、その表面にトイレットペーパーをかぶせてそこに種を植え付けてみた。

このトイレットペーパーは2枚のガーゼの間にティッシュを挟んだもので、水分を保持しやすい。古着のボールはそのままでは水の蒸発熱で温度が下がってしまうので、外側をビニールシートで覆った。この奇妙なボールは無重力の宇宙ステーション内で宙に浮き、風船のように漂いながら照明や太陽光を受けていた。

だがこの実験は失敗に終わった。種は2日ほどで芽を出して双葉を広げたものの、本葉が出たところで黄色くなって枯死したのである。

2つの原因が考えられた。ひとつは一種の水耕栽培（下用語解説、141ページ図9）による栄養不足、そしてより重要ないまひとつの原因は、無重力環境でせっかく伸び出た芽や根がどの方向に成長すればよいかわからなかったためというのである。

重力が植物の成長の方向を決める？

宇宙船で植物を育てようとするとき、地上から土を持ち込むことはできない。無意味に重いうえ、土の内部に生息する微生物が運ばれてしまうからだ。

そのため植物は水耕栽培となる。これは地球上ではすでに大規模な“野菜工場”として実現している。問題は、無重力環境における植物の成長不良をいかに解決するかである。

植物にとって重力は非常に重要な役割を担っている。植物は重力を感知して地面から垂直方向に茎を伸ばし、根を地下に張る。光は成長の方向を導く目安とはなるが、もやしなどは光のない暗所でも上に向かって伸びる。重力を感じて成長方向を決めているからだ。重力感知に関連する遺伝子を失った植物の根は、栄養を求めて動き回ろうとはしない。

植物は重力を感知する細胞をもち、そのその内部には「平衡石」と呼ばれる小さな石が入っ

用語解説 **水耕栽培**：栄養素を含んだ水だけによる栽培法で、土などの固形物の栽培地を必要としない。農業や園芸ではすでに広く実用化されており、根菜類の栽培も可能となっている。

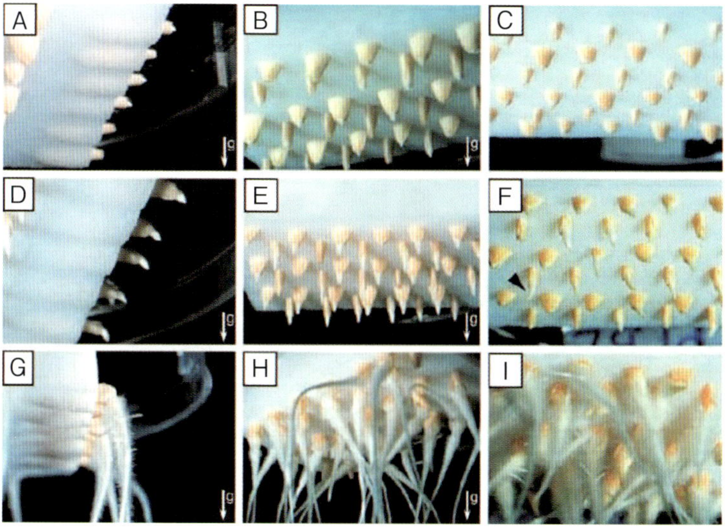

⬆重力環境下で植物を育てると、根が水平に伸びるように種を置いても、根は重力方向へと伸びる（A、D、G）。だが微小重力下では、根はさまざまな方向に向かう（C、F、I）。
写真／NASA／JAXA

図8 平衡石

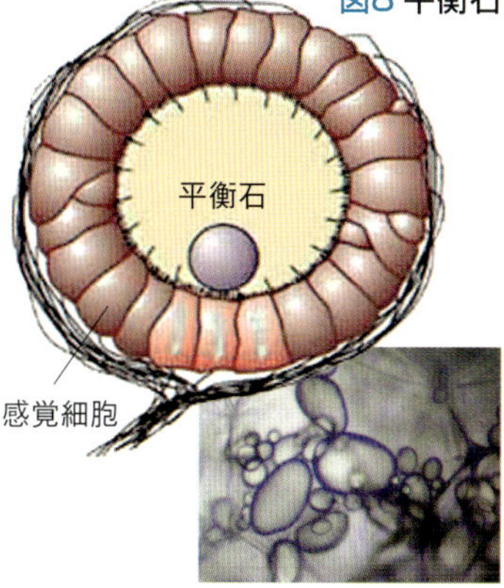

⬆植物は重力を感知する細胞をもっており、その中には平衡石と呼ばれる物質が含まれている。写真はジャガイモの平衡石（アミロプラスト）。
写真／Mnolf　図／W.J. Davis（1968）

ている（図8）。この石が重力に引かれて細胞内で沈むため、植物は重力の方向を知ることができる。

重力を感知した植物は、重力によって曲がる性質（重力屈性）により、葉や茎は重力と逆側に、根は重力の方角へと伸びる。

宇宙ステーションで育てられた植物は、葉や茎は照明に向かって伸びるが、根は無重力環境の中で上下を認識できず、成長の方向性を失う。これでは水や栄養を十分に摂取できず枯死することになる。これは、植物は宇宙では育たない、つまり人間は宇宙で食料を確保することができないことを示しているのだ

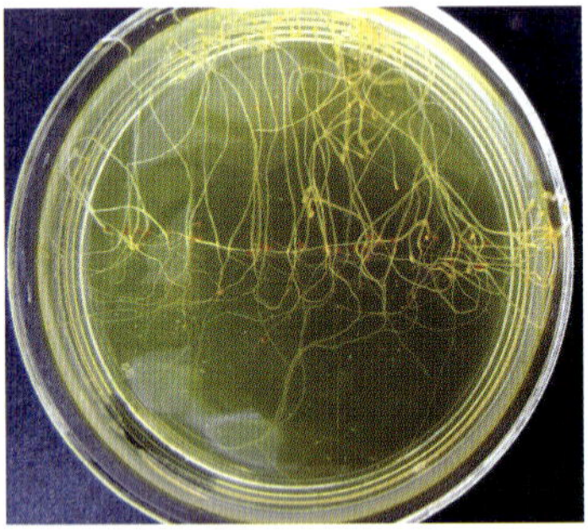

⬆宇宙ステーションにおけるシロイヌナズナの発芽。光を重力の代わりにして成長した。⬅地球上のシロイヌナズナ。写真/上・J.Z.Kiss, NASA、下・Alberto Salguero Quiles

ろうか？

無重力で成長する植物

どうやらそのような懸念を抱くのは性急のようである。というのも、最近の研究が有望な回答を与えてくれているからだ。

国際宇宙ステーション（ISS）ではいま、無重力（厳密には微小重力）の下で植物を育てるさまざまな試みが行われている。場所は、大気の成分や気温、照明を自在にコントロールできる培養室である。ここでフロリダ大学の生物学者アンナ−リサ・ポールらがシロイヌナズナ（昔から“ペンペン草”と俗称されてきたアブラナ科植物の近縁種。左下写真）を用いて行った実験の結果は、未来の宇宙農業の可能性に期待を抱かせるものだった。

実験では3種類のシロイヌナズナが用いられたが、地上の同じ仲間より成長速度ははるかに遅かったものの、その根は天井からの光——指向性の高いLED照明——から逃げるように下方に伸びていった。ちょうど照明が植物の“上”と“下”を教える重力と同じ役割を果たしたのである。重力の代わりに光が方向の案内役を務めているようであった。

研究者たちが驚いたことに、根は水分や栄養分を求めてよじれたり、地上における以上に懸命に周囲を探るような動きも見せたという。

今後、植物が宇宙環境でより早く健康的に成長できる条件が明らかになれば、さまざまな野菜や果物、穀物などの品種改良や遺伝子組み換えも可能になることが期待される。それは、“宇宙農業”が惑星テラフォーミングの重要な一部になるときでもある。

図9 無重力下での水耕栽培の例

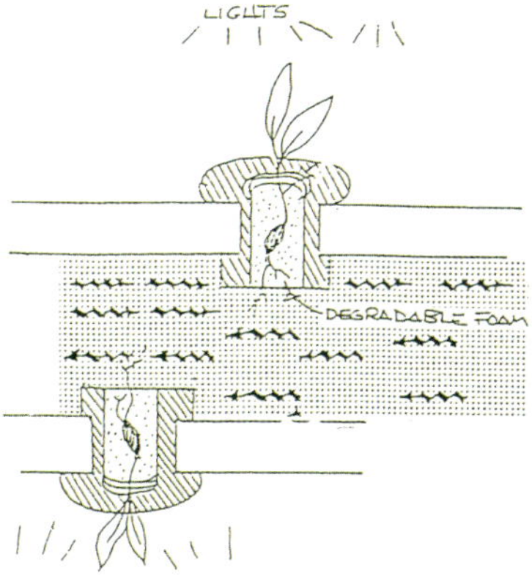

⬆培養箱を流れる水や肥料が外部にもれないように、植物の茎の周囲を泡状の物質で保護する。植物の成長に合わせてこの泡は分解していく。

⬆火星では太陽光の照射量や照射時間が限られるので、植物栽培には人工光を用いることになる。これはＬＥＤを光源とした小麦の栽培実験。　写真/NASA

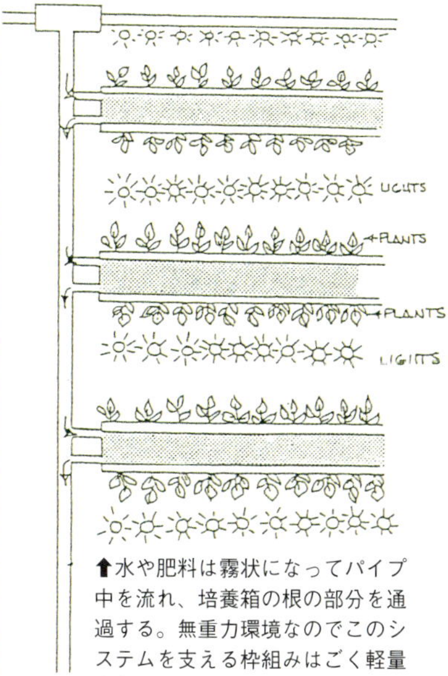

⬆水や肥料は霧状になってパイプ中を流れ、培養箱の根の部分を通過する。無重力環境なのでこのシステムを支える枠組みはごく軽量なものでよい。

⬆無重力空間では上下の区別がないので植物の背丈の分の空間をあけ、培養箱を照明をはさんで階層状に重ねる。これによってスペース効率が高まる。

資料/Nickolaus Leggett et al., JBIS, vol.37

閉鎖生態系のつくり方

有人飛行には何が必要か

もし事故などのためにトンネル内や狭い建物、あるいは海中の潜水艦に閉じ込められたら人はどうなるか？　それが密閉空間なら誰でもすぐに生命の危機を感じ始める。おそらく水も食料も限られ、空気中の酸素が自らの呼吸によって刻々と減少するからだ。

いま地球周回軌道を飛行している国際宇宙ステーション（ISS）もこの状況に似ている。ここには一定量の水や酸素、食料などが積まれており、地上から定期的に補給物資も送られる。だが何らかの理由で補給が途絶えれば、備蓄はじきに尽きてしまう。とにかく酸素だけでも1人が毎日1キログラム近くを消費しているのである。

一方、地球から火星に向かう有人宇宙飛行では途中で物資補給を受けることはできない。しかも火星飛行は化学ロケットでは片道6〜12カ月、原子力ロケットでも2カ月の長旅である。

宇宙空間には人間が生きるために必要なものは何も存在しない。太陽にかなり近ければ多少の太陽放射エネルギーは入手できるだけである。そのため宇宙船内では積載した酸素や食料を計画的に消費し、人体の排出物をも含めて廃棄物を最大限リサイクルしなくてはならない。

また火星基地に長期滞在する場合は、貨物用宇宙船を“別便”で地球から送らないかぎり物資補給は不可能である。

では、宇宙船内でのリサイクルはどのように行われるのか？

地球上ではあらゆるものが循環すなわちリサイクルされている。酸素は人間や動物の体内で二酸化炭素に変わって排出され、植物に吸収されて酸素に戻る。二酸化炭素中の炭素は光合成によって植物体に変化し、さまざまな動物の食料となってその栄養や体に変わる。こうして生まれた炭素化合物（有機物）は微生物によって分解される。

生態系はこうした物質循環を行うことによって自律的に地球上の環境を一定に保っている。

そこで、もし宇宙船内や惑星基地内に地球のような生態系を小さく擬似的につくることができれば、地球からの物資補給は最低限ですむはずである。だが現実に自律的生態系を人工的につくり出すのはきわめてむずかしい。

“ミニ地球”の実験が教える困難

1991年、アメリカのアリゾナ州に建設された「バイオスフェア2」（右ページ写真）は“ミニ地球”の試みであった。ガラス張りの広大な温室にはサバンナや熱帯雨林、砂漠、湿地帯、サンゴ礁の生きる海洋など地球上の自然環

⬆1990年代につくられた世界最大の人工生態系実験施設バイオスフェア２。気密領域は約１万2500平方メートル。ガラス張りの建物（環境区）にさまざまな生物が移植された。右は居住区、奥は農業区。⬅バイオスフェア２の内部。多様な植物や動物の生存環境、大気や水の循環、人間の精神状態の変化などが試された。写真/上・Shimada, K. Sept. 20, 2010 Arizona, USA、左・Colin Marquardt

境を模した多様な区域がつくられ、さまざまな動物や植物が移植された。

バイオスフェア２内では人間は自給自足する前提なので、穀物、野菜、果物などが植えられ、ニワトリやヤギ、ブタなども飼われた。そこで育てられた動植物は約3800種類に上った。

シャワーなどの水は浄化してリサイクルし、各種の廃棄物は動物に与えたり堆肥に利用したりした。また動植物の出す臭気や有毒なガスは、微生物の生息する土壌に空気を通過させることによって浄化した。

この中で８人が２年間を過ごすことになったが、その経過は予想とはまったく異なるものになった。開始まもなく、大量に植えられた植物の一部が枯れて酸素不足が生じた。そのためにメンバーは頻繁に酸素吸入を行った。

酸素不足の原因は日照不足のほか、夜間や悪天候時の植物の呼吸作用が予想外に活発であり、また土壌中の微生物の活動が十分に考慮されていなかったためと見られた。

食物もつねに不足した。メンバーのひとりでこの人工生態系の設計も行ったテイバー・マッカラムは、たわわに実ったバナナだけが心の慰めになったという。人間と食性が似ているブタに与える餌もなくなり、ついにメンバーは自らブタを屠殺して食用にした。

彼らは食用植物を育てる一方、熱帯雨林区域などでは植生のバランスを維持するためにたえず伐採などの手入れを行うことになった。二酸化炭素の循環もトラブルに見舞われた。まず二酸化炭素がコンクリートに吸収されたため光合成が十分に行われなくなった。

⬆国際宇宙ステーションには閉鎖環境でも乗組員が生活できるようにECLSSが設置されている。これは建造および性能試験中の写真。　写真/NASA

ついで二酸化炭素が増えすぎ、ついには閉鎖系を一時的に解除してその量を調節するはめになった。

この実験が示唆したもの——それは地球の物質循環はきわめて複雑であり、この程度のシミュレーションでは再現できないということである。

同様の実験はロシアや日本でも行われている。日本の実験は2000年に青森県六ヶ所村の閉鎖型生態系実験施設（CEEF）で始められた。この施設はバイオスフェア2より研究的側面が強く、陸圏・水圏系、植物系、動物・人間の居住系などのモジュールをつくり、それぞれの物質循環がどう行われているかを追跡している。

国際宇宙ステーションと火星基地

現在の国際宇宙ステーションでも物質を可能なかぎりリサイクルするための、ECLSS（Environmental Control and Life Support System：環境管理・生命維持システム）と呼ばれるシステムが搭載されている（上写真）。

ここでは生態系の自律的な物質循環までは求めていない。物質を人工的に循環させ、必要なものは補給し、ステーション内が宇宙飛行士にとってよりよい環境になるように管理している。

たとえばシャワーで使用した水や空気中の水蒸気は回収・浄化して再利用し、一部は酸素をつくるために電気分解される。飛行士たちの尿も採取して処理される。人間の呼吸によって空気中の二酸化炭素濃度が高まったときには、機械的に除去される。

NASAはいま、惑星有人探査と長期宇宙飛行を念頭に、これより一歩進んだALS（Advanced Life Support：先進生命維持システム）も研究中である。そこでは水の循環に加え、食料用植物の生産、野菜や穀物あるいは人間の排泄物の完全な再利用なども研究対象である。

有人火星探査を実行する場合、宇宙飛行士は数カ月～数年間、地球から完全に切り離される。その間彼らは、火星の地上につくられた狭い閉鎖生態系に住むことになる。当初それは管理された不完全な閉鎖生態系となるだろうが、時を経るにつれて自律性を高めていくはずである。

これまでの地上実験などから考えても、火星を単純にテラフォーミングすれば人間の生存環境が生み出せるとは限らない。われわれが閉鎖生態系の有り様をより深く理解したときにはじめて、テラフォーミング後の火星環境についてもより妥当な予測が可能になるはずである。

第2部■火星テラフォーミングと“第2の地球”

Terraforming Mars : Part 4

パート4

火星テラフォーミングへのプロローグ

イラスト／NASA

いまの火星に生命の姿は見あたらない。しかし人類文明は、いずれ火星環境を「テラフォーミング」によって新たな生命圏へ導こうとしている。いったい誰がなぜ、このような宇宙スケールの構想に着眼したのか？

執筆／矢沢 潔

生命の存在を許す ハビタブルゾーン

宇宙には地球型の生命が生きられる特別の空間“ハビタブルゾーン”が存在する。それはいったいどんな空間なのか？

➡テラフォーミングを終えた火星（想像図）。暖かい大気に包まれた地表では永久凍土から融け出した水が多数の川となって流れ、北半球（図の右側）の大半を浅い海に変えた。中央を走るマリネリス渓谷にも水が流れ込みつつある。右奥には太陽系最大の山であるオリンポス山がそびえる。

イラスト/安田尚樹/矢沢サイエンスオフィス

“第２の地球”へのアプローチ

前章までに、火星に関するわれわれの最新の知識と理解、それに地球と火星を往復する“足”としてのロケット推進技術などを概観してきた。本章からはいよいよ、火星を“第２の地球”に変えるというきわめて未来的で壮大なテーマへと視点を進めることになる。

本題に入る前に、２つのあまり日常生活では出合わないであろう言葉とその意味について説明しておきたい。それによって本書の後半のテーマである火星

テラフォーミングの物語が読者の身近に引き寄せられると思うからである。

2つの言葉の第1は“ハビタブルゾーン”、第2は“エコポイエーシス”である。

どちらも英語ないし英語的表現であることから、これらの言葉が英語圏の科学者たちによって生み出され、日本ではそのままカタカナ化していることがわかる。後述するように無理に日本語化するとかえってわかりにくくなることもあるので、本書ではこのままの表現を用いることにする。

ハビタブルゾーンの生命存在

第1のハビタブルゾーン(habitable zone)は日本語で「生命居住可能領域」などと呼ばれることもある。これは正確にはcontinuously habitable zone、略してCHGというので、その場合は「持続的居住可能領域」と訳すことになる。

用語解説 **木星の大気**：太陽系最大の惑星・木星の大気はおもに水素分子とヘリウムからなり、その比率は太陽とほぼ同じである。この大気は木星の中心に近づくにつれ徐々に液体に変わる。

ハビタブルゾーンとは、太陽のような星(恒星)の周囲にベルト状に広がっていると見られる領域を意味する。その領域内に存在する適切な大きさと大気をもつ惑星なら、水が液体で存在できる温暖な大気環境が生命の進化に必要な時間だけ存続するため、長期間、生命圏を維持できるはずだというのである。

もっと平明に言うなら、星の周囲には、その放射エネルギー(太陽光)が強すぎも弱すぎもせず、大気と水さえあれば生物が生きられる領域が存在するということでもある。

たとえばわれわれの太陽系の場合、太陽にもっとも近い第1惑星(水星)には地球型の生命はとうてい存在できない。水星の表面温度は日中は350度C、夜間はマイナス170度Cで、大気も水も存在しないに等しい。この小さな岩石惑星はハビタブルゾーンからは外れており、生命を拒絶している、つまり“ハビタブル(居住可能)”ではない。

では、太陽系の第5惑星である木星はどうか？　太陽系最大の惑星である木星は太陽から7

図1 ハビタブルゾーン

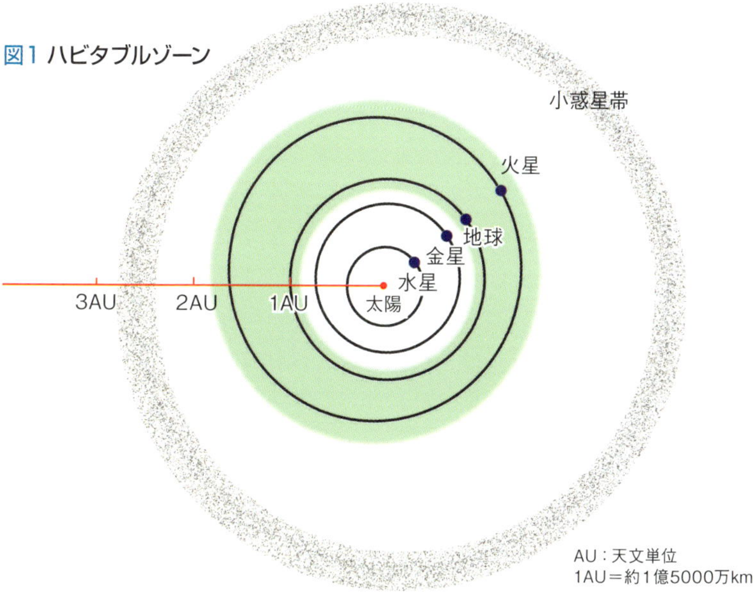

⬆図の緑色の中にある岩石質の惑星では、太陽からの適度な放射エネルギーを受け取って水が液体で安定的に存在できる。太陽系に限らずこの条件を満たすゾーンでは、地球型生命が存在できる可能性が高い。

➡A型主系列星のように質量が太陽より大きく放射エネルギーが強ければハビタブルゾーンは外側に大きくずれ、赤色矮星のように質量が小さく放射エネルギーが弱い星ではハビタブルゾーンは内側にずれる。

図/NASA

億8000万キロメートルほどの距離にある巨大ガス惑星である。木星の大気（左ページ用語解説）は深さが数万キロメートルにおよび、どこにも地面をもつ地殻のようなものは存在しない。中心部に金属質の核があるかもしれないが明らかではない。

木星の表面を覆う大気の成分はほとんどが水素とヘリウムで、ここに届く太陽の放射エネルギーは地球の25分の1、すなわち1平方メートルあたり55ワット程度しかない。木星は表面に受ける太陽エネルギーよりもむしろ木星内部から生じる熱エネルギー放射のほうが大きく、結果的に表面はマイナス140度C前後の極寒状態となっている。これはどのような観点から見てもハビタブルゾーンからはかけ離れているということになる。

ましてや太陽からさらにはるかに遠い土星や天王星、海王星はいっそう生命存在を許さない。

そこでこの概念が提出された当時、太陽系惑星のうちハビタブルゾーンに入っている惑星は、金星と地球と火星、それにその外側の小惑星帯ということになった（当初からこれより狭い範囲を主張する意見もあった）。

ハビタブルゾーンは惑星系をもつどんな星の周囲にも存在する可能性がある。中心の星の質量が太陽より大きくエネルギー放射が強ければ、その分ハビタブルゾーンは過剰なエネルギーを避けて外側にずれることになる（149ページ下イラスト）。

ただし星は質量が大きくなるほど寿命が短くなるので、太陽（寿命100億年）より大きな星では、安定したハビタブルゾーンは存在できない。極端に大きな星、たとえばはくちょう座α《アルファ》星（デネブ）のように太陽の20倍もの質量をもつ星はわずか数千万年で寿命が尽きるので、たとえハビタブルゾーンが出現したとしてもつかの間でしかない。

逆に質量の小さな赤色矮星などの寿命は理論上、数百億〜数兆年にもなるので、ハビタブルゾーンはほとんど永遠と言えるほど長くかつ安定的に存在できることになる。

太陽系のハビタブルゾーンを前述のように広くとって金星から火星ないし小惑星帯までの領域とした場合、その中のどこでも生物が存在できるかといえば、そんなことはない。たとえばこの領域に入ると考えられていた金星は、1960年代以降にアメリカとソ連が次々と送り込ん

用語解説 **炭素系生命**：地球生物の体の基本的な構成要素（生体分子）はすべて炭素を含んでいる。それは、①炭素は４つの“結合の腕”をもつため、多様な分子構造をつくることができる、②同じ原子どうしが何個でも結合できるので非常に大きな分子ができやすい、それに③炭素は結合する相手の幅が広く、選り好みしない、という理由による。これだけの融通性をもつ元素はほかには存在しないので、生命は宇宙のどこで発生しても炭素系の体をもつ可能性が高いと見られ、そのような生命を炭素系生命、または水を加えて水-炭素系生命と呼ぶ。

だ探査機により、実際には二酸化炭素の濃密な大気が暴走温室効果によって500度Cにも達していることが明らかになった。

　これではとうてい生命は存在できないが、そのことがまた一部の科学者の興味を引いた。金星の大気温度を人工的に引き下げてハビタブルにするというアイディアの着眼点になったのである(156ページ参照)。

　いまでは太陽系のハビタブルゾーンは当初より厳密化されて、地球公転軌道の少し内側から火星公転軌道の少し外側までとする見方が主流になっている(149ページ図1)。

エコポイエーシスとは何か？

　次はエコポイエーシスである。

　前記の太陽系のハビタブルゾーンには地球と火星が含まれている。ではこのゾーンに含まれるいまひとつの惑星、火星はどれほど生命存在に対して寛容なのか？

　いまでは火星表面の景色はその地表を走り回るNASAのさまざまな探査機によって直接観測され、われわれは探査機が送ってきた景色を地球上と見間違うばかりに見慣れている。火星の地表は一見して地球のどこかの岩石が転がる砂漠のようであり、あるいは干上がった川床のようでもあるので、すぐにも人間が歩き回ったりキャンプしたりできそうに思えるほどである。

　しかし現在の火星の環境は、人間を含めたあらゆる地球生物だけでなく、地球生物型の広義の炭素系生命（左ページ用語解説）にとってもきわめて過酷である。赤道周辺地域の夏でも平均気温はマイナス60度Cと、地球の南極やシベリアの冬の気温と並ぶ極寒である。そして1日の温度変化はマイナス30〜マイナス80度Cと50度C前後にも達する。極地側はさらに低温である。

　大気は非常に薄く、地球の地表大気（1気圧＝約1000ヘクトパスカル）の100分の1以下であり、さらに大気のほとんどが二酸化炭素（CO_2）で、3パーセントほどの窒素（N_2）と微量の酸素（O_2）、それに水蒸気を含んでいる。

　大気がこのように希薄であるうえにオゾン層（152ページ用語

解説)が存在しないため、地表には太陽からの紫外線と太陽放射線(荷電粒子)が降り注いでいる。この環境では、人間が地表を動き回るときには宇宙服が不可欠であり、宇宙服を脱げるのは人工構造物か、火星の表土でつくって呼吸できる空気を閉じ込めた洞窟あるいは地下トンネルの内部ということになる。

さらに別の悲観的な観測結果がある。それは、火星の地表では有機物が見つからないことだ。有機物は炭素原子を含む化合物で、かつてはそのすべては生物がつくり出したものと見られてきたが、その後生物由来ではないさまざまな有機分子も見つかっている。ある種の隕石には何百種類もの有機分子が含まれていることも明らかになっている。

そこで研究者たちは、火星表面には隕石衝突によって宇宙のほかの領域から持ち込まれた有機物質が存在するはずだと考えていた。だがこれまでに地表探査機が採取した土壌サンプルはどれも酸化が進んでおり、有機分子にとって有害なものばかりであった。いまでは、火星に到着した有機物はことごとく太陽放射線による光化学反応で破壊されてしまう――そう考える研究者も少なくない。

だがこれほど厳しい環境でもなお、火星には地球の生物に味方する決定的な条件がそなわっている。生命を支えるために不可欠な基本物質、とりわけ水や二酸化炭素などの揮発性物質が、地中をも含めて大量に存在することはいまや疑問の余地がないからである(30、36ページ記事および231ページ写真参照)。

たしかに生物にとってやはり重要な窒素はあまりなさそうであり、また水や二酸化炭素の大半は地中の炭酸塩岩石の中に閉じ込められていると見られるので(極地には地表に大量に存在するが)、それを解放させなくてはならない。だがそれは技術的課題であり、後のパートで見るようにさまざまな手法で地表に解放させられる可能性がある。

用語解説 **オゾン層**：大気中のオゾンが比較的多い領域。オゾン層は成層圏に厚さ約20キロメートルにわたって存在し、その密度は高度25キロメートル前後で最大となる。オゾンは大気中の酸素分子が分解してできた酸素原子３個の結合体(分子)で、紫外線を吸収する。

そもそも太古の火星はいまよりはるかに温暖で、広大な海が広がり、大小無数の川が流れていたことは疑う余地がなくなってきている。人間の科学力をもってすれば、太古の火星環境を蘇らせられるかもしれない——

こうして、困難と可能性が交錯したお隣の惑星・火星に地球生命を“移植”し、そこで新たな生命圏・生態系をつくり出せるのではないかと着想し、それを「エコポイエーシス（ecopoiesis）」と呼んだ者がいた。カナダのヨーク大学の遺伝学者・生物物理学者ロバート・ヘインズである。

遺伝学者としてのヘインズは、遺伝子DNAの自己修復能力や遺伝子変異の研究によって大きな業績を残している。だがここでの位置づけはエコポイエーシスの生みの親としてのヘインズである。

しかし彼は、エコポイエーシスのやり方やプロセスを説明したわけではない。彼はそのような概念を生み出したいわば思想家なのだ。ヘインズは自らの口で、エコポイエーシスという語について、エコはギリシア語で居所や家を意味するエコ（オイコス。エコロジーなどの語源）と、やはりギリシア語で組み立てる、つくるなどを意味するポイエーシスからの造語だと述べている。

彼の着想は、よく欧米の科学者が冗談めいたテーマをまじめに論じて面白がるというレベルでは終わらなかった。彼に続く科学者たち、それもしばしば非常に高名な科学者たちが、ヘインズのまったく新しい思想の可能性を具体的に検討し始めたのだ。どうすれば火星の不毛の大地を人間が住める世界に変えられるか、人類文明がその力で“第２の地球”を生み出すことはできるのか。

まもなくこれを科学的、技術的に考察する分野としての“惑星工学”ないし“テラフォーミング”が誕生することになった。晩年カナダ王立協会会長をも務めたロバート・ヘインズは、その動向を見ながら1998年にこの世を去っている。

そこで後のパートで、テラフォーミングとりわけ火星テラフォーミングはどうすれば実現できるかを見ていくことにする。

竹内薫の Point of View 7

火星人の進化

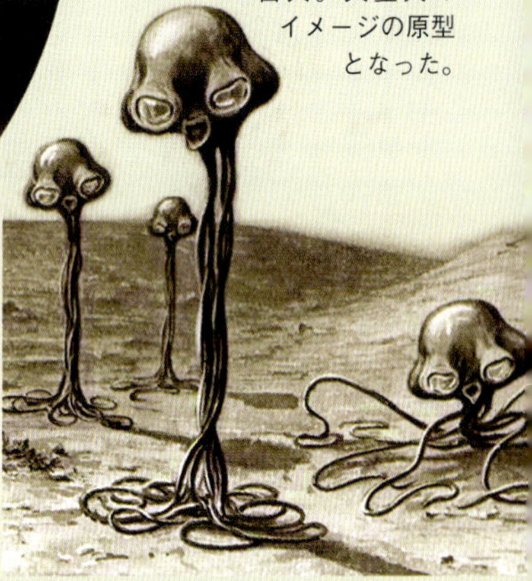

⬇H.G.ウェルズが19世紀末に著した火星小説『宇宙戦争』に登場するタコ型宇宙人。火星人のイメージの原型となった。

タコみたいな火星人のイラストをどこかでご覧になったことがあるだろう。1897年にH・G・ウェルズが発表した『宇宙戦争』のイラストがタコ型火星人の元祖だとされる。異常に発達した頭と退化した四肢は、知能の高さとともに、重力が弱い火星の環境を反映していて興味深い。その後のSFでは、人間型や緑の小人型も登場する。

それにしても、火星に知的生命体が存在するという考えはどこから始まったのだろう？　よくはわからないが、数学者・物理学者として有名なガウスは、火星に光の信号を送ろうと考えていたようで、火星人がいるのではないかと考えていたようだ。

イタリアの天文学者スキャパレリは、火星が地球に接近したとき、望遠鏡で観測し、線状の模様が見えたと主張し、それがいつのまにか「運河」ということになり、火星人の存在する証拠とされた。だが、現在では、火星表面には運河などないことがわかっている（過去の川の痕や地

⬅左／火星の“運河”を観測したと主張したスキャパレリ。右／タコ型火星人のイメージを現代人の脳裏に埋め込んだH.G.ウェルズ。写真／左・William Larkin Webb、右・Gutenberg.org

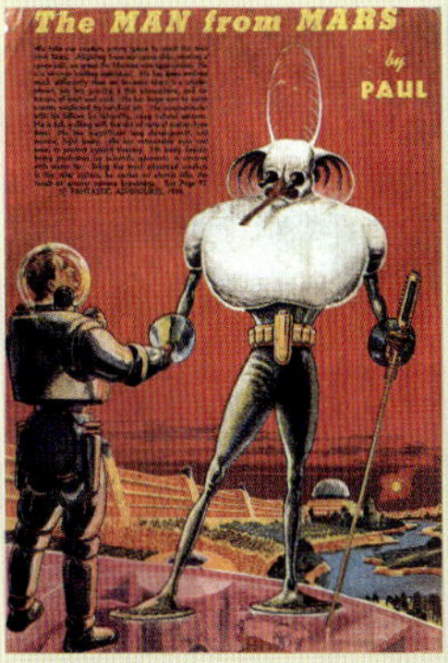

⬆20世紀前半のサイエンス・フィクションにはさまざまな外見の火星人が登場した。➡現在、NASAが火星有人探査を目的に開発しているZ型の宇宙服。　写真/NASA

下の水分はあるようだが、「運河」は存在しない)。

ちょっと話が飛ぶが、アーノルド・シュワルツネッガー主演の映画『トータル・リコール』では、建物の外に放り出された主人公の眼球が飛び出しそうになるシーンがある。怖がるべきなのか、笑うべきなのか、迷うシーンだが、実際に薄い火星の大気中に放り出されたら人間はどうなるだろう？

映画ファンには申し訳ないが、このシーンは科学的にはウソである。実は、ほぼ真空の宇宙空間に放り出された宇宙飛行士がどうなるかについて、NASAが行った研究がある。それによれば、人間の身体は頑丈にできていて、真空状態になっても、皮膚が破れたり、眼球が飛び出すことはないという。ただし、空気がないので宇宙飛行士は窒息してしまう。この研究を参考にすると、火星表面に放り出された人間は、酸素がないから窒息するだろうが、眼球が飛び出すことはないはずだ(もちろん、本当にそうなのかは、実際に誰かが放り出されてみないと証明できない)。

将来、火星に移住した人類は、どのように進化するだろう。常に地球と同じ大気成分と大気圧に保たれた建物内で生活していても、弱い重力のせいで、身体的な特徴は変化するにちがいない。何万年も火星に住み続けたら、案外、やはり頭でっかちで四肢が細い体型になるかもしれませんな(しかし、緑色の小人に変化する可能性は低い！)。

パート4■火星テラフォーミングへのプロローグ

始まりは金星テラフォーミング

技術的手法を用いる"惑星工学"の登場

科学者たちが最初に"第2の地球"を目指した惑星は、実は火星ではなく金星であった(右ページ写真)。そこで、火星テラフォーミングに話を進めるには、まず金星テラフォーミングから出発しなくてはならない。

金星はよく地球の"ふたご惑星"とか"姉妹惑星"と呼ばれる。というのも、金星は地球と同じ岩石質の惑星であり、その大きさも地球とよく似ているからである。

赤道半径は地球の6400キロメートルに対して金星は6050キロメートル、質量は地球を1としたときに0.82、密度(比重)はいずれもほぼ同じ、そして地表重力は地球1に対して金星0.91である。地球で体重70キログラムの人は金星では約64キログラムとなる。

つまり大気や海を除外して見ると、この2つの惑星はほとんどうりふたつである。そして金星の公転軌道は地球のすぐ内側であり、太陽系惑星の中では外側の火星とともに文字通りの隣人である。

だが、金星の実際の地表環境は、地球とも火星ともかけ離れている。地球の平均気温は15度C前後、火星のそれはマイナス60度C前後だが、ほとんどが二酸化炭素とわずかな窒素からなる金星の地表の大気温度は460度Cに達し、鉛も融ける炎熱の世界である。

さらに地表の大気圧は地球大気(約1気圧≒1000ヘクトパスカル)の90倍の9万2000ヘクトパスカルに達する見られている。地球の環境に置き換えると水深900メートルの海中の水圧に等しく、世界の潜水艦の大半が押しつぶされてしまうほどの圧

➡2006年にヴィーナス・エクスプレスが撮影した金星の南極。左は昼で、異なる波長による撮影の合成画像、右は赤外線で見た夜。極付近の渦はスーパーローテーションと呼ばれ、自転速度をはるかに超える速さで雲が動いていると考えられている。
画像／ESA／INAF-IASF, Rome, Italy, and Observatoire de Paris, France

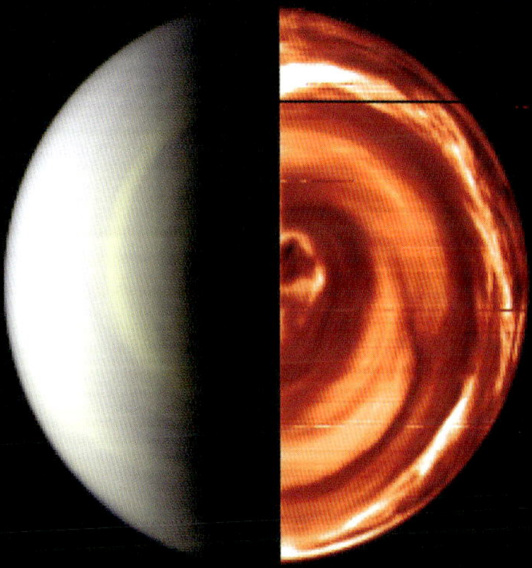

⬇探査機マゼランの観測データをもとにマッピングした金星の地表３次元画像。地球のふたご惑星と呼ばれるものの地表温度は460度C。奥に見えるのは高さ約8000メートルのマアト山。 画像／NASA／JPL

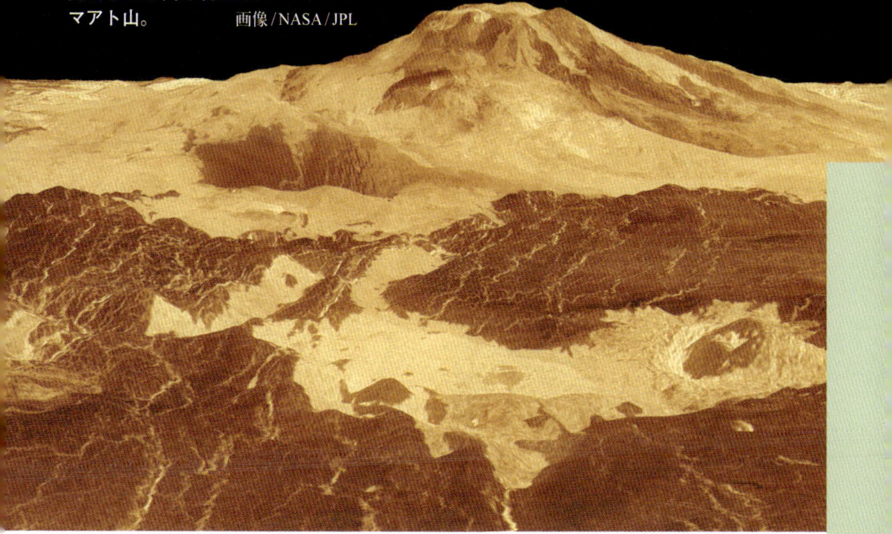

力である。

この大気圧は、地表から50キロメートルほど上空でようやく地球の地表と同程度になる。

金星は数十億年前に誕生したときからこのような環境であったのではない。誕生当初の金星の環境は同じ時代の地球のそれに近かったと見られている。金星の環境進化についての理論「湿潤温室モデル」によれば、太古の金星には広大な海が広がり、水温は100～200度Cであった（大気圧が高いので沸騰することはない）。

しかしその後、水（雲）は徐々に気化して宇宙空間に逃げ、それにつれて太陽の放射エネルギーの入射量が増えていき、地表は高温で乾燥しきったいまのような大気に満たされることになったと見られている。高密度の二酸化炭素の大気に太陽が激しく照り続けた結果、それは二酸化炭素の温室効果を極度に進行させた。文字通り“暴走温室効果”を体現させたのである。

⬆火星や金星のテラフォーミング研究のパイオニアとなった天文学者カール・セーガン。 写真/NASA/JPL

金星のこうした環境を穏やかにして“第2の地球”に変えるには、ほかにも障害がある。それは金星の1日が地球時間で見ると2800時間、すなわち116.7地球日と途方もなく長いことだ。昼が58日間続いた後、夜が58日間続くということである。もっとも地球の北極と南極でも昼が半年、夜が半年続くので、類似性がないわけではない。

こうして見ると、金星を地球化するなどというアイディアは非現実的で、せいぜい1950年代のサイエンス・フィクションに登場したおとぎ話以上のものではないように思われる。

だが1961年、これを科学的な思考実験としての「惑星工学（planetary engineering）」という観点で論じる科学者が現れた。それはどこかの無名で物好きの研究者ではなく、後にアメリカ社会でもっとも高名かつ影響力の大きい科学者とされることになる天文学者で、NASAの惑星探査の指導者となるカール・セーガン（左写真）であった。当時彼はカリフォルニア大学にいたが、後にコーネル大学に移り、そこで終身教授となる。

藻類の投下から小惑星衝突まで

いまから半世紀以上前のその年に発表したセーガンの論文(The Planet Venus, Science, vol. 133(1961)849-858)——書き出しを見ると、その年の2月に当時のソ連が打ち上げた世界最初の金星探査機ベネラ1号に刺激されて書いたことをうかがわせる——で彼はひとつの提案を行っていた。

それは、金星の濃密な二酸化炭素の大気を人間が受容できるものに変えるには、遺伝子工学によって大気中で増殖するように変異させた藍藻類を温度の低い金星の上空に散布するというものだった。

これに似た最初のアイディアは、実際には1950年代にSF作家ポール・アンダーソンがその作品(「The Big Rain」)の中で考え出していた。しかし正統派の科学者セーガンが取り上げたことによりセーガンのアイディアとして社会に知られ、また他の惑星環境の改変というテーマが科学者の世界ではじめて認知されるようにもなった。

人間が焼けついたフライパンの中のような金星の地上に降り立つには、それに先立って高すぎる大気圧と大気温度を大幅に引き下げ、二酸化炭素を激減させ、さらにごくわずかしか存在しない酸素を激増させなくてはならない。

セーガンが提案した藍藻類(シアノバクテリア)には、単細胞で空中浮遊性のものや光合成によって酸素を生み出すものもある。これらの藍藻が水分と栄養が存在する金星上空の環境に放出されれば、それらは急速に増殖して二酸化炭素を消費し、酸素を吐き出すであろう。

こうして何年か経てば金星大気中の二酸化炭素は減少し始め、暴走状態の温室効果は穏やかになり、大気温度が下がっていくはずである——

このような手法なら、惑星の環境を大きく変えるのにたいした費用はかからず、驚くほど困難な仕事も必要としない。地球から送り込んだ微生物を投げ込んで金星の大気が本来もっているフィードバック・システムを利用し、変化を待つだけだからである。

だが、この論文が書かれた1960年代はじめには、金星の環境についての正確なデータはまだ存在しなかった。セーガンは金星の地表大気の密度を地球大気の4倍（4気圧）、その成分の大半は水蒸気で、それ以外はおもに二酸化炭素と推定していた。

彼は、地球から観測したときの金星が“宵の明星”と呼ばれるように明るく輝いているのは、全体が高温の水蒸気に包まれた蒸し風呂状態にあり、それが太陽光を反射して地球からは白い雲の天体のように見えるからだと考えていた。

セーガンの役割はここまでだった。これ以降の金星改造のプロセスについては、セーガンに刺激された他の研究者たちが、その後明らかになっていった金星のより正確なデータをもとに、具体的なアイディアを次々と提出したからである（表1参照）。

表1 金星改造のツールとシナリオ（一部科学者の提案例）

提案者	大気の改造	海の形成
カール・セーガン（1961年）	大気中に藻類をばらまいて光合成を行わせる	なし
ジェームズ・オバーグ[*1]（1981年）	同上および水素の運び込み	同左によって深さ880メートルの海ができる
ソウル・エーデルマン（1982年）	小惑星の衝突で二酸化炭素を宇宙に追い出す	なし
マーティン・フォッグ（1987年）	大気中に藻類をばらまいて光合成を行わせる。さらに天王星から水素を運び込む	同左によって深さ最大600メートルの海ができる。
ポール・バーチ（1991年）	ヒートパイプで熱を宇宙に逃がし、二酸化炭素を冷却、雨として降らせる	深さ1キロメートルの二酸化炭素の海ができる

＊1 アメリカの科学ジャーナリスト（2ページ参照）。
＊2 イギリスの地質学者・テラフォーミング研究家。

⬆金星テラフォーミングの手法のイメージ。暴走温室効果を抑えるには少々過激な手段をとらねばならない。
イラスト/長谷川正治／矢沢サイエンスオフィス

資料/M. Fogg, Terraforming (1995)

温度の制御	1日の長さの短縮	付　記
二酸化炭素が炭素と酸素に分解され、温室効果が停止する	なし	改造に数千～1万年かかる。金星についてのくわしいデータがない時代のパイオニア的な提案。他の科学者はセーガンの論文に刺激されて研究を始めた
太陽光遮蔽板	太陽光遮蔽板と反射板の組み合わせ	オバーグは有名な著書「New Earths」の中でこの議論を展開した
小惑星衝突で大気圧が低下し、温度も低下	小惑星衝突で自転を加速	過激な方法論として代表的。アレグザンダー・スミス*2はこの修正案を提出した
太陽光遮蔽板	ダイソンモーター*3で自転を加速	地表の80～90パーセントが海に覆われた穏やかな惑星となる
太陽光遮蔽板	太陽光遮蔽板と反射板の組み合わせ	200年で急速改造。バーチの案はつねにもっとも楽観的で急速。理由は何千年もかかったのでは人々の支持を得られないからだという

*3 惑星全体を巨大な電動モーターの電機子(回転する電磁石)として作用させ、そこで生じる磁力で惑星の自転を加速させる。アメリカの物理学者フリーマン・ダイソンの提案。

なかには、地上に降り立ったロボット掘削機で地下トンネルを掘り、その中で核爆薬を次々に炸裂させて太古に活発であった火山活動を連鎖的に再開させ、地中に閉じ込められている水を大気中に放出させるなどのアイディアも含まれていた。当時の大国は頻繁に水爆実験を行っており、とくにソ連は原油採掘や大規模な河川工事に熱核爆薬つまり小型水爆を80回以上用いていたので、それを金星改造のツールにするアイディアは自然な思いつきともいえた。

とにかくこうした手法によって地表に豪雨が降り注ぐようになり、しだいに地球生命に寛容な環境が姿を現すというのであった。

また、そのような時間のかかる手法ではなくもっとてっとり早い方法を提案する者もいた。直径350キロメートルほどの小惑星を２個選んでその軌道を変え、金星に正確な角度で衝突させて二酸化炭素の大気をいっきに宇宙空間へと吹き飛ばせばよいというのである（ちなみに直径200キロメートル以上の小惑星は33個存在する）。

この方法なら大気組成を短期間で変えられるだけでなく、金星の遅すぎる自転——自転軸が太陽に対してほぼ横倒しになっているうえ、１日が地球の約117日に相当する——を加速させて、昼夜を人間がいくらか身近に感じられるようにできるというのであった。

そして強すぎる太陽放射に対しては、周回軌道上に巨大な“日よけ傘（太陽光遮蔽《しゃへい》板。右ページイラスト）”を広げるという提案もなされた。地球の大気表面に届く太陽放射は１平方メートルあたり1366ワット、これに対して金星ではほぼ２倍の2660ワットに達する。

たしかに、こうしたプロセスを経て金星の大気が薄くなり、温度が下がり、しだいに透明になって青空が広がるなら、それは第２の地球に近づいたと言えそうである。そこには地球から人間の探検隊だけでなく、環境変動に強い植物や動物を“移植”できるかもしれない。

カール・セーガンは科学者としての地道な考察から生物学的

⬆金星のラグランジュ点（193ページ図３参照）に多数の巨大な６角形の薄膜からなるサンシールド（太陽光遮蔽板）を配置し、強すぎる太陽放射をコントロールする。

イラスト/長谷川正治/矢沢サイエンスオフィス

手法に立ち、金星テラフォーミングには数千〜１万年を要すると考えた。

これに対してイギリスの科学者・工学者ポール・バーチは、何千年もかかったのでは人々の持続的な支持は得られないとして次々と過激な“工学的手法”をくり出し、わずか200年で金星の環境を地球に近づけるアプローチを提案した。

彼の手法は“急速テラフォーミング”とも呼ばれるものだった（彼は後に火星テラフォーミングについても類似の手法を提案する。パート６参照）。

だが結局、金星改造計画ないし金星テラフォーミングの研究は急速に先細りとなっていった。ひとつの理由は、新たに送り出された金星探査機が予想以上に過酷な地獄絵のごとき金星の環境を明らかにし、どのような手法であれそれを地球化することはほぼ不可能であると考えられるようになったからである。

そしていまひとつの理由があった。それは、地球から見て金星とは反対側の隣人である火星の環境ははるかに地球環境に近く、火星こそがテラフォーミングの対象であり、“第２の地球”の最有力候補だと考えられるようになったことである。

パート4■火星テラフォーミングへのプロローグ

カール・セーガンの火星の「長い冬モデル」

金星テラフォーミングから火星テラフォーミングへ

アメリカは、1960年代の中頃から10年間に、火星と金星、それに水星に向けてマリナー・シリーズの探査機10機を次々に送り出した。このシリーズは時のケネディ大統領が実現を強力に後押ししたものだ（右ページ写真参照）。

10機のうち3機は途中で失われたものの、7機は見事にこれらの惑星の近接観測に成功した。あるものは惑星のそばを通過する“フライバイ（近傍通過）”を行い、あるものは惑星の周回軌道を回って地上を観測し、またあるものはその惑星の重力を利用して飛行軌道を修正する“スウィングバイ（重力アシスト）”に史上はじめて成功した。

ちなみに2013年9月にNASAは、探査機ヴォイジャー1号が人間の生み出した構造物としてはじめて太陽系外の宇宙に到達したと発表し、世界中のメディアが大きく報じた。このヴォイジャー1号および2号は、実は当初マリナー11号、12号として計画されたものだった。

1号は1977年に打ち上げられたので、すでに36年間、距離にして140億キロメートル以上も宇宙を飛び続けていることになる。ヴォイジャーがこれほどの年月はたらき続けているのは、搭載されている原子力電池の驚異的な性能のゆえである。これらの電池は当初の予想よりはるかに長くはたらいており、今後まだ2025年くらいまでは地球にデータを送り続けると見られている。

話をマリナー探査機に戻そう。

用語解説　**火星温暖化**：近年極冠の縮小が報告されている。地球と火星の気候変動が同時進行なら原因は太陽活動の影響であろうとする議論が出ている。

⬅1961年、ケネディ大統領にマリナー探査機の模型を示して説明するNASAジェット推進研究所所長ウィリアム・ピカリング（中央）。
写真/NASA

この一連の探査機が次々に火星の近傍通過に成功し始めると、太陽系惑星への人々の関心はそれまでの金星からいっきに火星へと向けられるようになった。そして、マリナーが送ってきた地球のどこかで見たような景色の広がる火星の風景が人々の脳裏に焼きつくようになった。金星ではなく火星こそが地球によく似た惑星だったのである。

そこで1971年以降、今度は火星をいかにしてテラフォーミングするかをテーマにした科学論文が発表され始めた。最初にそのシナリオを提出した科学者、それはふたたびカール・セーガンであった。

このときセーガンが実際に提出したのは、「火星生物学の長い冬モデル・推論（The Long Winter Model of Martian Biology：A Speculation）」と題した火星の気候モデルである。それは、火星の地表のいたるところに残されている“干上がった川床”と見られる地形（30、36ページ記事参照）がどのようにして生じたかを、数万年単位の時間尺度で説明しようとするものだった。

このときのセーガンの説によれば、火星では温暖期と寒冷期がほぼ5万年ごとに交互に生じてきた。温暖期には大気はいまよりはるかに濃密で湿度が高く、他方寒冷期すなわち“長い冬”には地表のすべてが凍りつく。二酸化酸素の大気までが凍って、北極と南極にドライアイスとして地表を覆うであろう。そして現在の火星はこの寒冷期の中にあるというのであった（5年後にこの周期は修正されることになる）。

ミランコヴィッチ・サイクルと気候変動

ではなぜ火星にはこのような温暖期と寒冷期が生じるのか。ちなみに、これとよく似た周期は地球にも存在する。

セーガンは、その周期は火星の春分点の移動によって生じると推測した。火星も地球も太陽に対する自転軸の傾きが一定ではなく、それは止まりかけたコマの回転軸のような首振り運動を行っている（図2、図3）。

このため、地表のとりわけ極地側に降り注ぐ太陽の放射エネルギーは、地球では2万6000年、火星では5万1000年の周期で増減する。太陽光の入射が増える時代には温暖期となり、入射が減る時代には寒冷期となる（これは“ミランコヴィッチ・サイクル”〈下用語解説〉と呼ばれる周期と重なっている可能性がある。168ページ図4）。

火星のこの周期を検討していたセーガンはある“発見”をした。火星の北極と南極に広がる極冠の氷（ドライアイス。32ページ参照）を融かすことができれば、それは二酸化炭素となって大気中に解放され、いまよりはるかに濃密な大気が生まれるというものだ。

だがどうすれば極冠を融かすことができるのか。セーガンの考えた方法は次のようなものだ。まず極冠のドライアイスに周辺地域で採取した表土を広範に散布して表面を黒く汚す。すると極冠は太陽光を効率的に吸収し、ドライアイスが急速に昇華（気化）して二酸化炭素に変わる。こうして生じた二酸化炭素の大気は次には温暖化ガスの役割を果たし、火星の温度を上昇させるであろう。

そしてこのプロセスを広範に実行すれば、100年ほどで火星はいまよりはるかに厚く暖かい

用語解説 **ミランコヴィッチ・サイクル**：セルビアの天文学者ミルーティン・ミランコヴィッチが1920年に提唱した理論で、地球が受け取る太陽エネルギーは、地球の自転軸の傾きの変化、公転軌道の離心率の変化、それに地球の首振り運動によって周期変動するという。彼が計算で導いた過去60万年の温度変化は実際の氷河期－間氷期の周期とよく一致しており、ミランコヴィッチ・サイクルと呼ばれる。

図3 自転軸の傾きの変化

➡火星の自転軸は数万年周期で変化し（歳差運動）、その周期がさらに何十万年もの周期で二重に変化する。現在の自転軸の傾斜角は約25度で、極冠は厚い氷に覆われている。　図/NASA/JPL-Caltech

図2 首振り運動

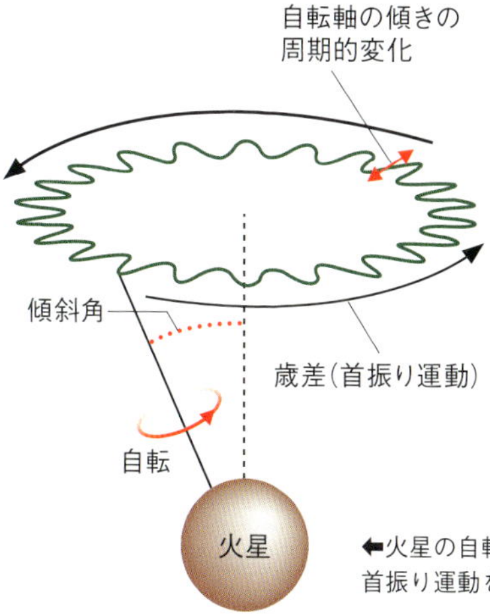

⬅火星の自転軸も地球と同様、傾いたままゆっくりと首振り運動をしている。

大気をもつようになるはずである。気温が上昇すれば地中に永久凍土として隠れている氷が融け出し、地上に水たまりをつくり始める。液体の水は蒸発して大気中の水蒸気を増やし、温暖化はいっそう加速されて、地表はしだいに生物の生存を許す環境に変わっていく——

　このときセーガンは言及しなかったが、21世紀のいまになって考えれば、彼が考えた極冠を融かすというアイディアは、人工知能化した土木機械によってさほどの困難なく実行できるはずである。

　また、極冠そのものも当時はすべてがドライアイスと考えられていたが、近年では大半が水の氷で、上層をドライアイスが覆っていると見られている。大量の水が容易に手に入るなら、それは人間や他の地球生物にとってはるかに好ましい環境条件である。

　こうして火星環境が穏やかになれば、金星テラフォーミングで登場した藍藻類などを案外早

図4 火星のミランコヴィッチ・サイクル

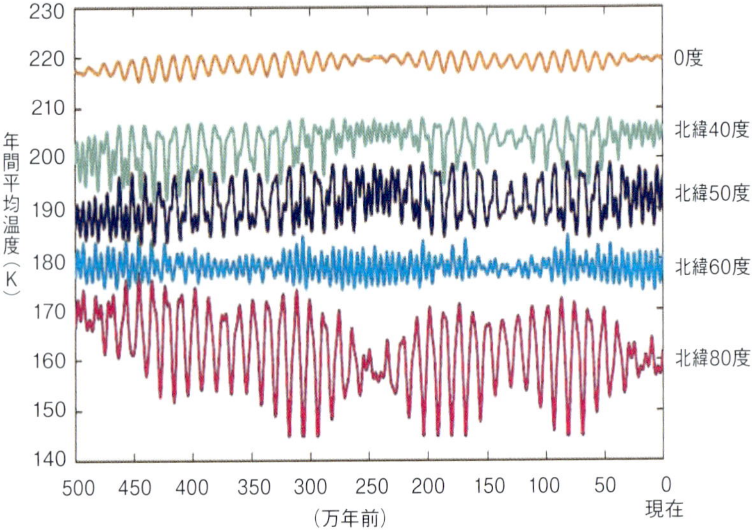

⬆過去500万年の火星のミランコヴィッチ・サイクルの計算結果。色分けされた曲線は、北半球の地表の年間平均気温を北緯ごとに示している。緯度によって平均気温の変動幅および変動周期が大きく異なることが読み取れる。　資料/Norbert Schorghofer, AGU

期に地球から運び込むことができるかもしれない。

　こうしたシナリオを示したあと、セーガンは未来への警告ともとれる意見をつけ加えた。彼は、火星であれ他の天体であれ、人間がテラフォーミングを行う前にはその天体を完全に探査し、本来の状態をよく調べておくべきだというのである。

　そのうえで、もしテラフォーミングを（彼のいう生物学的手法ではなく）工学的な手法によって行おうとするなら、それは最小限で最大の効果を得られるようなものでなくてはならないとつけ加えた。

　われわれはセーガンのこのメッセージを心に留めたうえで後のパートに進むことにしよう。というのも、これから取り上げる火星テラフォーミングの多様な手法には、セーガンの遺言的なメッセージとは対極をなす過激なアイディアも少なくないからである。

Terraforming Mars : Part 5

パート5

火星の"修復"計画

写真／Astrium－E.Allouis／ESA

近未来の火星有人飛行を計画しているNASAの火星テラフォーミング研究者といえば、世界的に著名なクリス・マッケイである。長年このテーマに取り組んできたマッケイ博士は火星テラフォーミングを"火星修復計画"と呼ぶ。その理由は？

執筆／矢沢 潔

人類はなぜ火星をテラフォーミングするのか？

火星テラフォーミングは火星の環境を変えることではなく、“修復”によって太古の環境を取り戻すことである――

⬆昼夜の温度差が大きい火星では、地表が見えなくなるほど激しいダストストーム（砂嵐）が発生することがある。ただし大気圧が非常に低いので、人間が立っていても吹き飛ばされたりはしない（想像図）。

イラスト/Ron Miller/矢沢サイエンスオフィス

火星の環境をつねに科学的視点で見る

テラフォーミングをサイエンスフィクション的世界から人類文明の未来を志向する科学研究へと“格上げ”したキーパーソンのひとりが、NASAエームズ研究センターのクリストファー(クリス)・マッケイ博士(172ページ写真)である。

マッケイは、テラフォーミング研究の世界から大言壮語的な手法を排し、火星の物理環境と生命圏回復の接点を探求し続けている。

本書がここで火星テラフォーミング研究者の一番手として彼を取り上げるのは、理由のあることである。それは、彼のテラフォーミング観がその最初期から、正統的な科学者としてのそれから外れていないからである。

他の研究者の提案はいずれも、彼の見方と対比させたときにはじめて特別の関心の対象として浮上してくる。

　マッケイはよく、テラフォーミングを惑星環境の“修復プロジェクト”と呼んできた。かつてマッケイにインタビューを行ったとき、彼はこう述べている。

「それには２つの理由があるのです。第１に、なぜ対象が火星なのかという点ですが、それは火星のみが、現在の科学技術レベルから見てテラフォーミングの可能性をそなえているということです。

　もし将来、新しい技術、たとえば無限のエネルギー源とか宇宙で物質を動かす無限の動力源というようなものが実現すると仮定すれば、どんなことも実行することができる。しかしそれはいまのところ科学ではなくサイエンスフィクションです」

　彼はテラフォーミングをつねに科学的視点から論じており、その場合、太陽系惑星の中で火星だけがいくらか身近に感じられる惑星だという。つまり、かつて金星のテラフォーミングに関して議論された惑星の軌道を動かすとか自転速度を変える、あるいは厚い大気を宇宙空間に吹き飛ばすといった方法については、まだ誰もその実際的な方法を知らないからだという。

　では彼がテラフォーミングを修復プロジェクトと呼ぶ第２の理由は何か？

「それは第１の理由よりも重要で、かつ興味深いものです。つまり火星テラフォーミングは火星の“環境修復”の問題だということです。

　われわれはすでに、かつて火星は居住可能な世界であったという大量の証拠を手にしているのです。地表には水が流れ、それにおそらくこの水を保持できるだけの大気も存在した。つま

⬆長年のテラフォーミング研究で知られるNASAのクリス・マッケイ博士。
写真／Heinz Horeis／矢沢サイエンスオフィス

⬆火星の日没。火星から見る太陽は地球の３分の２ほどの大きさ。強風が巻き上げたダストのために薄い大気が赤みを帯びて見える。　写真/NASA/JPL/Texas A&M/Cornell

りわれわれはある意味ですでに、現在の火星を居住可能にするための設計図を手にしている。そこで、もとの状態をいかにして取り戻すか、あるいは復興するかが問題なのです」

保守的な方法でゆっくりと

マッケイは、「火星テラフォーミングはゆっくりと、かつ保守的な方法」で実行されねばならないと主張する。そして、そのためのひとつが火星を暖めることであり、いまひとつが大気の化学組成を“生物学的手法”によって変えることだという。

火星の現在の大気を人間が呼吸できるようにするには、その

表1 火星の大気成分

大気成分		成分比
主成分	二酸化炭素(CO_2)	95.32%
	窒素(N_2)	2.7%
	アルゴン(Ar)	1.6%
	酸素(O_2)	0.13%
	一酸化炭素(CO)	0.08%
その他	水蒸気(N_2O)	210ppm
	窒素酸化物(NO)	100ppm
	ネオン(Ne)	2.5ppm
	水素－重水素－酸素(HDO)	0.85ppm
	クリプトン(Kr)	0.3ppm
	キセノン(Xe)	0.08ppm

資料/NASA, Mars Fact Sheet

ほとんどを占める二酸化炭素を酸素に変えなくてはならない（表１）。彼はこう言う。

「それは大変困難な仕事です。その過程には化学エネルギーを

必要としますが、もし火星全体についてそれをやろうとしたら膨大な量の物質を処理しなくてはならない。

この場合、誰でも思いつくのは、簡単に手に入るエネルギーを用いて二酸化炭素を酸素に変える自己複製型の装置をつくり出すことでしょう。

ところが、われわれの周囲を見回すと、そのような自己複製マシンがすでに存在する。それは地球上の植物です。植物は数十億年の進化の歴史を通じて、二酸化炭素を取り込んで酸素を生み出すという仕事、つまり光合成をやるように設計されているのです。進化はわれわれが求めている仕事を理想的に実行す

⬅火星有人探査用として開発中の宇宙服「アウーダX」。４～６時間の持続使用が可能だという。重量45キログラム。

写真／ESA

➡コケ類などの植物が繁茂し始めた火星では動きにくく重い宇宙服は不要となり、酸素マスクだけで活動できるようになる。

イラスト/Michael Carroll/矢沢サイエンスオフィス

るシステムを開発したのです。そして素晴らしいことに、この植物は自分で自分を際限なく増やす自己複製マシンとして存在するのです」

たしかに植物は、かなり短時間で地球上のあらゆる領域、考えられるかぎりのニッチ（生態的な空間）を埋めるほどに広がっている。こうした能力をもつ植物に多少の改良、すなわち遺伝子工学的な操作を加えれば、いくらか改変された火星の環境に最初に適応できる生物となることが予想される。

しかしそうした植物も、環境適応や生存にエネルギーを必要とする。マッケイは、現実的に入手可能な唯一のエネルギーの選択肢は太陽エネルギーだという。植物が惑星の表面全体で必要とする膨大なエネルギーを供給できるのは太陽光以外にはないというのである。

マッケイのチームはかつて、火星で植物を繁茂させるために必要なエネルギーの量を、地球の生態系の効率からの類推によって導いた。だがそれは結局、楽観的にすぎることが明らかになった。火星の自然条件が地球におけるほど穏やかではないからである。

しかし彼らは、たしかに火星の条件は少し厳しいものの、地球上の厳しい環境下で生きている植物をそこに適応させることは可能だという結論に達した。

そのうえで、火星のほぼ二酸化炭素からなる大気を酸素に変えるために必要なエネルギーを計算した。そして植物がエネルギーを利用するときの効率を調べて火星全体で平均化し、このプロセス全体に要する時間を割り出した。その結果、必要な時間は非常に長いことがわかった。火星の二酸化炭素をすべて酸素に変えるには10万年くらいかかるというのであった。

マッケイは、これは歴史的に見れば落胆するような数字ではないという。植物は地球でこれと同じ仕事を成し遂げるまでに20億年かかったのだから、というのである。

まず植物の呼吸を可能にする

ただしこれは、人間が呼吸できる大気をつくり出すときの話である。植物が呼吸して生きられる大気をつくり出すまでならそれほどの長い時間はかからない。彼の言う火星環境修復の最初の段階では、まず酸素の比率云々よりも、昔の（大半が二酸化炭素の）厚い大気を取り戻すことであるはずである。

これについてマッケイはこう述べる。

「火星の大気は二酸化炭素であったし、今後考えられる大気もやはり二酸化炭素であろうと考えられるさまざまな理由があるのです。二酸化炭素が火星を暖め、その大気は何千万年、おそらくは何億年もかなり安定な状態を維持するはずです。

この大気は、微生物やある種の変形菌類、藍藻類、それに多くの植物にとってはまさにすばらしいものです。そしてこの中にわずかな量の酸素が含まれていれば、さらにはるかに多様な生物が成長できる。まだ人間が呼吸することはできないものの、このような大気でもそう悪くはない。現在の火星の大気よりはるかにすぐれているのです」

彼が示唆しているのは、いまの火星では人間は宇宙服を着なければ生きられないが、厚い二酸化炭素の大気ができれば、酸素マスクをつけるだけでふつうの服装で歩き回れるということである（174ページイラスト）。

キュリオシティーの最新データ

マッケイは、別の著名なテラフォーミング研究家ロバート・ズーブリン（178ページ写真および用語解説）との共著で1992年にあるレポートを提出している。その中で彼らは、「火星のレゴリス（表土）と南極に閉じ込められて凍結している二酸化炭素は、解放されれば300〜600ミリバールの大気をつくり出すに十分な量であろう」と述べている。

ミリバールはいまではヘクトパスカルの単位で表されるが、意味は実質的に同じなのでこれは300〜600ヘクトパスカルである（アメリカの気象予報などではいまもミリバールがよく使用される）。

別の表現では、地球の地表の大気圧（約1000ヘクトパスカル）の30〜60パーセント、たとえば何百万人もの日本人が経験しているであろう富士山頂上の大気圧約650ヘクトパスカルとほぼ同じである。ただしこれは大気圧だけの話であり、人間が呼吸できる酸素分圧などはまだ議論の外である。

温暖化が容易な２つの理由

とはいえ、こうして生まれた大気はほとんどが二酸化炭素なので、火星の地表で活動する人間は酸素マスクを手放すことができない。これでは、たとえ宇宙服を脱ぐことはできても、人間の自由な活動空間とは呼べそうもない。

ただし、火星基地や地下トンネルなどの人工空間の内部では、外部との間を仕切る気密構造などの条件が著しくゆるやかになるはずである。

では、さしあたり酸素の問題は後回しにするとして、いま見たような相当に濃密な二酸化炭素の大気はどうすればつくり出すことができるのか？　またそれにはどのくらいの時間がかかるのか？

マッケイは、火星にそのような変化を引き起こすのは２つの理由からとても簡単だと述べている。

「その理由は、ここでやろうとしていることが惑星の温度上昇だからです。なにも化学変化を起こそうとしているのではない。化学変化は一般に熱変化の10倍のエネルギーを必要とします。何かの化学組成を変えることに比べて、その温度を上昇させることが簡単なことは誰でもわかるでしょう。だから炎は熱いのです。

化学エネルギーを解放すれば熱エネルギーに変えることができ、化学エネルギーのほうが熱エネルギーよりずっと大きいので、温度を容易に高めることができる。つまり温度を上昇させるには少しのエネルギーでよい

⬅火星有人探査の強力な提唱者ズーブリン。写真／The Mars Society

用語解説 **ロバート・ズーブリン**：航空宇宙技術者・作家で、火星有人探査を推進するマーズ・ソサエティー（火星協会）の中核として活動している。同協会では50カ国、4000人以上が会員となっている。

のです」

火星の温度を上昇させ、二酸化炭素の大気濃度を高めることがむずかしくない第2の理由は何か？　マッケイの答えはこうである。

「それは、このプロセスに正のフィードバックがあるからです。火星を少し暖めると二酸化炭素が大気中に放出される。するとその二酸化炭素は温暖化効果によってさらに大量の二酸化炭素を放出させる。ちょうど下り坂で石を転がすと転がる速度が徐々に加速していくようにです。

われわれの計算では、この石が自由に転がり落ちるようなわけにはいかないことも示されたものの、それでも加速効果は生じる。化学的変化だけならそのような効果は期待できません」

こうしてひとたび火星の温度を20度Cほど上昇させれば、この正のフィードバックによってきわめて強力な引き金を引いたような効果が生じる。彼らの計算では100年ほどで火星はいまよりずっと暖かくなり、植物が生育できるようになるという（右上写真）。

⬆初期にはこの写真のコケ類に似た植物が地表を覆うようになると予想されている。

植物が繁茂するようになった火星は、その後ゆっくりと火星大気に酸素を添加していく。その間にも大気温度はいっそう上昇し、同時に酸素分圧が高まっていく。ヒマラヤ頂上の気圧が340ヘクトパスカルで酸素は地表の3分の1しか含まれないことを考えれば、いまや火星の環境は地球生物に対して相当にやさしくなってきたということができよう。それまでの時間さえ待つことができないという忍耐に欠ける人々は、次のパートで見る“急速テラフォーミング”を

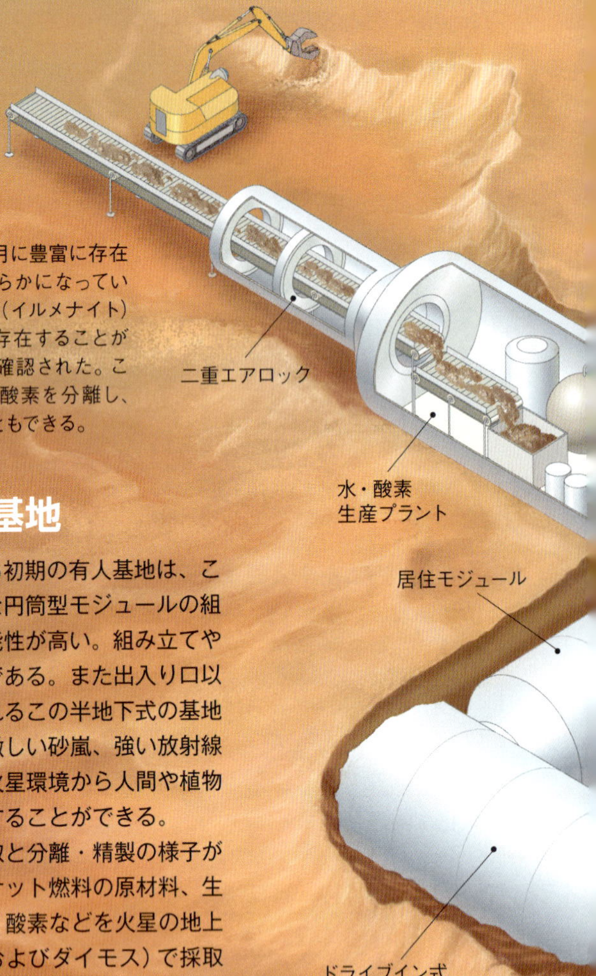

資源の採掘。月に豊富に存在することが明らかになっているチタン鉄鉱（イルメナイト）は、火星にも存在することが観測によって確認された。この鉱物からは酸素を分離し、水をつくることもできる。

初期の火星基地

火星につくられる初期の有人基地は、このイラストのような円筒型モジュールの組み合わせになる可能性が高い。組み立てや輸送が容易だからである。また出入り口以外が地中に配置されるこの半地下式の基地は、低温と乾燥、激しい砂嵐、強い放射線などに代表される火星環境から人間や植物の生命活動を防護することができる。

左上には資源採取と分離・精製の様子が描かれている。ロケット燃料の原材料、生命維持に必要な水、酸素などを火星の地上や衛星（フォボスおよびダイモス）で採取できれば、地球からの輸送コストは激減する。NASAでは、月や火星などの小重力環境下で現地資源を有効利用するための技術開発を進めている。

このイラストは、人類文明の未来像を描き続けたアメリカのロケット工学者・宇宙工学者クラフト・エーリケ博士（207ページ参照）の提案をもとに描いた。

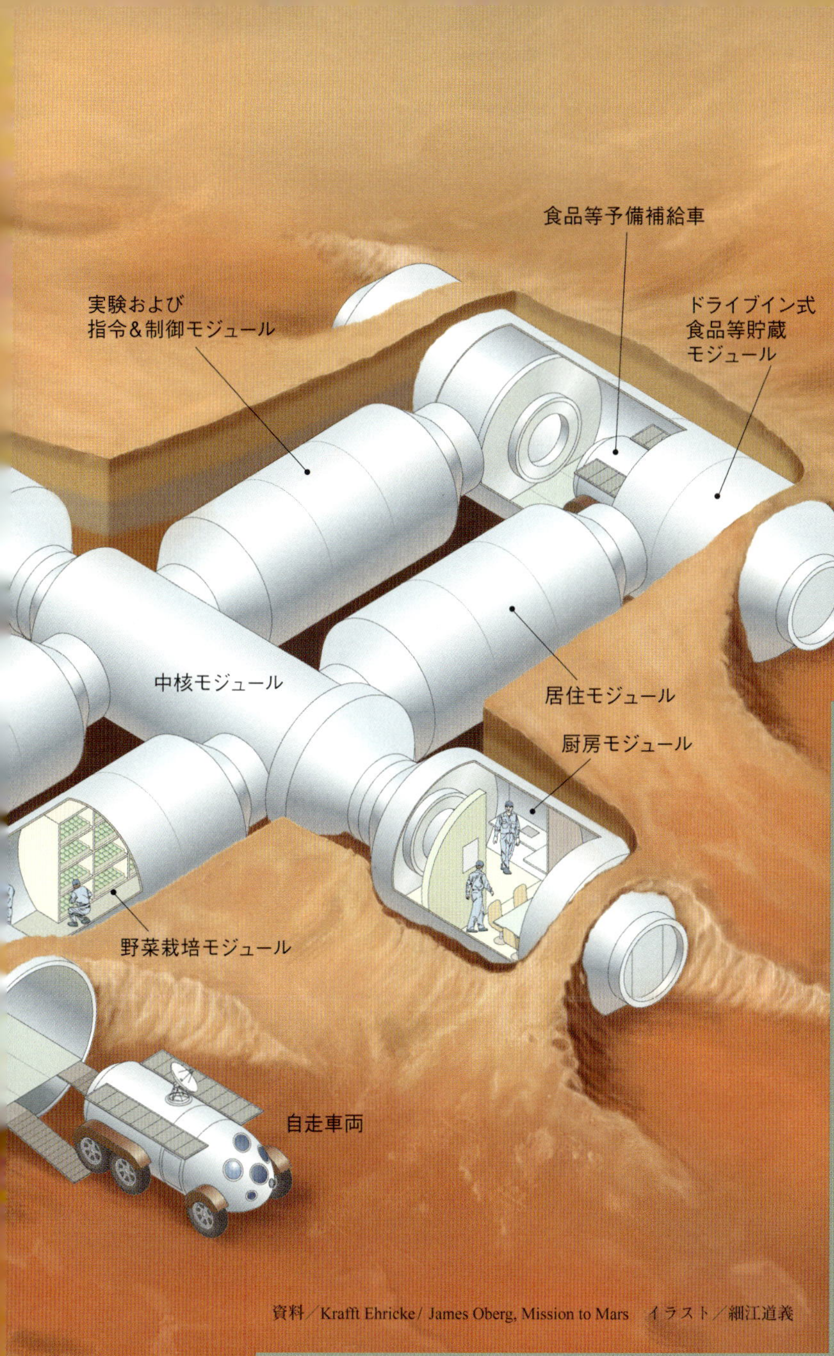

資料／Krafft Ehricke／James Oberg, Mission to Mars　イラスト／細江道義

選択するのがよいかもしれない。

　ところで、火星で人間が住み始めるようになるまでにはさまざまなステップがあるはずである。本書のパート2ではすでに、火星有人飛行のための宇宙推進技術（ロケット）や宇宙放射線被曝などの問題を見てきた。

　科学者・工学者の中には、火星の地上に建てる構造物や火星農業などを検討している人々もいる。人間が火星に移住することの目的や意味、経済合理性を論じる人々もいる。しかしそこに行く前の初期段階で、いまだ見落としている問題がいろいろあるに違いない。マッケイも、それについては数段階のステップが必要だと述べている。

「まず土壌中に窒素が存在するかどうかを知る必要があります。この種の条件がわからないと惑星工学を検討することはできないのです。私は、誰であれ地球上に居座ったままで火星のテラフォーミングの是非を決定することはできないと考えている。

　われわれは火星に人間を送り込む決定を遠からず行うでしょうが、その目的はテラフォーミングのためではないのです。火星に行った人々はそこに長期滞在することになるでしょう。というのも、火星は遠いうえ、そこには生活に必要な資源が基本的にすべてそろっているので、行けば自己充足的になる可能性が高いからです。

　彼らはそこに何年間も留まり、火星をひとつの惑星として研究する。そして、われわれのこれまでの予測が正しいことがわかれば、彼ら自身が、火星は居住可能な世界となる潜在性をもっていると判断する。そして彼らないしその子どもたちこそが、火星を居住可能な世界に変えようとするもっとも強い動機をもつ人々になる――私はそう考えているのです」

　マッケイは、テラフォーミングの概念が人間を火星に送り込もうとする社会的動機のひとつになってほしいとは思うものの、それは個人的な動機かもしれないという。というのも、NASAのような国家の宇宙機関がテラフォーミングを目標に掲げて人間を火星に送り出すとは考え難いからだという。

火星を温暖化させる3つの手法

最新データによる再評価

ところで、前記のマッケイとズーブリンによるレポートの中で、彼らは火星温暖化を人工的に引き起こすためのさまざまな手法の効果を、新しい知見をもとに計算し直している。

これは過去に多くのテラフォーミング研究者が何度か試算してきたテーマではあるが、マッケイとズーブリンのレポートはこの時点でもっとも新しい試みであった（185ページ図１）。

彼らがここで検討し直した火星温暖化の手法は、①周回軌道に巨大な太陽光反射ミラーを設置する、②太陽系の外惑星から温室効果能力の高い揮発性物質を火星に運び込む、③その時点の最新技術により火星の地上で温暖化物質（フロン類）を人工的に生産する、の３つである。

①周回軌道に太陽光反射ミラーを設置する

この方法で火星の南極の極冠に含まれる二酸化炭素（CO_2）を気化させるには、半径100キロメートル以上の反射ミラーが必要となる。

反射ミラーの材料として、これまでにつくられたソーラーセール（185ページ写真）のような非常に薄いフィルム状のアルミニウム素材を使用する場合、その質量（総重量）は20万トン以上になるだろう。

その原材料を小惑星または火星の衛星（フォボスまたはダイモス。199ページコラム）から採取して宇宙空間で製造するには、120メガワット年の電力エネルギーが必要になる。マッケイらによると、この電力供給は、現在研究されている原子力推進ロケット用の出力５メガワット級の原子炉を複数基組み合わせることによって可能になる。

ちなみにソーラーセールに関してはこれまでに、NASAのナノセールDと日本（JAXA）のイカロスという2つの前例がある。

またNASAは2014年、一辺の長さが34メートルの世界最大のソーラーセール“サンジャマー”を、ソーラー推進宇宙船の可能性を探るために打ち上げる計画であった。使用される素材は新しい高分子化合物カプトン（右ページ写真）。しかし民間の打ち上げ受注企業が打ち上げの確実性に不安を示したため、計画は直前になって中止された。

②外惑星から温室効果物質を運び込む

小惑星に含まれる揮発性物質を推進剤（燃料）として用いる

⬆南極の棚氷で調査中の若い頃のマッケイ。彼は長年、南極やシベリア、砂漠地帯など生物にとっての極限環境でフィールドワークを行ってきた。　写真／NASA

ロケットによって、その小惑星の飛行軌道を変え、火星に衝突させることは可能である。

複数の太陽系惑星の重力アシスト、いわゆる“スウィングバイ”を利用すれば、1個の小惑星を火星との衝突軌道に向かわせることは不可能ではなく、その小惑星に設置したロケットの推力で秒速300メートル程度を余分に加速すればよい。

小惑星が大量のアンモニアを含んでいる場合には、その質量の10パーセント程度をロケット燃料として使用し、400秒の比推力（82ページコラム）を得ることができる。そこで、質量100億トンの小惑星を出力5000メガワットのロケットエンジン4基で10年間押し続ける。この方式で4個の小惑星を火星に衝突させれば、火星の温暖化が実現する。

もっともこれは別の研究者が提案したアイディアで、マッケイの基本姿勢である自然的手法とは相容れないようにも見える（小惑星の資源としての利用については216ページ記事参照）。

③火星で温暖化物質を生産する

マッケイらによれば、火星の

図1 火星の極冠の二酸化炭素放出による温室効果

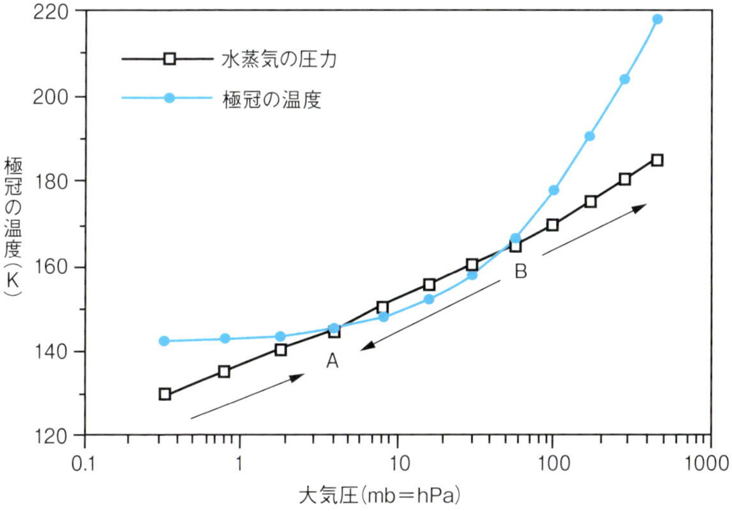

⬆火星の極冠の温度を気圧の関数として、また気圧を温度の関数として表したシミュレーション曲線。現在の極冠は平衡状態（点A）にある。温度が４度上昇して温度曲線が気圧曲線を上回ると“暴走温室効果”が起こり、極冠のドライアイスがすべて気化して二酸化炭素に変わることが示されている。

出典／R. Zubrin, C. McKay, Technological Requirements for Terraforming Mars（1993）

➡軽量で真空・極低温の宇宙環境に耐えるカプトン（ポリイミドフィルム）は、日本のソーラーセールの実証機であるイカロスやNASAの次世代宇宙望遠鏡ジェームズ・ウェッブ宇宙望遠鏡（写真）の太陽光遮蔽板にも使われている。　写真／NASA

地上で温暖化物質としてフロン類を製造する手法はもっとも現実的である。

これによって火星の大気環境を温暖化させるために必要なエネルギーは1000メガワット、必要な時間は50年のレベルと予想される。この方法による大気濃度と温度の急速な上昇は21世紀の技術によって達成でき、火星は原始の姿によく似た状態を取り戻すことができるであろう。

その段階では人間はまだ酸素マスク的な呼吸補助具を身に着

けねばならないが、宇宙飛行士が使用するような圧力服は不要となる。また地上の大気圧が高くなっているので、非常に巨大な膨張式の構造物を建てることによって広大な居住空間を生み出すことも可能となる。

地表の一定地域では1年のうちのある期間、外気温が水の凍結温度を上回るようになり、ある種の植物の成長が可能になる。植物が広い地域で成長するとそれは酸素を生成し、今度は動物たちがそこで生きられるようになる。ちなみにこの③に関してマッケイは、2005年と2007年にも新たな報告を行っている。

技術革新を求める動因

しかしこの段階までくると、火星テラフォーミングをいっそう加速させようとする人間の欲求が高まるであろう。いわばポストルネサンスの新たな技術革新を求める動因の高まりである。そして火星にはしだいに恒久的な居住空間が広がり、地球から多数の人間が移住し始める。

前述のマッケイとズーブリンのレポートで彼らはこの試算と予測を行った後、現在の人間側の視点にも触れている。つまり世界の大半の人々はまだ、火星の大気環境を地球のそれのように改変するなどという話はただのファンタジーか、はるか未来の技術的可能性でしかないと考えているだろうというのである。

そのうえで彼らは、「だがこれはそれほど悲観的な話なのだろうか」と問いかける。現在の火星はたしかに寒く乾燥しており、おそらく生命は存在しない。にもかかわらずそこには、生命にとって不可欠な水や、二酸化炭素の形での炭素と酸素があり、窒素も存在する。

物理的条件についても、表面重力（地球の38パーセント）や自転周期（地球とほぼ同じ約24.6時間）、自転軸の傾斜角（地球に近い25度）、太陽からの距離などのすべてが、地球のもつ条件からさして隔たってはいない。地表面積は約1億5000万平方キロメートルで地球の陸地面積とほぼ同一である。彼らはわれわれに、それでも火星テラフォーミングはおとぎ話と思うのかと問うているようなのである。●

Terraforming Mars : Part 6

パート6

惑星工学で実現する急速テラフォーミング

イラスト／NASA／JPL－Caltech

前章で見たおもに“自然的手法”による火星テラフォーミングは、作業の開始と進行に途方もなく長い年月がかかる。もっとスピーディーに、何世代もの人間が継続する必要のない手法はないのか？——その問いへの回答がここにある。

執筆／矢沢　潔、金子隆一

50年で火星を“第2の地球”にする

あまりにも長い時間がかかるテラフォーミングには現実性がない。
“急速テラフォーミング”こそが最良の回答である——

火星環境の“修復”についてまわる弱点

前記クリス・マッケイをはじめとする“正統派”の科学者たちは、なるべく工学的手法に頼らず、自然のフィードバック作用などを利用して無理のない火星テラフォーミングを実行することを考えている。

その背景には、火星テラフォーミングは惑星環境の“改造”ではなく、温暖であった過去を取り戻す“修復”だとする考え方がある。

しかしそうした手法には問題もついてまわる。テラフォーミングに途方もなく長い時間がかかるということだ。1000年あるいは1万年の時間がかかるような気の長いプロジェクトを、人間の側が文字通り世々代々、取り組み続ける動機や実行計画が

⬇テラフォーミングされた火星の想像図。地表の広大な地域が海に覆われ、中央左に見える全長4000キロメートルのマリネリス渓谷も水をたたえている。
イラスト / Daein Ballard

図1 火星の太陽光反射ミラーシステム

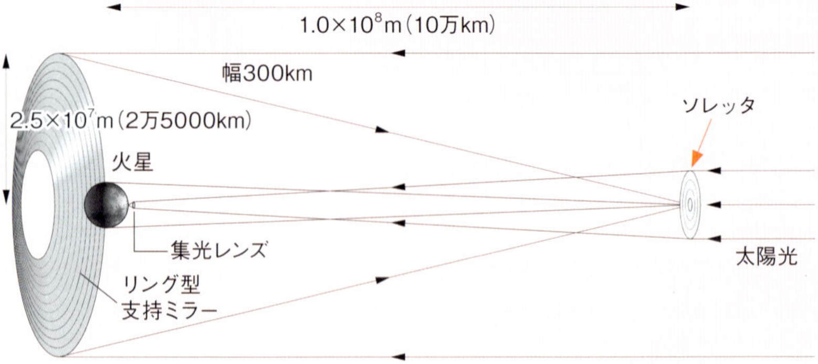

⬆バーチによる火星を暖めるミラーシステム。太陽光反射板ソレッタを第1ラグランジュ点の付近に設置し、反射された太陽光を火星上空のレンズでさらに集光する。

あり得るだろうかという疑問である。

たしかに前のパートでマッケイが述べたように、テラフォーミングがある程度進行して人間が火星に移住し始めれば、後は彼らおよび彼らの子孫(火星人?)に、それ以降の仕事を加速する動機が生まれるかもしれないが。

ともあれ、この疑問にはじめから答え直そうとするのが、イギリスのポール・バーチである。

バーチは1992年、BIS(イギリス惑星間協会)の会報(論文集)の特別号で"急速テラフォーミング"についての長大な論文を発表した。

彼はそこで、火星をすばやくテラフォーミングするかなり過激な方法を論じて人々を驚かせると同時に、地球をも含めた惑星環境の理解についての大きな示唆を与えることにもなった。後にさまざまな研究者が独自研究として発表し、多くの人々に知られるようになったいくつものアイディアを遡ると、しばしばポール・バーチにたどり着くのである。

バーチはこのとき、いくつかの際立ったアイディアを論じていた。彼はまず、ソーラーミラー(太陽光反射板)を用いて火星のレゴリス(表土)の一部を気化させ、その中に閉じ込められている揮発性物質(酸素、窒

図2 ソレッタの配置と光の通路

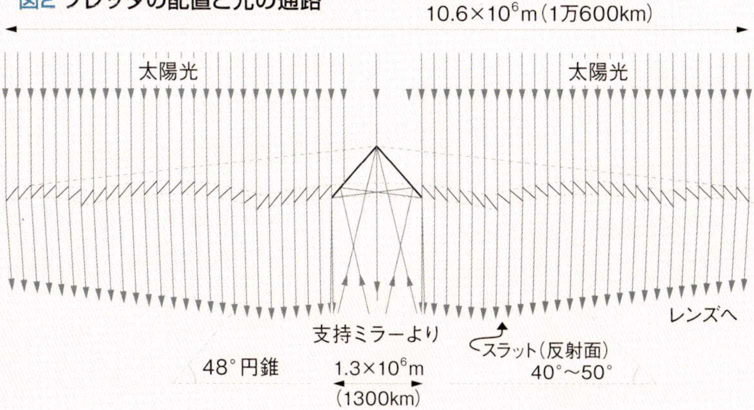

⬆ソレッタの構造断面。ソレッタは火星の反対側に設置された巨大な支持ミラーからの光圧により宇宙空間の一定位置で安定する。　図／細江道義　資料／Paul Birch, JBIS

素、二酸化炭素、水）を大気中に解放する方法を示した。その後に、火星に移植された植物の光合成によって呼吸可能な大気を生成させる。

また原理は似ているが構造の異なる太陽光反射板（ソレッタ＝soletta。図1、2）を用いることも提案している。まず地表を多数の核爆薬を使って掘削し、人工運河を建設する。次に運河の周囲を温暖にし、高地の砂漠にソレッタを用いて日照を当て、24時間半を周期とする昼と夜を維持する。

バーチは、こうした方法によって西暦2080年までに、つまり2030年頃に開始したとしてそれからわずか50年間で火星テラフォーミングが可能になるという（192ページ表1）。彼は、「テラフォーミングに要する費用と時間を小さくしながら、可能なかぎり迅速に居住型テラフォーミングを行い、その後より完全な惑星学的なテラフォーミングを実行すればよい」と述べている。

火星テラフォーミングの提案にはしばしば、極冠あるいは表土に閉じ込められた二酸化炭素と水（水蒸気）を大気中に解放する手法が取り上げられる。それらの提案はいずれも、二酸化炭素と水蒸気の大気に“温室効果の暴走”を引き起こさせれば、火星環境を人間の望む方向に転移させる“引き金”になることを期待している。

また地上に植物を持ち込んだりカーボンブラック（スス）を広く散布したりして、地表のアルベド（太陽光反射率。194ページ用語解説）を引き下げようというアイディアも出された。さらには、人工太陽、氷の小惑星の火星衝突なども提案されている。

だがバーチによればこれらのアイディアは楽観的にすぎるだけでなく、効率が低いために時間がかかりすぎる。たしかにそうした欠点のいくつかは後に修正されてはいるものの、依然として1000年単位の時間尺度で扱われることがあり、テラフォーミングの過程を維持するために人間が干渉し続ける必要を排除してはいない。

彼の見方では、テラフォーミングは比較的短期間のうちに、できれば作業寿命のうちに歳入を生み出すものでなくてはならない。そうでなくては経済的に成立せず、実行もできないからである。

スペースコロニーとの競合

バーチは他の多くの研究者が失念しているかもしれない問題も指摘している。それは、テラフォーミングの過程は、スペースコロニーに代表される大規模な宇宙基地（右ページイラスト）の建設と競合できるものでなくてはならないということだ。

もし、たとえば地球のラグランジュ点（図3）に壮大なスケー

表1 火星テラフォーミングのスケジュール

1年目	10年目	11年目
計画の立案、設計、調査の段階。最初の火星移住が行われ、ドーム型都市（197ページ）の建設が始まる。地中に調査孔が掘られる。この段階中に、自然状態の火星の科学調査を完了しなくてはならない。	テラフォーミング開始。地中には運河予定ルートに沿って地熱用パイプが埋め込まれる。また軌道上ではソレッタ、支持ミラー、それに空中集光レンズの建造が始まる。	拡大用ソレッタが展開され、集光レンズが軌道から大気中に落とされる。火星のレゴリスの気化作業と運河の掘削が始まる。火星のそれ以外の地域は約1.2L（L：ランバート。輝度単位）の明るさで四六時中、照らされる（光合成の効率を最大化するため赤外線／紫外線フィルターを使用する）。地下に埋設したパイプから地熱をとり出して利用できるようになる。

イラスト/NASA

⬆アメリカの物理学者ジェラルド・オニールが提案した古典的な円筒型スペースコロニー。宇宙に進出した人類の居住空間は、惑星表面だけではなく、ラグランジュ点に建造されるこうした巨大コロニー（植民島）となる可能性もある。

図3 太陽－地球のラグランジュ点

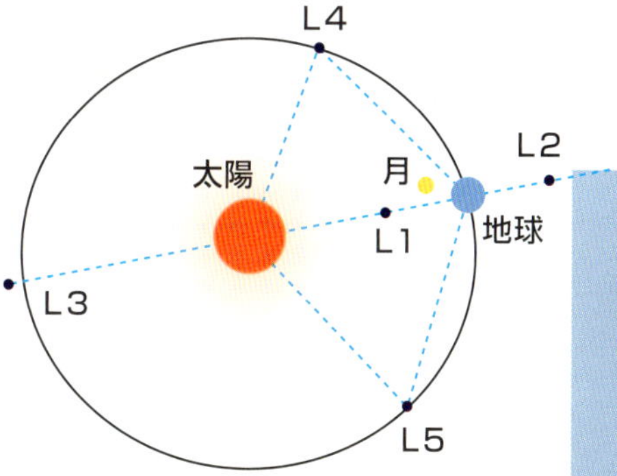

➡ある天体とその周囲を回る別の天体の重力が釣り合い、かつその場所における遠心力も釣り合っている点（L１～L５の５カ所）をラグランジュ点と呼ぶ。重力がすべて打ち消し合っているその場所におかれた物体の運動はきわめて安定（静止）する。そこでラグランジュ点は宇宙ステーションやスペースコロニー（上イラスト）の設置場所として最適となる。

12年目

選定された植物が地表に植えられる。以後60年近くにわたって、光合成によってCO_2から酸素の必要量の20パーセントが生み出される。レゴリスの溶融の継続によって大気の圧力と温度は上昇を続けている。

60年目

レゴリスの溶融が完了する。ソレッタに赤外線フィルターを取り付け、位置を後退させて焦点を合わせ直し、太陽光の実効入射量を約1.3 L にする。運河は水で満たされ、地上に露出したレゴリスは細かく砕けて表土を形成する。

70年目

大気はまだ薄い（330ミリバール）が、完全に呼吸可能となる。気候は地球の気候に似ている。植物に覆われた運河沿いの地域への移住が急増する。テラフォーミングの完了である。

ルの宇宙基地を建造するほうが惑星テラフォーミングより技術的、経済的にはるかに容易なら、人類はさしあたりそちらを選択するかもしれない。しかし、人類存続の危機を引き起こす大災害などにそなえようとするなら、それは惑星改造型のテラフォーミングに合理性をもたせることになる。

バーチは、テラフォーミングされた惑星は技術的な維持管理をしなくても殖民した人間の生命を何千〜何万年にわたって支えられる可能性があり、他方、宇宙空間につくられたスペースコロニー的な居住施設は、１年以内〜1000年程度と有限時間だけ人間の生命を支えることになるとしている。

彼は、人類文明が不可逆的に崩壊するのはまだかなり先であろうが、それでも人類の大半を収容できる予備的な居住空間として２、３の有望な惑星や衛星のテラフォーミングを考えることは賢明な選択だと考えている。

テラフォーミングを実行するには、いうまでもなく人類社会の十分な経済規模と高度な宇宙産業を必要とする。バーチは、火星テラフォーミングの着手の時期を21世紀中頃とし、必要な宇宙産業の総生産額（GSP：Gross Space Product）を年間最大１兆ポンドと計算している。

これは現在の邦貨で180兆円ほどで、世界総生産（GWP：2013年に約74兆ドル＝7400兆円）の50分の１程度である。彼は完全にテラフォーミングされた火星の"経済価値"も計算しているが、これは時代によって変動すると見なくてはならない。

ほかにも、人工重力発生型のスペースコロニーと経済価値を比較すると、重力の小さいことが火星の価値を減じる可能性があること、テラフォーミング後の火星は維持管理を必要とするだろうが、その費用はごくわずかですむであろうことなどについてもバーチは言及している。

用語解説 **アルベド（太陽光反射率）**：惑星などの表面が太陽光を反射する割合。たとえば地球の新雪や厚い雲は太陽からの入射エネルギーのほとんどを宇宙空間に反射し、草地や森林は大部分を吸収する。地球のアルベドは平均約30パーセント（アルベド0.3）、金星のそれは70パーセント以上、大気の希薄な火星は16パーセントである。

"急速テラフォーミング"の3要件

火星の低重力の問題

バーチの急速テラフォーミング構想では、まず次の3つの要件が実行される必要がある。

①火星の大気を最大17度C（絶対温度290K）まで暖める。

②最大240ミリバール（240ヘクトパスカル）の呼吸可能な大気を追加して大気圧を高める。

③地下水と海を生み出せる量の水を補給する。

火星はもともと1日が24時間37分23秒という人間にとってきわめて好都合な自転周期をもっている。これは地球の自転周期より3パーセント長いだけである。また自転軸の傾斜角は25度ほどと地球のそれとほぼ同じである。

したがって火星の1日の時間帯は地球とほとんど変わらない。地球の24時間式の時計でも、深夜0時～0時39分の"中間深夜時間"を追加すれば火星で使用可能なので、グリニッジ標準時を採用することができる。

懸念されるのは、火星の重力（左下用語解説）が地球のそれの38パーセントしかなく、火星植民地が人間の恒久的な居住に適するかどうかがはっきりしないことだ。植民者がひとたびこの低重力環境に慣れてしまうと、大きな加速Gや地球の重力への生理学的な再適応力が著しく困難になる可能性がある。火星で数年間過ごした後には、地球や宇宙空間の居住施設に容易には戻れないかもしれない。

そこでバーチは、火星居住者は火星軌道上につくった人工重力1Gのスペースコロニーと火

用語解説 **火星の重力**：火星の直径は地球の半分以上（6800キロメートル）あるが質量は10分の1。そのため表面重力は地球の38パーセントしかない。体重70キログラムの人は火星では27キログラムとなる。この小さな重力が火星と地球の違いを生み出す主因となっている。

星の地上との間を季節ごとに往来する、あるいは火星の地上で1Gの重力を発生させる施設を用意することも検討すべきだとしている(図4)。

火星テラフォーミングに求められる種々の要件を満たすには多様な技術が考えられるので、これらを統合すれば1つのシナリオをつくり上げることができる。こうして生み出される世界は、低地の運河や高地の砂漠に囲まれ、サイエンスフィクションでおなじみの火星の光景とよく似たものになるだろう。

火星を暖める方法

さて、第1の要件である「火星を暖める方法」は2つに大別できる。ひとつは火星の大気環境(気候)を修正するものであり、いまひとつは地表に到達する太陽エネルギーを強めるものである。

火星を暖める方法としてこれまでにさまざまな提案が行われてきた。たとえば火星のアルベド(太陽光反射率)を引き下げる、最大の小惑星セレス(おもに氷からなる)や彗星を火星に衝突させる、フロンなどの人工的温室効果ガスを大気中に放出するなどである。

しかしバーチは、一般的に言うならこれらの手法はどれも不確実性が高く、不適切で、さらに費用がかかりすぎるという。にもかかわらず、その効果が実質的に得られるまでには長い時間がかかる。彼がそう考える最大の理由は、火星に到達する太陽エネルギーの密度が地球の場合の43パーセントでしかないことにある。この程度のエネルギー密度では、氷河作用の暴走は避けられたとしても、地球のような環境を生み出しかつ維持していけるとは考えにくいという。

彼の考えでは、もっとも妥当な方法は巨大な太陽光反射ミラー“ソレッタ”を宇宙空間(火星−太陽間の第1ラグランジュ点)に設置するというものだ(190〜191ページ図1、2参照)。これによって太陽光を火星の地表へと反射させる。

この手法については、すでに前出のクリス・マッケイとロバート・ズーブリンも検討しており(パート5)、ズーブリンはソレ

図4 人工重力を生み出す構造物

⬇バーチの考える火星のドーム型都市。半径1キロメートルのドームは液体または磁力式ベアリングで支えられ、建造物はドーム下方に配置される。ドームは毎分1回転で1Gの遠心力（人工重力）を生み出すので、地球上と同じ重力環境での日常活動が可能となる。これはテラフォーミングの実行を待たずに開始できる。

図/細江道義　資料/Paul Birch

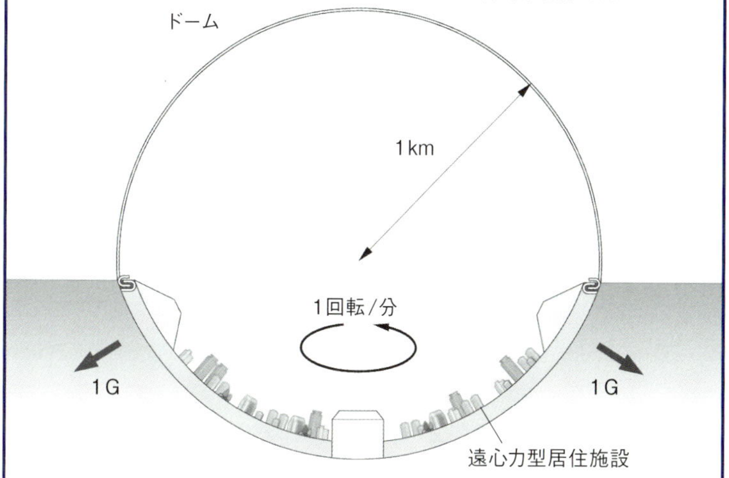

ッタの総重量を20万トンと計算している。また別の研究者は、ソレッタの原材料を月面や火星の衛星フォボスとダイモス（199ページコラム）、あるいは小惑星で採取して火星の周回軌道上で建造を行うなど、さまざまな追加的提案を行っている。

ソレッタの構造材として名前があがっているアルミニウムの薄膜やマイラー（商品名。強化ポリエステル）は1平方メートルあたり0.3グラム程度ときわめて薄くかつ軽量な素材である。

バーチの計算では、このソレッタによって火星の地表に地球上と同じ強さの太陽放射エネルギーを届けるには、その面積は約9000万平方キロメートル（アフリカ大陸の3倍）、質量は3000

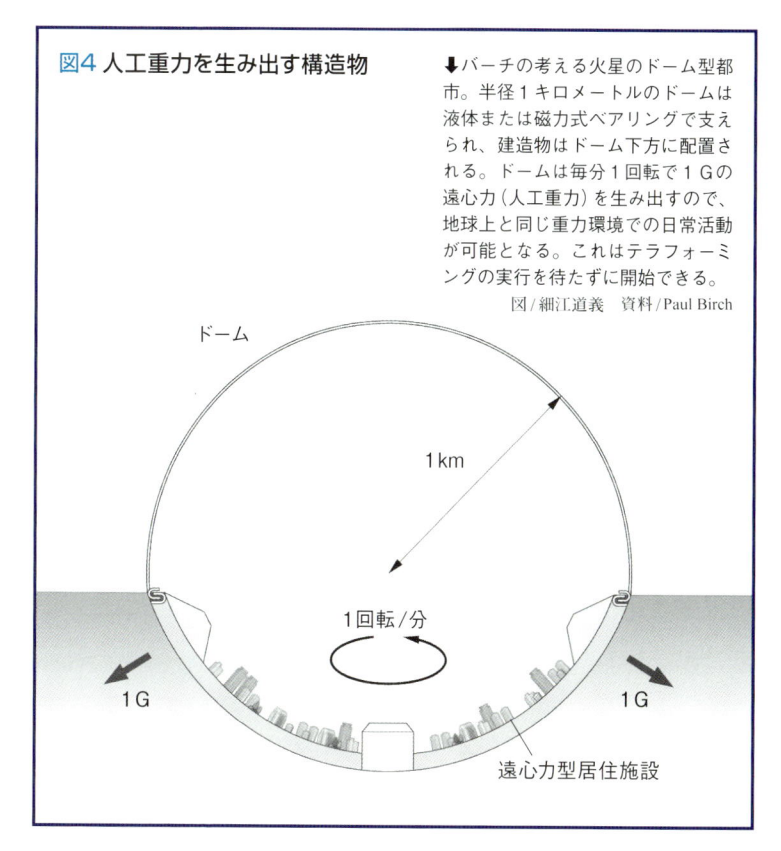

万トンとなる。これはズーブリンの提案を何桁も上回っていて非現実的にも思えるが、バーチはズーブリンよりはるかに大規模かつ短期間に目的を達成しようとしている。

温室効果は、大気の“スケールハイト”が高いとそれだけ増幅される。惑星の大気は、その惑星の重力場の中で大気自身の重さによって圧縮されているので、地表面の大気圧が最大となる(地球の海面の大気圧＝1気圧)。

大気の圧縮の度合いは高度が高くなるにつれて急速に低下する。そこで、ある惑星の大気の密度を高度にかかわらず地表と同一にしたときに得られる仮想的な“大気の厚さ”をスケールハイトと呼んでいる(272ページコラムも参照)。

現在の地球大気のスケールハイトは約8キロメートル、表面重力が地球の38パーセントしかない火星のそれは約11キロメートルとされている。ただしこの高さは大気の温度によって変化し、同量の大気でも温度が高いほどスケールハイトは高くなる。

この効果を踏まえると、火星への太陽エネルギーの入射量をほんの30パーセント増やすだけで、火星大気は地球大気と同じ条件を維持できるとバーチは予測している。

不十分な温暖化

バーチの計算では、ソレッタを十分に巨大にすれば火星の表面温度は急速に17度Cまで上昇する。だが熱伝導率がはるかに低く熱容量がはるかに大きいレゴリス(表土)の内部は、この温度上昇にはついてこない。

レゴリスに含まれる揮発性物質のうちの必要量を解放させるには探さ3000メートルくらいまで暖めねばならず、前記の方法ではまったく不可能である。また単に暖めるだけで二酸化炭素の大量放出が起こるかどうかも定かではない。二酸化炭素の大半は炭酸塩岩石の中で化学結合していると見られるからだ。

つまりここでの結論は、火星を単に許容可能な時間にわたって暖めるだけでは、十分な揮発性物質を解放して呼吸可能な大気に変えることはできないということになる。

PLUS DATA 火星の2つの月、フォボスとダイモス

火星の周回軌道には、太古から2つの巨大な自然物が存在する。火星の月（衛星）であるフォボスとダイモスである。

大きいほうのフォボスは直径22キロメートルあまりで、火星表面からわずか9200～9500キロメートルの軌道を1周約7時間半で周回（公転）している。他方、質量がフォボスの7分の1ほどと小さいダイモスは、火星の地上約2万3000キロメートルを1周30.5時間で周回している。

これらの衛星をつくっている岩石組成はある種の小惑星のそれによく似ている。そのためこの2つは、もともと小惑星だったものがもとの軌道から外れて火星の重力圏にとらえられたなどと推測されている。しかし他にもさまざまな仮説があるので真相は不明である。

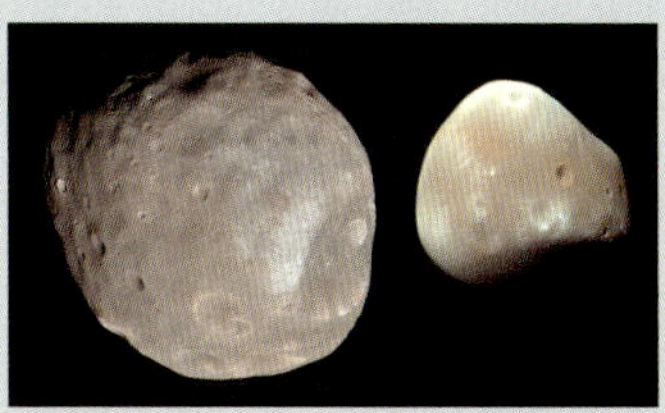

⬆フォボス（左）とダイモス。写真/NASA

フォボスとダイモスは、将来人類が地球と火星との間を往来するときの“飛び石”、つまり中継所の役割を果たすかもしれない。地球から火星に到達した宇宙船はいちどフォボスないしダイモスにつくられた基地に着陸し、そこから別の着陸船で火星の地上に降りるという方法が考えられる。

ただしフォボスの軌道はじりじりと下がっており、5000万年後くらいには火星に落下すると計算されている（地球の月は逆に地球からわずかずつ遠ざかっている）。

	フォボス	ダイモス
発見年（発見者）	1877年（アサフ・ホール）	1877年（アサフ・ホール）
平均半径（衛星の形）	11.1km（じゃがいも型）	6.2km（3軸型）
質　量	1.0659×10^{16} kg	1.4762×10^{15} kg
表面重力	0.0057 m/s^2	0.003 m/s^2
火星を回る軌道	近点：9234km 遠点：9518km	近点：2万3453km 遠点：2万3463km
公転周期	0.3189地球日	1.2624地球日

資料／NASA

火星のレゴリスを気化させて大気をつくる

レゴリスを溶融させる

ではポール・バーチは、どうすれば火星のレゴリス（右ページ写真）から現実的な時間尺度で揮発性物質を大気中に放出できるというのか。

彼は、レゴリスは、たとえ17度Cまで暖まってもその化学組成が大きく変化することはないと言う。この温度でも永久凍土は融け、そこに吸収されている二酸化炭素のごく一部は解放されるかもしれない。温度がさらに上昇すれば、閉じ込められていた二酸化炭素と水蒸気はいっそう解放されるだろう。しかしそれでも、化学結合した揮発性物質は何の影響も受けない。

そこで別の手法の登場である。レゴリスの温度を1000K（727度C）以上に加熱するというものだ。

この温度になるとレゴリスは融け始める。するとその組成はおもにケイ酸塩となり、炭酸塩鉱物が分解して二酸化炭素と水蒸気を放出する。このとき硝酸塩と水酸化物も分解され、結晶体の中の水が放出される。

しかし融けた鉱物の熱伝導性が低いため、レゴリス上層の深さ数メートル以上の液化にはかなり長い期間が必要となろう。

気化を加速させるために新しい岩石を大気中に露出させるには、（パート7でマーティン・フォッグが提案するように）核爆薬の使用を考えることになるかもしれない。だがバーチはもっと直接的な手段を提案する。上層の岩石を単純に気化させて取り除き、その下の新しい岩石層をむき出しにするというものだ。

ふつうの岩石成分の大半は1700度C前後で液状となり、2700～3700度Cで気化する。この温度では溶融物はおもに酸化物か

⬆地球の乾燥地帯によく似た砂礫《されき》や岩が転がる火星の地表風景。こうした地表の下に広がるレゴリスからどうすれば揮発性物質を解放させられるか？

画像/NASA/JPL−Caltech/Univ.of Arizona/Texas A&M Univ.

らなり、一部が熱分解によって金属と半金属（おもに鉄とケイ素）となって酸素を放出する。

レゴリスを気化させるには、3700度C前後の温度と1キログラムあたり約10メガジュール（MJ＝100万ジュール）の熱エネルギーが必要になる。これらよりも融解温度の高い元素――イリジウム、モリブデン、プラチナ、トリウム、タングステン、ウランなど――は融けずに残るだろうが、これらは比重が大きいので溶融物の底に沈むだろう。それに、これらの元素の存在量は多くない。

バーチはこうした問題をかなりくわしく論じている。そのうえで彼は、十分な量のレゴリスを現実的な時間内に気化させる方法を説明する。彼の手法は、強力な熱ビーム（熱線）を地上に照射するというものだ。

計算によると、現在の火星の地表に届いている太陽放射エネルギーの2.4倍、すなわち１平方メートルあたり360ワット（W）——これは火星が地球と同じ公転軌道に移動したなら受け取るであろうエネルギー強度——を投入すれば、１年間に約８万立方キロメートルのレゴリスを気化させることができる。これは１平方メートルあたり年間約１トンに相当する。

風車型ソーラーセールでレゴリスを気化

この熱ビームを生み出す方法はいろいろ考えられるが、バーチはまず以下に見るようなソーラーセール型の反射ミラーによる集光方式を提案している。

太陽を公転するこの巨大なソーラーセールは風車のような構造をもち、太陽光を集めて超高エネルギーの光ビームを生み出すことができる。この細く絞り込まれたビームを火星の地表に照射すれば、数千度の高温を達成することも不可能ではない。

その原理は、太陽光を虫メガネ（凸レンズ）で焦点に集めると可燃物に簡単に火がつくしくみと同じである。

バーチの計算では、この方法で1000兆キロワットの出力を得るためのコストは約200ギガポンド（2000億ポンド、35兆円程度）。これは必要以上の能力ではあるが、彼はその理由を、これより小規模にしてもコストが著しく下がるわけではないためと述べている。

ちなみにこのソーラーセール風車を別の目的、たとえば惑星間宇宙船の推進力として用いると、50兆キロワットの出力を得るにはわずか10ギガポンド（100億ポンド、１兆8000億円）でよいことになる。この手法は費用対効果が高いというのである。

太陽光反射ミラーによる集光の原理

先ほど見たような、太陽光を凸レンズ（ないし凹面反射ミラー）でせまい範囲に集める集光の原理は、高熱を得るもっとも簡単な方法として古代ギリシアのアルキメデスの時代から知られていた。

図5 空中集光レンズ

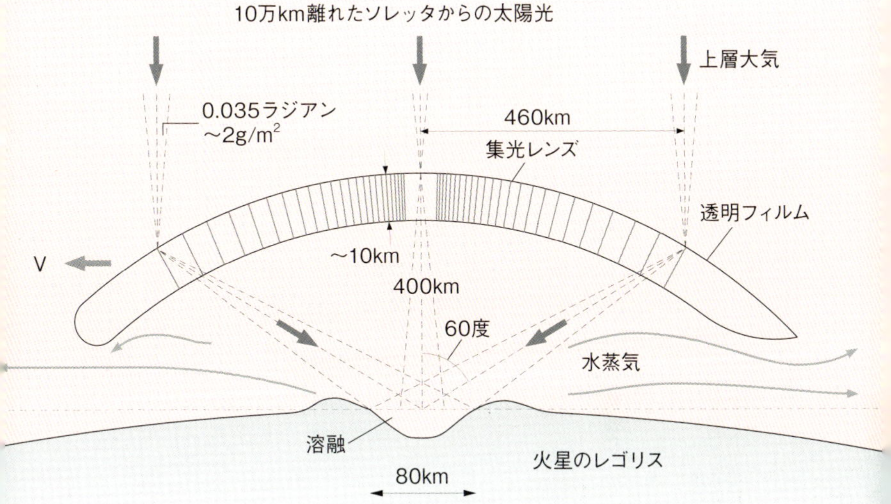

⬆この空中集光レンズは通常、運河の断面に対して90度の方角に運動する。

図/細江道義　資料/Paul Birch

そこでこれを惑星スケールに拡張し、太陽エネルギー増幅型のソレッタと集光レンズを火星の上空に建造すれば(190ページ図1、2および図5)、火星のレゴリスを気化させることができそうである。

ついでながらソレッタには、テラフォーミング後の地上を照らし出す“半人工太陽”にもなる多用途性がある。

この方法では、まずソレッタを火星と太陽の間の、火星から10万キロメートルの宇宙空間に設置し、火星の反対側の宇宙空間に設置したリング状の支持ミラーからの反射光でその位置を安定させる。

両面が反射ミラーとなっているソーラーセール用素材でつくられるソレッタは、底角が48度の円錐体と、その外側に40～50度の傾きであたかもコスモスの花弁のように放射状に配置された一連のスラット（長方形の薄板）から構成されている。スラットの枚数はここではさして問題ではない。

ソレッタに当たる太陽光がどんな効率で反射し、支持ミラーがどれほどの力でソレッタに生じる推力を押し返すことができるかなどについてバーチの計算は詳細を極めている。彼は、こうした複雑なシステムによって、宇宙空間に巨大なソレッタを安定的、恒久的に設置できるというのである。

火星の安定軌道上に設置される支持ミラーは、リングの半径が２万5000キロメートルと火星の直径（6779キロメートル）よりはるかに大きく、幅は300キロメートルである。その反射面は約17.5度の傾斜角で太陽光の光圧によって押し返されている。リングの軌道面は１火星年（下用語解説）、つまり687地球日ごとに歳差運動（首振り運動）を行う。

太陽－火星間の距離は、近日点の２億700万キロメートルから遠日点の２億4900万キロメートルの間で変化する。これにつれて火星表面に届く太陽放射のフラックス（光の強さ）、見かけの大きさ、それに光圧も変化する。

したがって、これに合わせてソレッタの位置も９万1000キロメートル（近日点）と10万9000キロメートル（遠日点）の間で移動させ、火星の地表につねに焦点が合うようにしなければならない。

ソレッタと支持ミラーを含む反射ミラーの総面積は約１億7000万平方キロメートルと火星の地表面積より広く、総質量は約5000万トン、建造費は１キログラムあたり１英ポンド（2015年初頭時点で180円前後）としているので、邦貨換算で８兆円あまりである。もし円錐の内部に赤外フィルターをつけ加え、またリング型支持ミラーのサイズをさらに大きくしてテラフォーミング期間中の植物の光合成を加速したい場合には、建造費は30パーセントくらい増えるかもしれないという。

風船状のレンズで太陽光の焦点を絞る

ソレッタによって集められた太陽光は、火星の地上400キロメートルほどに設置されるレン

用語解説　１火星年：火星の公転周期は687日で、１火星年は１地球年の約２倍である。なお火星の１日（＝１ソル）は地球の１日とほぼ同じ24時間39分35秒。

ズによってさらに焦点合わせを行わねばならない(図5)。この高度は火星の大気最上層にあたるので、ここで用いられるのは周回軌道ミラーではなく風船のような構造の“空中集光レンズ”である。

ケイ素を原材料とするフィルムでつくられたこのレンズは、部分的には空力的にも支えられるであろうが、むしろわずかに内圧をかけた暖かい空気の浮力によってその位置に留まることになろう。集光レンズは1平方メートルあたり2グラムしかないので(総質量は約150万トン)、大気がごく希薄な火星の高々度でも浮かぶことができる。

ただしこれを地上で組み立てて浮き上がらせようとしても、このレンズは構造的に弱いので不可能である。そこで、宇宙空間でソーラーセール技術を用いて組み立て、大気中に降ろすことになろう。

バーチは、この巨大な集光レンズの空力的、重力的な強度は安全係数20の範囲に抑えることができ、縦横のゆれや回転運動、乱流による波立ち現象などにも十分に耐えられるとしている。

集光レンズの形は半径800キロメートルのボールか風船の一部と考えればよく、中心の頂点から辺縁までの高さは約50キロメートルとなる。この内部にリング状に並んだ長方形の反射ミラー(スラット)は、ソレッタから送られた太陽光を地表の標的地域に向けて集光する。

ソレッタが反射する光の直径はこのレンズの直径の3分の2しかないので、ソレッタは集光レンズの下側約3000キロメートルに焦点を結ぶようにするか、またはソレッタの設置位置を半分ほど遠ざける。

もしソレッタの位置がレンズの真上に来ないときは、太陽光反射板(スラット)の角度を調整する必要がある。

ではこの状態でどれほどの集熱効果を期待できるだろうか。計算では、もしレゴリスの平均溶融温度が3500K(約3200度C)とすると、全体の熱効率は約66パーセント、地表の照射範囲は直径約30キロメートル、周辺を含めれば80キロメートルとなる。

集光レンズが火星の自転とペ

ースを合わせてつねに太陽側に来るようにするには、このレンズは秒速約270メートルで飛行しなくてはならないが、それに必要な駆動力はごくわずかである。

集光レンズが移動するにつれて、地上のレゴリスには深さ10キロメートルほどの“渓谷”が掘られる。光のビームが秒速270メートルで通過する約330秒の間に、レゴリスは約16センチメートルほど気化される。

このとき光のビームの縁では揮発性物質だけが大気中に逃げ出し、残りの鉱物は渓谷の中心側に向かって滑り落ちる。こうしたプロセスが毎日くり返されることになる。

酵素、窒素、二酸化炭素、水蒸気などの揮発性物質は空中集光レンズの下から外側に流れ出ていく。ついで水蒸気は雨となって地上に降り、大気中に残っているチリや有毒な酸化物の大半を除去する。

水蒸気に含まれる非揮発性の物質は急速に再凝縮し、溶融物質の両側にガラスと金属の“丘”をつくり出す。その結果、非揮発性物質は揮発性物質と再結合することができなくなる。

こうしてできた丘は雨水と地表水に対する土手となり、地表の水が渓谷（運河）に流入するのを防ぐ。テラフォーミングの期間を通して、これは高地を湿地状態に保ち、同時に溶融物質から熱が余分に奪われるのを防ぐことになる。

この集光レンズは、ソレッタを抜きにして単独でも使用できる。その場合、このレンズは直径約3キロメートルほどの細いビームを生み出して、丘に起伏をつけたり溝を掘って細い川を掘ったりすることができよう。

こうしてレゴリスの溶融が進む間も、その地域から100キロメートル以上離れた地域にいる火星植民者たちは、それまでどおりに居住を続けられるだろう。しかし溶融地域にもっと近い人人は、ドーム型居住施設に入っていれば生きられはするが、あまりに近いと融けて固まりかけたレゴリスが頭上に降り注いだり、その下敷きになったりするかもしれない――バーチはこう警告している。

MORE INFO 太陽光反射ミラーのパイオニア クラフト・エーリケ

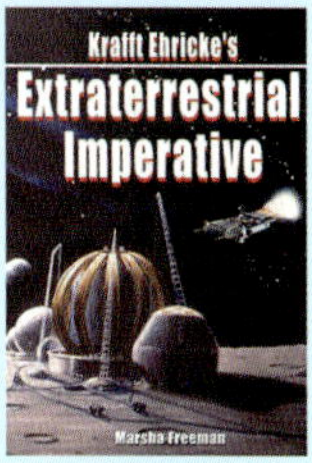

➡エーリケの宇宙技術文明の発想と伝記をまとめたマーシャ・フリーマンの2009年の著作。

クラフト・エーリケ博士は第二次世界大戦後、アメリカの“ロケットの父”と呼ばれたフォン・ブラウンらとともにドイツからアメリカに移住した科学者・ロケット工学者のひとりである。

ナチスドイツのロケット開発時代に始まり、彼のロケット工学への貢献はきわめて大きく、アメリカの世界最初の液体燃料による上段ロケット“セントール”を生み出したのも彼である。

エーリケは同時に人類文明の積極的な未来を大胆に予測し、宇宙ステーションのアイディア、月面に“第7の大陸”または“セレノポリス”と呼ばれる人工都市を5段階プロセスで建設する手法、地球−火星間の往復フェリー構想などさまざまな思考実験的研究を行った。本書にたびたび登場する巨大な太陽光反射ミラー“ソレッタ”の最初の提案者・命名者もエーリケである。

ちなみに筆者は1984年にサンディエゴの彼の自宅を訪ねたが、そのときすでに白血病を発症しており、数カ月後に死去した。67歳であった。1997年にアメリカは、その宇宙開発への貢献を称えるため、彼の遺灰の一部を地球周回軌道へと葬った。彼の著書「The Mars Project(火星計画)」はフォン・ブラウンとの共著である。

⬅ドイツ出身のクラフト・エーリケ博士は第二次大戦後フォン・ブラウンらとともにアメリカに渡り、現在のNASAのロケット技術の黎明期を開拓したひとりとなった。

写真/21st Century magazine

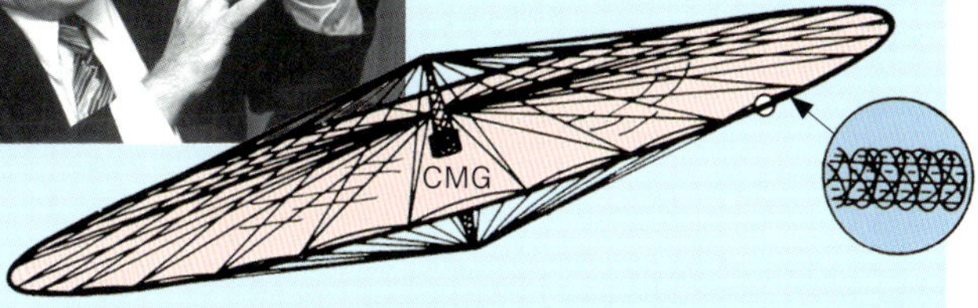

⬆クラフト・エーリケによる太陽光反射ミラーの初期のスケッチ。このアイディアは火星テラフォーミングだけでなく地球の環境コントロールにも応用することができる。

資料/NASA

レゴリスが融けた火星

放出される揮発性物質

火星の表土（レゴリス）が溶融すれば、内部に閉じ込められていた水と二酸化炭素、窒素、それに酸素は大気中に解放されるだろう。それはまた運河と渓谷をなし、その中を流水が満たして流れ下ることになる（右ページイラスト）。

だが火星は、実際に大量の解放水の存在を許すほど温度を上昇させるだろうか？　大気は、二酸化炭素が再吸収されるか光合成によって酸素に変えられるのを待たずとも、人間が呼吸できる濃度になるだろうか？

あるいはまた生命物質が、地球上の森林火災や大規模な野火を思わせるような制御不能の燃焼にさらされることを妨げるだけの窒素は生じるだろうか？　そして、人工的に生み出された運河は火星の気候にどの程度の影響を与えることができるのか？

ここでは、火星テラフォーミングによって大気中に放出される揮発性物質（左下用語解説）が妥当なものかどうか、また新しく誕生した火星環境がどのようなものになるのかなどを、いくつかの観点からポール・バーチの考察をもとに描き出してみることにする。

用語解説　**揮発性物質**：惑星科学でいう揮発性物質とは、地殻や大気に含まれる化学元素や化合物のうち沸点の低いものを指す。たとえば二酸化炭素、窒素、水、アンモニア、水素、メタン、二酸化硫黄などである。他方、沸点の高いものは難揮発性物質と呼ぶ。

呼吸に必要な酸素

火星で呼吸可能な大気をつくり出すには、約240ミリバール（ヘクトパスカル）の酸素分子が必要である。もし前項で見たような方法で酸化物または硝酸塩を含むレゴリスを熱分解することによって十分な量の酸素が大気中に解放されるなら、溶融作業が終わった後には大気は呼吸可能となるだろう。

ただし、大気中の余剰の二酸

⬆火星の長大なマリネリス渓谷の上流側から膨大な量の水が洪水となって流れ下る。レゴリスが融け出して内部に閉じ込められていた水や二酸化炭素が解放されると、地上の低地はふたたび流水に覆われ始めるだろう。　イラスト/長谷川正治/矢沢サイエンスオフィス

化炭素が降雨によって洗い流され、海底に炭酸塩鉱物としてふたたび堆積するまでには、相当の時間がかかると考えなくてはならない。

レゴリスの気化によって240ミリバール相当の自由酸素が解放されるかどうかは定かではない。もしその量が不十分なら、不足分は地球から運び込んだ植物が火星大気中の二酸化炭素を利用して行う光合成によって補わねばならない。

地球上ではある種の穀物は、最適の生育条件の畑では1日に1平方メートルあたり50グラムの割合で生育（炭素を固定）する。火星では日射量は少ないが、その分は十分な二酸化炭素によって補われるので、これとほぼ同程度の固定が行われると期待できる。

これをもとに計算すると、330ミリバール（ヘクトパスカル）の

二酸化炭素が240ミリバールの酸素に置き換わるまでには約140年かかることになる。

日射量は、赤外線フィルターと紫外線フィルターを用いれば、過剰な温度上昇を招くことなく増強させることができる。これによって光合成の効率は2倍以上になるだろう。

また、植物の生育による酸素の再消費は、余分な日照を別のリング型反射ミラーで火星の裏側に1日24時間反射させることによって抑制することができる。

光合成は、アシ類の畑、藻類の池、それに天蓋つきの農場つまり巨大な温室の中では非常に高い効率で進行するだろうが、単なる草原のような開放地域でこれだけの生産性を達成することは容易ではないだろう。

しかしながらテラフォーミングは工学的プロセスであり、地球の生命圏における自然的作用とは著しく異なっている。したがって地球上における生産性をそのまま火星に当てはめることは根本的な誤りであり、これよりはるかに大きな生産性を見込めるはずである。

⬆火星の地中に存在する水または氷のイメージ。
イラスト/Medialab, ESA 2001

ここでは二酸化炭素、表面水、窒素その他の栄養素が豊富なため、広域にわたる富栄養化状態の湖が出現する。また生存競争の相手となる動物や害虫、有機栄養化生物などが存在せず、気象がコントロールされ、さらにもっとも生産性の高い人工変種や自然種のみが使用される。

そのためバーチは、テラフォーミング後には、効率を控えめに見ても60年間で最大66ミリバールの二酸化炭素が光合成に利用されると予測している。

大気中と地上の水の存在

テラフォーミングされた後の火星では、大気は水深30センチメートルに相当する水蒸気を含むことになる。地球や金星の３倍に達するが、これは火星の重力が小さく、スケールハイト(272ページ)が高いためだ。この水蒸気は極冠から容易に供給することができる。

川および浅い湖と同時に地下水を安定的に維持するには、おそらく水深約10メートル相当の水を供給する必要がある。これ以上の水を供給できれば、広い地域を深度の大きな開放水で満たすことができよう。

しかしテラフォーミングを実行する惑星工学の技術者たちはおそらく、深さ100メートル以上の水は望まないだろう。火星で地球の海洋のような海をつくることは無意味だからである。

現在の火星にどのくらいの量の水があるのかはよくわかっていない。しかしレゴリスの中には水深にして最大1000メートルに相当するほどの、また極冠には15メートルに相当するほどの水が含まれている可能性がある(左ページイラスト)。他方、大気中の水蒸気の量は無視できる程度である。

極冠の水は暖めさえすれば問題なく解放させることができる。また深さ10メートル程度に相当する水は、レゴリス上層部の永久凍土から100年以内に抽出できるだろう。これ以上の水は、おもに呼吸可能な大気を生み出すためのレゴリスの溶融作業の過程で解放されるだろう。これによって解放される深さ10メートル相当の水は、主だった渓谷を幅30キロメートル以上、深さ

500〜1000メートルまで満たすことができよう。

また、もし砂の堆積層の下に初期の火星の水がいまも凍結湖を形成しているとすれば、表面の地層を通してそれらを沸騰させることにより、地上に解放することができるだろう。

他の天体から水を運び込む

バーチはしかし、こうした推測が大きく間違っている場合についても検討しており、その場合は他の水供給源を考えるというのである。

そのひとつとして外惑星——たとえば木星——から水素を運び込んで水をつくるとすると、そのコストは1立方メートルあたり5ペンス（10円）ほどとなるが、これで火星に海をつくるにはおそらく高くつきすぎる。外惑星の衛星から軌道リング（天体からその周回軌道に達する超伝導利用方式のスペースエレベーターの一種で、原理は19〜20世紀中頃のアメリカの発明家ニコラ・テスラによる。バーチはもっとも詳細な研究者のひとり）を使って水を運び込んでもコストは同程度と、別の研究者によって推定されている。

よく有力な水の供給源とされるのが、土星の第7衛星ハイペリオン（右ページ写真）である。いびつな格好のハイペリオンは大半が水の氷と見られており、火星に深さ100メートル相当の水とおそらく100ミリバールの窒素ガスを提供できる。

この衛星を利用する場合は、スチームロケットで火星軌道に向かわせ、秒速6キロメートルという遅い速度で衝突させることになる。これによって火星の大気は約4バール（4000ヘクトパスカル）の水蒸気をもつようになり、約150度Cで凝結し始める。降雨量100メートルとなって地上に降るには4〜5年かかるが、その間の火星の気候は快適さからは程遠いものになるだろう。

ハイペリオンの衝突の影響を緩和する方法もなくはない。そのひとつは、この衛星を宇宙空間でいくつかに分割し、その2つずつを火星の上空で343日ごとに衝突させるというものだ。そのときの副作用と、それをなるべく低コストで回避する案も

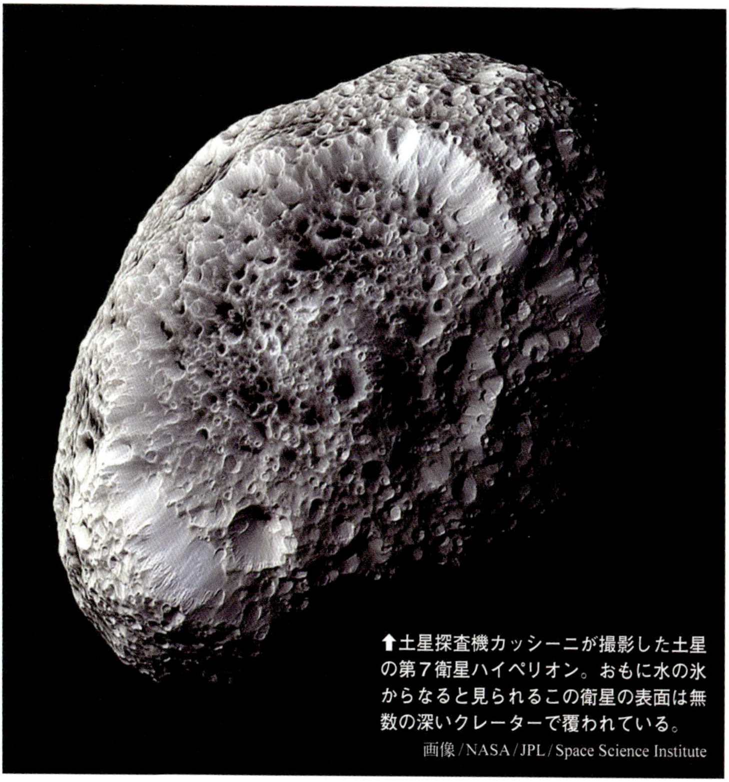

⬆土星探査機カッシーニが撮影した土星の第７衛星ハイペリオン。おもに水の氷からなると見られるこの衛星の表面は無数の深いクレーターで覆われている。
画像/NASA/JPL/Space Science Institute

検討されている。

テラフォーミング後の火星の水

こうして、火星の高地や融け始めた極冠からは水が流れ出して運河や渓谷へと流入し、それらは広大な湖やゆるやかな滝を通り、主たる運河を1000メートルもの深さに満たしながら海へと流れ込んでいく。深さ10メートル相当の水を飲み込んだ海は火星表面の約２パーセントを覆うだろう。

また湖は衝突クレーターの内部にも生まれ、低地には運河とつながったり途中で水流が途切れたりした浅海が広がる。山々や極地には氷河か雪原が形成され、いたるところを大小の川が流れるようになる――

こうしてしだいにテラフォーミングが終了に向かったとき、火星の地表にはどのような世界が出現するのだろうか？

竹内薫の Point of View 8

火星ではゴミを出さないようにしよう

宇宙のゴミのお話

⬅地球の周回軌道には文字通り無数の"宇宙ゴミ(スペースデブリ)"が飛び回っている。　イラスト/NASA

地球の周りは宇宙ゴミがウジャウジャ飛んでいる。ゴミの数は年々増加する傾向にあるため、火星に向けて打ち上げられたロケットや探査船がゴミと衝突して壊れる可能性もある。

宇宙ゴミは、旧ソ連がスプートニクを打ち上げた1957年まではゼロだったが、人類が宇宙に一歩を踏み出して以来、4000回、ロケットが打ち上げられ、宇宙に"不法投棄"されたゴミは4500トンにのぼる。単純計算で、1回の打ち上げごとに1トン以上のゴミが宇宙空間に放出された計算だ。1トンですよ、1トン(汗)

たとえば高度3万6000キロメートルの静止軌道では、人工衛星が地表に対して静止している。だから、そこら辺のゴミも静止している…と思うのは早計だ。静止軌道衛星が地表に対して静止しているのは、地球の自転に合わせて赤道上空を飛んでいるからだ。でも、高度3万6000キロメートルにあるゴミは赤道上空を飛んでいるとは限らない。北極から南極を股にかけて飛んでいたら、静止軌道衛星と直角に衝突する恐れだってある。その場合、横から秒速3キロメートルという猛スピードでぶつかることになるから、衛星が大破する可能性もある。

秒速数キロメートルというと、ようするに弾丸くらいのスピードで飛んでいることになるから、人工衛星だけでなく、船外活動をする宇宙飛

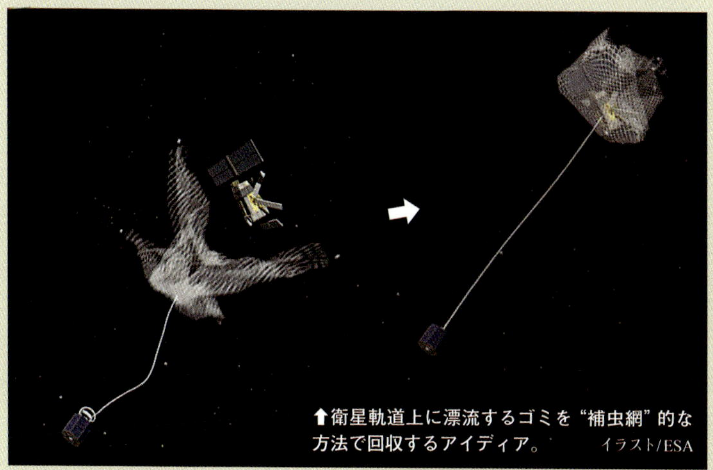

⬆衛星軌道上に漂流するゴミを“補虫網”的な方法で回収するアイディア。　イラスト/ESA

行士も命懸けである。

宇宙ゴミを回収する研究も行われている。いったいどうやるのだろう？

驚くべきことに、ゴミに“ひも”をくっつけるのだそうだ。すると、地球磁場の中を動くためにひもには電流が生まれ、地球磁場との相互作用で、徐々に高度が下がって大気圏に突入して燃え尽きるのだという。

ひもといっても、1本のひもだと切れたら終わりなので、漁に使う網みたいな形状なのだそうだ。まさに“一網打尽”で宇宙ゴミを掃除してしまおうという画期的なアイディアである。日東製網とJAXAが協力してプロジェクトを立ち上げているのだが、ある意味、日本じゃないとできない（やらない）仕事かもしれない。

宇宙ゴミといえば、お隣の中国は、掃除どころか、衛星破壊実験をやってしまい、宇宙ゴミの数を“爆発的”に増加させてしまった。将来的には、この中国がまき散らしたゴミも、日本が回収することになりそうである。

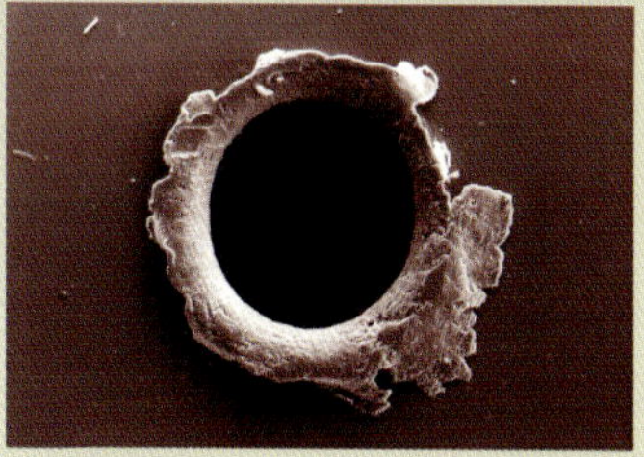

⬆太陽観測衛星ソーラーマックスのパネルに宇宙ゴミが衝突してあけた穴。

写真/NASA

将来、火星に基地ができて、火星からロケットを打ち上げるようになった場合、人類は地球での過ちをくり返してはならない。火星に植民する場合も、まずは「火星ゴミ基本法」を制定して、火星の周囲がゴミだらけにならないよう、世界各国で約束すべきだろう。

パート6■補遺

宇宙の大鉱物資源としての小惑星と彗星

金子隆一

イラスト／NASA, ESA, M.A. Garlick

火星と木星の公転軌道の間には何百万もの小惑星が飛翔し、太陽系外からはしばしば彗星が飛び込んでくる。これらの小天体は、人類にとって途方もなく豊かな鉱物資源であり水資源である。

プラチナ族金属を大量にもつ小惑星

宇宙開発は長年、地球資源の一方的な持ち出しを要求し、それが現実主義者たちの根強い批判や反対論の根拠となってきた。

だが将来、小惑星と彗星の資源開発が実現するようになれば、宇宙への先行投資に対する莫大な見返りがもたらされるようになり、こうした批判は根拠を失っていく可能性がある。

ここでは、月の資源開発からはじめて、人類が今後真の宇宙進出を果たすうえでどうしても避けて通ることのできない宇宙における鉱物資源の採取の問題を考えてみたい。

月で採掘される酸素やヘリウム3、それに各種の鉱物資源は、商業ベースの宇宙開発のサイクルを拡張し、次の飛躍をもたらすために必要不可欠の要素として、本書のテーマである近未来の宇宙計画に組み込まれている。

月の資源は、本格的な宇宙開発が始まってからその活動範囲をさらに広げていくまでの“つなぎ”として、他の何ものにも代え難い。しかし、では月さえあれば今後の宇宙開発に必要な自然資源に対する需要がすべてカバーされるかといえば、決してそんなことはない。しかも、宇宙開発から実質的な利益や恩恵を得ようとするなら、月は必ずしも理想的な資源採集地とはなり得ない。↗

その最大の理由は、小さいとは言え月がそれなりの質量と表面重力(引力。地球の6分の1)をもつ天体であり、採掘した資源を地球や太陽系内の消費地に送り出すには、秒速2.4キロメートル以上の初速で射ち出してやらねば

図1 小惑星帯

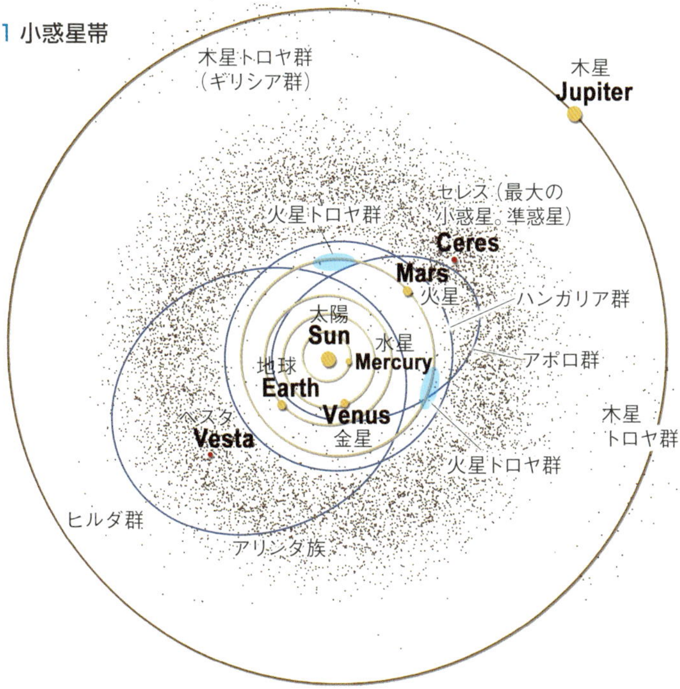

⬆大小数百万の小惑星の大半は、火星と木星の公転軌道の間を回っている。なかには火星軌道の近くに集まったトロヤ群やハンガリア群、ときどき地球に大接近するアリンダ族などの小惑星集団も存在する。　図/McREL, NASA/JPL 一部改変

ならないということである。そのためのエネルギーはすべて資源のコストに跳ね返ってくる。

また月の夜は2週間続くため、昼間は資源の採集や精製のためのエネルギーを太陽光でまかなうとしても、夜間操業のためには大規模なエネルギー供給体制を確立しなくてはならず、それには莫大な費用がかかる。

では、月よりも資源採掘に適した条件をそなえた場所は地球の周辺宇宙には存在しないのか？　実際にはそれは大量に存在する。小惑星、それも地球の近傍を通る特異な軌道をもつ小惑星

である。

小惑星は現在までに100万個以上が観測され、そのうち62万5000個あまりの軌道が確定して小惑星番号がつけられている。実際の小惑星の数は大小数百万個にのぼると見られ、それらの大半は火星と木星の公転軌道の間に集まって“小惑星帯”を形成している（217ページ図1）。

ここできわめて興味深い問題は、それらのうち最近までにわかっただけで20万個ほどの直径100メートル以上の小惑星が、地球近傍を通過する軌道をとっているということである。とりわけその一部は大きな偏心軌道をとり、地球-月間の軌道半径の数倍の距離まで定期的に近づく。

2013年9月にも、地球から670万キロメートルの距離を通過した小惑星（2013TV135と命名）が発見されたばかりである。これらはいわば、地球の近傍を次々と通過する“300万トンの鉱物資源の山”である。

分光観測（右ページ用語解説）によると、たとえば1685トロおよび433エロスと名づけられた小惑星はともに通常型コンドライトであり、また1580ベチュリアと命名されているものは炭素質コンドライトと呼ばれる隕石とほぼ同じ組成をもつと見られている。

またこれまでに知られているすべての小惑星のスペクトル型は、既知の隕石の組成と一致している。つまり小惑星と隕石は同じ起源から生まれたものであり、隕石の組成を調べることによって小惑星の資源としての価値も推定できる。

隕石には、大別してコンドライト（太陽系誕生時に形成されて以来、その組成が二次的な分化を受けていないもの）と、エコンドライト（金属成分が融解・分離して濃縮されたもの）とがある。

コンドライト隕石（小惑星）は、組成

PLUS DATA 日本の小惑星探査

日本の小惑星探査機「はやぶさ」は2005年、アポロ群の小惑星イトカワに到着してその表面からのサンプル採取を行い、5年後の2010年、みごとに地球に帰還した。

2014年12月には後継機「はやぶさ２」（右上写真）がH-ⅡAロケットで打ち上げられ、地球近傍の小惑星に着陸してサンプルを持ち帰る計画が現在進行中である。

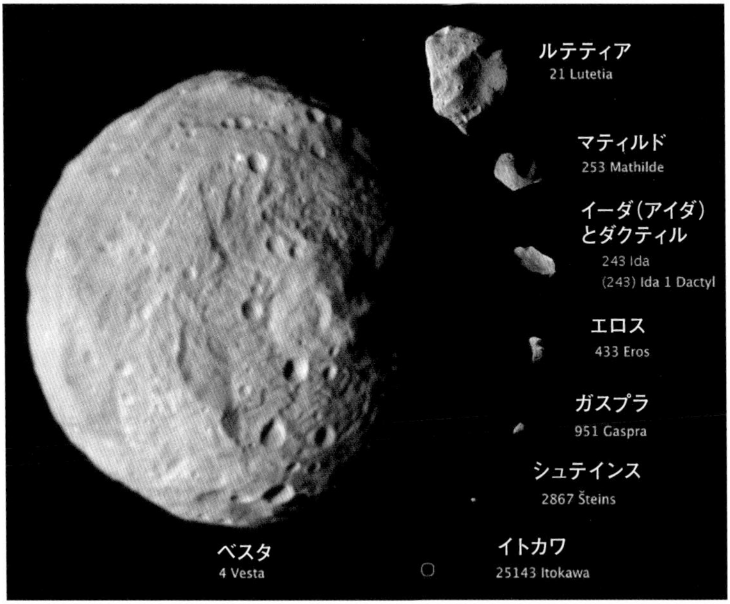

⬆4大小惑星のひとつベスタ。直径が500キロメートル前後もあり、将来"準惑星"に格上げされる可能性もある。ベスタの右にいくつかの有名な小惑星を比較のために並べてある。
画像/NASA/JPL-Caltech/JAXA/ESA

上の違いによっていくつかに分類される。元宇宙飛行士で小惑星資源開発の推進論者として著名なアメリカのサイエンス・アプリケーションズ社のブライアン・オレアリー(科学者出身の11人の宇宙飛行士グループのひとり。2011年死去。220ページ左写真)によれば、もっともありふれたL6型の小惑星は金属含有量が7～8パーセント、そのうち17パーセントがニッケルで、70～100ppmが国家の戦略物質として重要なプラチナ、パラジウム、イリジウム、オスミウムなどのプラチナ族の重金属であるという。

また、資源鉱物としてのその品位は地球で産出される最良質の鉱石の2倍以上で、平均存在比は地球の2000～3000倍にのぼるとも予測している。

なかには、ゲルマニウムやガリウムなど半導体素材の含有量が500ppmを超える隕石もある。さらにC3型、C4型と呼ばれる炭素質コンドライトは、20パーセントのニッケル、100ppmの希少金属に加え、人間が宇宙に居住す

用語解説 **分光観測**：元素や分子には、それぞれ特定波長の電磁波を吸収・放出する性質がある。そのため遠くの天体からの光をプリズム(分光器)に通すと、その天体に含まれる物質の種類によってスペクトルの中に独特の暗線や輝線が現れる。そこでこれをもとに天体の組成を調べることができる。これを分光観測と呼ぶ。

るうえでより重要な価値をもつ水と炭素を多量に含んでいるという。

1986年、アメリカのJPL（ジェット推進研究所）のR・ブラウンらは、小惑星130エレクトラをハワイ、マウナケアの赤外線望遠鏡で分光観測し、水の豊富な赤外線吸収帯、および波長3.4ミクロンの炭水化物のスペクトルを確認した。

水は月にも存在する。2010年3月、インドがはじめて月周回軌道に送り込んだ探査機チャンドラヤーン1に搭載されていたNASAのレーダーが、月の北極に少なくとも厚さ数ミリメートルのシート状の純粋な氷（質量にして6億トン程度）を発見したのである。

宇宙で活動する人間やその他の生物にとって、月以外の天体においても水の存在はつねにきわめて重要かつ貴重である。

さらに鉄隕石の存在も興味深い。鉄隕石は、宇宙塵がいったん微惑星として成長を始め、金属成分が融解・分離した後、衝突によってふたたび粉砕されてできたと見られるエコンドライトの一種である。

⬆左／小惑星資源の開発を提唱したブライアン・オレアリー。彼は宇宙飛行士となった科学者のひとりだった。右／ロシアのコンスタンチン・ツィオルコフスキーは1903年に早くも小惑星の利用に言及していた。　写真／NASA

これは非常に純度の高いニッケルと鉄からなっており、直径わずか100メートルの小惑星とも言えない大型隕石1個の中に400万トンの鉄とニッケルが含まれていると推測される。

もちろん月にも隕石によって持ち込まれたこれらの資源は存在するが、それらは月に衝突して融解しとび散ったものだ。そのため月の土壌と混じって品位がひどく低下していると見られており、これを採集・精製することは、月面での使用を前提としないかぎり、経済的に容易には成り立ちそうもない。このような観点からも、地球に近づくてごろな小惑星からの資源採取は、とりわけ長期的に見ると、月からの資源採取よりはるかに容易かつ有利である。

オレアリーによれば、地球の近傍を通過する直径200メートル以上の小惑星は2万個にのぼり、その10パーセントは地球からの往復飛行のコストが月へ行く場合よりも安くあがる可能性があるという。その個々の小惑星には500トン以上、価格にして50億ドル以上のプラチナ族金属が含まれている。この資源を入手することこそが、これまでの宇宙開発への投資をもっとも有利でてっとり早く回収する方法かもしれない。

小惑星から鉱物資源を採取する方法

小惑星の無尽蔵の金属資源を回収しようというアイディアは、宇宙飛行が

図2 金属資源回収の方法

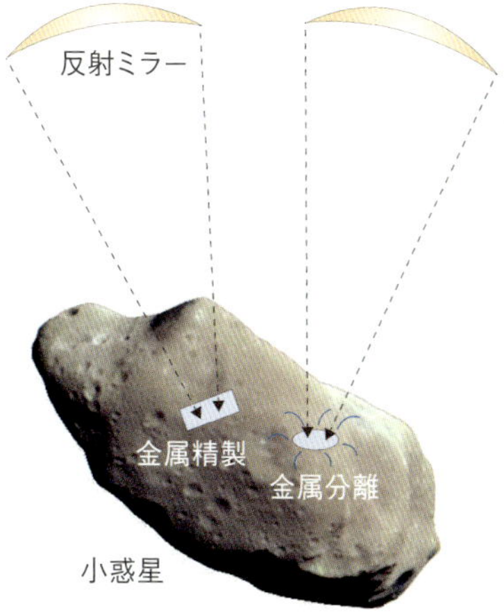

←太陽光反射ミラーを用いた小惑星の金属資源回収。直径500メートルのミラーの焦点を小惑星の表面に合わせ、これをゆっくり動かして地表に加わる熱量を調節すると、任意の金属の融点に応じた特定の金属の採取ができる。また1点に熱を集中させることにより、小惑星内部まで熱を浸透させ、金属や揮発性物質を大量に融かすこともできる。

始まるずっと前から存在した。

1903年、ロケットによる未来の宇宙飛行を予言した論文の中で、最初に小惑星資源に言及したのは、ロシアのコンスタンチン・ツィオルコフスキー（左ページ右写真）である。いまではあたりまえとなっている多段式ロケットや宇宙ステーションを世界ではじめて考案したのも彼である。

1952年にはイギリスのH・プレストン・トーマスが、また1964年にはアメリカのD・コールとD・コックスが、それぞれ独自に小惑星からの資源回収を論じた。以後、特定の小惑星を目標としたより具体的な計画が多数生まれ、その経済学についての詳細な研究も行われている。

ここでは、オレアリーが1983年にアメリカ宇宙飛行協会のシンポジウムで発表したひとつの試算を紹介しよう。

この計画では、たびたび地球に接近する特異軌道小惑星1982DBを対象に、小惑星からの資源回収を商業ベースにのせるための条件がはじめて提示された。

1982DBからの脱出速度は秒速わずか100メートル足らずである。そこで、ごく小さなエネルギーでこの小惑星とランデブーする軌道へと宇宙船を送り出せば、往復に要する費用は月への往復よりも安くあがる。地球への帰還時に大気摩擦によって宇宙船を減速させれば、コストはさらに下がる。

1982DBから回収できるプラチナ族金属の1キログラムあたり市場価格は5000～1万ドルである。これは、地球から地球の静止軌道（高度約3万6000キロメートル）以遠へペイロードを送り出すときの同重量あたり単価にほぼ等しい。

したがって、地球から1982DBへ送り出す採鉱・精錬システムの全重量を上回る量の金属を地球に持ち帰ることができれば、その分が純益となる。

⬅NASAは2013年、地球に接近するある小惑星をロボット捕獲システムで捕らえてその軌道を地球－月系へと向かわせ、宇宙飛行士を上陸させる計画を立案した。2015年には捕獲システムの実験が始まると見られている。このイラストは小惑星捕獲の様子を描いている。

イラスト/NASA

そこでオレアリーは、まず地球の低軌道に採掘機材一式を打ち上げ、そこから小惑星に向けて液体燃料ロケットで資材を送り出すというシナリオを立てた。1982DBの接近時に合わせて、まずこの無人プラント（全重量40トン）が送り込まれる。

小惑星からの採掘方法は、1977年にNASAのM・ガフィーとT・マッコードが提唱したアイディアにもとづいている。すなわち、アルミニウムを蒸着させたマイラー（強化ポリエステルフィルムの商品名）の薄膜を枠に張って、直径500メートルまたはそれ以上の超軽量の反射ミラーを２基つくる。これでそれぞれ100メガワットの太陽エネルギーを集めて小惑星の表面を直接加熱し、1600度C以上でケイ酸塩化合物と金属成分を分離させる（図２）。

さらに温度を100度Cほどの幅で上下させ、各金属の融点と沸点に合わせて金属を分離・精製する。この過程で小惑星の基質に含まれる酸素や水も回収し、貯蔵しておく。

こうしておよそ５年間にわたり、無人採掘プラントは金属の採掘・精製を続け、最終的に、大部分が高価な希少資源である5000トンの金属と100トンの酸素、それに10トンの水素を集める。

５年目の終わりに地球から作業員１人を乗せた有人宇宙船が到着し、全システムをチェックして地球への資源物資の発送作業を監督する。その後人間は地球とランデブーする高速軌道をとって帰還し、肝心の資源物資はコストの低い軌道でゆっくりと地球に届く。

ちなみに、1982DBが地球に接近するタイミングに合わせて帰還すれば、作業員がこの小惑星まで往復する時間は約４カ月ですむという。

オレアリーの計算では、これらすべての作業に必要な予算は20億ドル弱で、500トンのプラチナ族金属の平均価格を375億ドルとすると、費用対効果はきわめて高くなる。

彼の計算は1983年当時の非常に高価なスペースシャトルの打ち上げ費用等にもとづいているので、2010年代のいま低コストの打ち上げロケットが実用化されつつあり、またロケットの

⬇NASAのエームズ研究センターによる小惑星捕獲計画の想像図。地球静止軌道に運び込まれた小惑星からはすでに資源の採掘が始まっている。小惑星を資源として用いれば大規模な宇宙太陽光発電所も建造できると見られる。 イラスト/NASA

原理とは異なる打ち上げシステムが構想されていることを考慮すると、いずれはこれよりはるかに小さな初期投資ですむ可能性が高い。

1982年には、ジェット推進研究所のJ・ライトが、遠心力投射システム（右ページイラスト）を前記の小惑星1982DBの上に建設し、貨物を秒速500メートルで地球への帰還軌道に投入してやれば、帰還に要するコストが大きく低減し、所要時間も20パーセント以上短縮できると発表している。信頼性の高いロボット型の採掘システムがつくられるなら、わざわざ人間が小惑星まで出向く必要もなくなる。

オレアリー自身、さらに長期的な展望の中で、小惑星を地球の静止軌道まで運んでくる方法についても検討している。

これは、てごろな小惑星に採掘チームを送り込んで資源の採掘・精製を行い、一方でレールガン（電磁誘導による打ち上げシステム）を組み立てて、精製の過程で出る鉱滓を高速で次から次へと宇宙へ打ち出すものだ。NASAはすでにこの方式を将来の革新的な打ち上げシステムとして研究している（右ページ写真）。

このシステムを徐々に長く延ばして打ち出し速度を上昇させながら何年間も投射を続けると、その反作用で小惑星の軌道が徐々に変わっていき、やがて地球周辺の望みの軌道に小惑星を導くことができるだろう。

このような小惑星が地上３万6000キロメートルの静止軌道に１つあれば、それだけで地球全体の希少金属の需要を何十年間も満たすことができる——オレアリーの壮大な、しかも現実性の高い構想である。

彗星の核は水と酸素の供給源

太陽系の中には小惑星とならんでもうひとつ、向こうから地球に接近して来てくれるてごろな資源天体がある。彗星である。

彗星もまた、小惑星と同じように太陽系の誕生と起源を同じくする原始太陽系の化石のような天体である。ただその誕生の場所は小惑星と違って太陽から遠く離れた恒星間宇宙であるため、小惑星が失ってしまった大量の揮発性物質（208ページ用語解説）をいまも豊富に含んでいると見られている。そしてこの揮発性物質の存在が、彗星を重要な資源天体としている。

オランダの天文学者ヤン・オールト

用語解説 **オールト雲**：オランダの天文学者ヤン・オールトが1950年に提唱した太陽系最外縁部の仮想的な領域。オールトは長楕円形の飛行コースがはっきりしている21個の長期彗星についてくわしく研究し、これらの彗星が太陽からもっとも離れるときの位置（遠日点）が、いずれも太陽から10万天文単位（1.5光年）にもなることを突き止めた。そして、太陽系の外側には彗星の卵と呼ぶべき小天体が１兆〜100兆個もリング状の雲をなして存在し、太陽を１周100万年で公転しているという説を発表した。このオールトの雲が何らかの原因でかき乱されたとき、一群の小天体は軌道を外れ、太陽系中心部に彗星として落下してくるという。

⬆マグレブ式打ち上げシステムの一案で、スパイラル状のマグレブ軌道から打ち上げが行われている。イラスト/長谷川正治/矢沢サイエンスオフィス

⬅マグレブ（磁気浮上式）の打ち上げシステムの実験装置。実用化されると宇宙への貨物の打ち上げが劇的に容易になる。
写真/NASA

は1950年、太陽系内部に進入してくる多数の彗星の軌道を検討し、これらの彗星は、太陽系を半径0.1～1光年の範囲で球殻状に取り巻く無数の彗星核の巣、“オールト雲”（左ページ用語解説）からやってくると結論した。

彼の推測では少なくとも1000億個、最近の推測ではおそらく1兆個の単位の彗星核が、太陽から1.5光年の範囲内に拡がっているとされている。そして、そこからときおり何らかの理由で太陽系の中心部へと落下してくるものが、われわれに“彗星”として観測されるというのである。

これらの彗星核が含んでいる元素の比率は太陽系を生み出した原始星雲と同じ起源をもつため、ふつうの星（恒星）のそれとほぼ等しい。ただ、自分の重力で水素ガスを集めるだけの質量はもたないため、水素の存在比だけは恒星の1000分の1程度と推測されている。

⬅1987年に太陽系中心部に回帰したハレー彗星。オールト雲から落下し、惑星と太陽の引力に捕獲されて周期彗星となったもので、回帰のたびに揮発性物質を失っており、いずれは特異軌道小惑星になると見られる。右上は彗星探査機ジオットが撮影したハレー彗星の本体。核の長径は15キロメートル。写真/NASA/W. Liller、右上・Giotto Project, ESA

その水素は酸素と結合して水となり、さらに水はメタンやアンモニアと水和物をつくっている。そしてこれら揮発性物質が彗星核の質量の86パーセントまでを占めている。

したがって、地球の近くを通過する新しい彗星核を1つ捕獲し、適当な軌道に導いてやれば、宇宙開発を推進するうえでもっとも基本的で不可欠の資源である水素、酸素、水および各種の有機物が、それこそ必要なだけ入手できることになる。

この彗星の飛行軌道を変えさせるのは、前述の小惑星のそれよりもずっと容易である。大きな太陽光反射ミラーを使って彗星のしかるべき部分を加熱してやれば、そこから噴出する揮発性物質の蒸気の反動によって彗星の飛行起動はずれ動くことになる。

彗星の核のサイズは、小さなものでは長径数百メートル、大きなものではときに数十キロメートルにも達する。将来の人間の宇宙活動に不可欠な水を、これほど身近にかつ大量に供給してくれる天体はほかには見当たらない。

ちなみに彗星はどのくらいの質量をもつのか？　かつてこの問題は推測さえも困難であったが、1986年のハレー彗星（上写真）の近傍通過が多くのデータとヒントを与えてくれた。このときの観測によって、ハレー彗星の核は長径16キロメートル×短径8キロメートルほどと大きな部類に入り、平均密度は1立方センチあたり0.25グラムくらいと見積もられた。

そのうえで、この彗星の質量は1500億トン程度（誤差40パーセント）と計算された。彗星は“汚れた雪玉”と呼ばれるように不純物を含んでいるものの、ハレー彗星を例にとれば凍結した水の量は1000億トン（≒100兆リットル）程度ということになる。琵琶湖の貯水量275億トンの4倍に近い。

大きめの彗星1個がこれだけの水資源としての潜在性をもつことを考えると、地球上から重力に逆らって大量の水を宇宙へと運び上げる努力は、将来の選択肢からは抜け落ちそうに思われてくる。

注：この記事は故・金子隆一氏の執筆によりますが、データ等は生前の金子氏との話し合いにより矢沢が最新化しています。

Terraforming Mars : Part 7

パート7

人類の火星改造の能力

イラスト/NASA

火星テラフォーミングにはさまざまな手法が提案されている。どの手法をどのようなプロセスで実行するかは人類文明の選択にかかっている。パート5で示した自然的手法とパート6で扱った惑星工学的手法の両端の間で、人間はどこまで妥当な選択を行うことができるのか。

執筆／矢沢 潔

1

地球環境から類推する火星テラフォーミング

火星の環境改変は地球環境から学びながら実行する――これがテラフォーミング研究のレフリー役マーティン・フォッグの選択である。

地球環境科学へのフィードバック

世界のテラフォーミング研究と研究者をその柔軟な精神でまとめ上げてきた要《かなめ》としての存在が、自らも際立ったテラフォーミング研究者であるイギリスのマーティン・フォッグである。

NASAのクリス・マッケイを正統科学派の代表、ポール・バーチを壮大かつ精密なアイディアを躊躇なく打ち出し続ける惑星工学派の代表とすれば、フォッグはそうした広範な“テラフォーミング・スペクトル”の全域をカバーするオールラウンド・

⬇火星に着陸した探査チームが、全長4000キロメートル、最大幅200キロメートル、最大深さ7000メートルの巨大なマリネリス渓谷の調査を開始している。 イラスト/NASA

プレーヤーということになる。

1989年以来、イギリス惑星間協会会報（Journal of the British Interplanetary Society：JBIS）から3回にわたってテラフォーミング特集号を発行し、各国のテラフォーミング論文を集約してきたのがフォッグである。これらの特集号に顔をそろえた研究者のうち3人が科学雑誌ネイチャーにそれぞれの論文を発表したことが、テラフォーミング研究を広く科学界に認知させるきっかけともなった。

ところで、これまでのテラフォーミング関連論文の筆者は大

半が物理学分野の研究者である。だがこのテーマは明らかに環境科学のさまざまな分野、とりわけ惑星生命圏を扱っているので、地球をはじめとする惑星の環境に関心をもつ人々にとってもきわめて有益な研究テーマとなり得るはずである。

火星に限らず他の惑星のテラフォーミングがいまの時点で具体的に計画されているわけではないので、この研究の今日的応用は、地球の惑星科学と未来研究に向けられることになろう。

そこでここでは、マーティン・フォッグの眼を通し、火星の惑星工学、とりわけ火星大気の修正についての研究経過を、地球のそれと対比させながら追ってみることにする。

人々が抱く“非現実”の疑念

フォッグはまず、火星テラフォーミング構想には明確な前提があるという。それはテラフォーミングを実行する“動機”が存在するということである。ただしその動機は、自律型の地球外コロニー（スペースコロニー。193ページイラスト参照）を確立する努力がすでに成功を収めているときにのみ有効となる。

彼がこの問題を検討する際には（火星を含む）宇宙空間への植民化には触れない。というのも、その問題についてはすでに膨大な研究資料が存在し、人類文明の未来の選択肢としてそれらの構想を実行するうえで乗り越え難い技術的障害があるとは見られていないからだ。

とりわけ火星には生命を支えるために必要なすべての元素があり（右ページ写真）、また太陽光や風力という形で容易に利用できるエネルギーも存在するため、疑問の余地なくそれを実行することができる。ひとたび火星植民地がつくられてしまえば、

←1995年にマーティン・フォッグが編纂した“Terraforming：Engineering Planetary Environments”。540ページあまりの本書は、テラフォーミングの歴史解説と各国の研究者のテラフォーミング論文を集大成した記念碑的な1冊。発行はイギリス惑星間協会（British Interplanetary Society）。

⬆近年の無人火星探査により、地中のさまざまな鉱物の存在が明らかになった。これは2013年にESA（ヨーロッパ宇宙機関）のマーズ・エクスプレスが火星の含水鉱物（結晶中に水分子を含む鉱物）を発見した場所（緑の丸印）を示している。10種類以上の含水鉱物が数千カ所で見つかった。画像／ESA／CNES／CNRS／IAS／Université Paris-Sud, Orsay; NASA／JPL／JHUAPL; Background image：NASA MOLA

火星移住者たちは、自分自身の子孫世代のためにそこでつくり出した環境を必要に応じて修正することもできる。

こう説いた後、フォッグは、真剣な調査研究テーマとしてのテラフォーミングは、その純粋な壮大さから恩恵を受けると同時に、苦悩をも背負うことになるという。テラフォーミング研究はきわめて大きなスケールで物質とエネルギーの流れを扱うため、多くの人々はそうしたアイディアは“非現実的”だとして無視しがちだというのである。

そのためテラフォーミングの提唱者はつねに、テラフォーミングと呼ばれる惑星工学は可能であることを説明し、また自らの構想を、未来文明が手にするであろう技術や能力の上に立って推測的に築かねばならない。

だが人々のもつこうした疑念は、既存の技術がどれほどの可能性をもつかという具体的事例を示すことによって著しく緩和されるともいう（233ページ図1）。

そこで本稿でも、フォッグがその議論の中で取り上げる具体例をそのまま引用して話がわかりやすくなるように努めてみることにする（一部のデータは本稿の筆者によってより最新のものに置き換えることになるが)。

人間が動かす 年間540億トンの二酸化炭素

地球の大陸では毎年、大小無数の河川によって約240億トンの堆積物が運ばれると計算されている。この量は、風化と浸食という自然のプロセスで削り取られる岩石の量にほぼ等しい。

他方、人間が毎年人工的に移動させている土壌と岩石の量は明らかではなく、さまざまな公表値の間には2桁、すなわち100倍ものひらきがある。だがそのうちのもっとも低い数値でさえ、前記の自然的プロセスによる移動量を上回っている。

さらに世界では毎年300億トン以上の化石燃料以外の鉱物が採掘されており、鉱物採取のための土壌や岩石の移動量は全世界で年間3兆立方メートルに達するとされている。後者の数値はにわかには信じ難いように見えるが、農業のために掘り返される土壌とダムや貯水池によって制御される水を含めれば、この数値を上回る可能性がある。

人間活動は、ときには月からでも双眼鏡で見分けることのできる万里の長城や、オランダの国土の半分を生み出している巨大な防潮堤のような大規模な人工地形をも生み出している。

フォッグは他方で、文明を破壊する試みである戦争もまた惑星地球の表面に痕跡を残すことを指摘している。1960年代から1975年まで10年以上に及んだベトナム戦争中、爆撃によって地上には2600万個のクレーターが生じ、26億立方メートル以上の土石が吹きとばされた。

ペンタゴン(アメリカ国防総省)が1977年に作成した全面核戦争のシナリオでは、平均600キロトンあまりの核爆弾1万6000個が使用され、その63パーセントが地表で炸裂すると推定していた。これによって放出されるエネルギー収量は1万メガトンに達し、平均直径250メートル、深さ60メートルのクレーターが1万個生じて、吹きとばされる土石量は160億立方メートル、500億トンと推定されていた。

全面核戦争を前提にしたこの数値はベトナム戦争で実際に動かされた土石量の6倍でしかな

図1 3つの“巨大な穴”の断面

⬇このうち自然にできたものは中央の隕石衝突跡（アリゾナ州）だけで、あとの２つは人間の技術によってつくられた。人為的な物質移送量や掘削規模の大きさを示す事例。
資料／M. Fogg, Terraforming (1995)

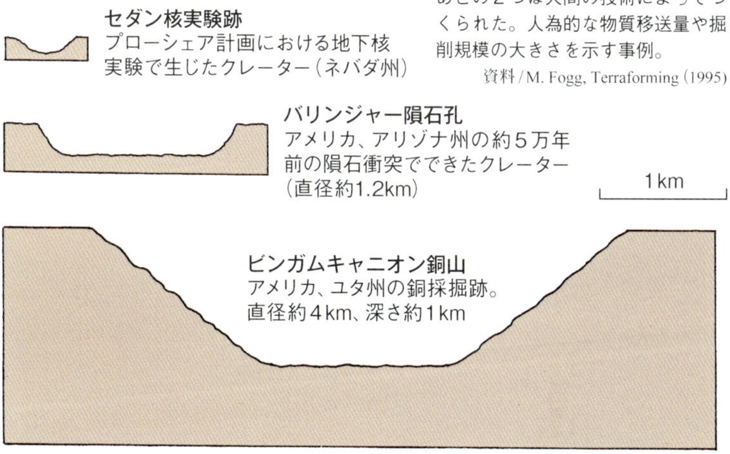

い。しかし核戦争はおそらく１日で終わってしまうので、動かされる土壌や岩石の“移動率”は通常戦争の１万6000倍、自然によるプロセスの700倍、人類文明の通常活動による場合の600倍になるとも推測されている。

地球大気を修復する法

次の問題は惑星の大気についてである。フォッグは、現在の地球大気の組成を変えることは現時点の人類文明の能力では不可能だとしている。

しかしいまの地球の大気中には、文明の副産物としてガス物質や、自然的プロセスで生み出された光化学活性をもついろいろな希ガスが含まれており、どれもが温室効果を助長する。

表１（234ページ）は、これらの化合物を、人間が１年間に放出する量と自然的プロセスによってつくられる量（いずれも推定値）の比較として示している。そこでは、人間が放出するガスの量は、自然が生み出す同種のガスと同程度かこれを上回っている。

地球における炭素の循環は気候の安定性に大きな影響力をもち、同時に生命圏のダイナミズムにとってもきわめて重要な要素となっている。地球の生命圏

表1 人間活動による温室効果ガスの生産量（推定値）

気　体	温室効果比（対CO_2）	人間活動による生産量（100万ｔ/年）	人間活動／自然生産比率
メタン（CH_4）	21	300	2
フロン類（CFC_S）	～12,000	1	無限大
亜酸化窒素（N_2O）	206	4	0.26
二酸化炭素（CO_2）	1	22,000	60*1
硫黄化合物	−	90*2	1.5

＊1：人間活動による生産と脱ガスによる自然生産の比率。
＊2：硫黄1Mt（100万トン）あたり換算。

⬆近年の温室効果ガスの年間生産量を、人間活動と自然活動の比較として示している。フロン類の項の右端が“無限大”となっているのは、フロン類は人工物質であり自然界では生産されない（ゼロ）ため。フロン類の使用は現在国際的に厳しく規制されている。

資料／Watson et al.（1990）/ Shine et al.（1990）

では年間2000億トンの二酸化炭素が循環しているが、これには生命の大気への正味の影響は含まれていない。というのも、光合成による二酸化炭素の消費は、生物の呼吸作用と自然崩壊によって均衡が生じているからだ。

人間が化石燃料を燃やしたりセメントを製造するなどによって大気中に放出する二酸化炭素は年間340億トン（2011年）にのぼる。このうち生命圏を通過するのは10パーセント程度だが、それでも自然の炭素循環の60倍（～100倍）である。こうして二酸化炭素もまた大気中に蓄積し続けている。

だがフォッグは、別の研究者の報告をもとに、人類文明が炭素循環に及ぼす影響は実際にはこれらの数値が示すよりも大きいという。というのも、陸地で光合成によって固定される有機物のうちの40パーセントが、人間によって消費されるか別のものに転換されているからである。

そしてこの人為的なプロセスにより、毎年さらに約540億トンの二酸化炭素が“操作”されていることになるという。

フォッグはこうして人類文明の地球環境に対する干渉の大きさを見たうえで、人類文明が地球や火星の環境をどんな方法でどこまで修正できるかを考察するのである。

パート７■人類の火星改造の能力

人類が操作する物質とエネルギーのスケール

地球の過去の表面温度

ここでは、火星テラフォーミングを考える場合の重要な参考データとして、マーチン・フォッグの研究をもとに、地球の過去の温度変化を振り返ってみたい。

これまでの地質学的研究から、過去38億年間にわたる地球表面の平均温度は最大２度Ｃ～32度Ｃの間を上昇下降してきたと見られている。たとえば約６億年前から現在に至る時代（顕生代《けんせいだい》。カンブリア紀以降）を通して見るとき、温暖な時代はたとえば恐竜がもっとも栄えた白亜紀（１億5000万～6500万年前）の中期に代表され、他方、寒冷な時代は氷河期の真っ只中が典型的である。

ちなみに白亜紀には地球の海水温は現在より高く、低緯度地域で32度Ｃ、中緯度地域で26度Ｃほどで安定していた。この時代は地球の生命圏が植物相、動物相ともに非常に繁栄したことが明らかになっている。

しかしこれらの時代でも、地球の平均気温は現在の14～15度Ｃを境にして、プラスマイナス３度Ｃほど揺れ動いただけである（アメリカ、ウエスト・ミシガン大学の研究者によれば気温の変動幅は17度Ｃを中心に７～８度Ｃ）。

近年しばしば推測されているのは、人間活動による微量ガス、とりわけ二酸化炭素の放出が、地球の平均気温を産業化時代以前に比べて約0.5度Ｃ上昇させたらしいということである。そして多くの気候学者が、この温暖化傾向は加速し、二酸化炭素の放出量が現在の見通しどおりに増加していくと2070年には2.4度Ｃ上昇するなどの予測を行っている。

彼らの予測が正しく(さまざまな反論も行われている)、極地の氷が実際に大規模に融けるなら、海面は大きく上昇して海岸線はいまとは違うものになるかもしれない。

人類文明による エネルギーの“操作”

人類文明が地球環境をこのように変えるだけの力をもつという推測や主張はたしかに興味深い。だがフォッグは、これをエネルギーの大きさの観点で見ると、人間が実際に実行可能なスケールに比べて微々たる変化でしかないという。

世界がいま商業発電によって生み出している電力量は、2013年時点で2万3000テラワット時(TWh:兆ワット時)だが、これは生命圏が炭素の固定に用いているエネルギーの10数パーセント、地熱の流出量の3分の1あまりでしかない。

他方、地球が大気圏上層で太陽から受けとっている放射エネルギーの強度は1テラワット(1兆ワット)の17万5000倍であり、その約半分が地表に届いている。さらに今後、すでに自動車燃料として実用化されはじめている水素や、遠からず実用化されるであろう核融合エネルギー(99ページ参照)が利用可能になるだろう。こうして見ると、人類が潜在的に手に入れ得るエネルギーの大きさが、現在の文明が生産・消費しているエネルギー量を途方もなく上回っていることがわかる 。

現在の人間活動は、地球の表面の地形や気候、それに大気組成に大きな影響を与えている。しかしこれらの変化はすべて、太陽から地球に届く放射エネルギーのわずか0.02パーセントあまりを利用することによってなされている。フォッグは、このエネルギーの大きさは、将来の人類文明が取り扱うであろうエネルギーの大きさに比べると、まったくとるに足らないほど小さいという。

人間活動が扱うエネルギーは、ほとんどが国家社会の経済活動の一部として少しずつ利用され

用語解説 **電力量**:一定時間に電力が行う仕事の大きさのことで、電力の大きさ(キロワットなどの単位で示す)に時間を掛けて導く。電力量はキロワット時(kWh)、億キロワット時(億kWh)などで表す。

表2 火星テラフォーミングの要件

パラメーター	現在の値	修正値	
		最小限のエコポイエーシス	テラフォーミング
表面重力	0.38G	不可能	
自転周期	24.6時間	不要	
自転軸傾斜角	25度12分	不要	
太陽放射	593W（m^2あたり）	最大1,370W（m^2あたり）まで増大	
アルベド（太陽光反射率）	0.17	なるべく低く	
地表平均温度	～220度（K）	～60度（K）上昇	
地表大気圧	～7mb	＞10mb	500～5,000mb
CO_2（二酸化炭素）分圧	～7mb	＞0.15mb	＜10mb
O_2（酸素）分圧	～0.006mb	＞1mb	130～300mb
N_2（窒素）分圧	～0.12mb	＞1～10mb	＞300mb
水圏（水の構成比）	0%	＞0%	＞＞0%
紫外線強度 波長0.2～0.3μm	～60W（m^2あたり）	減少	ゼロ

注／mb（ミリバール）＝hPa（ヘクトパスカル）

⬆火星の環境をエコポイエーシス（人工生命圏の創出）、またはテラフォーミングするために必要な最小限の環境修正要件を示している。 資料／Martyn Fogg

ているので、すべてを統合したときのエネルギーの大きさとして把握するのは困難である。そのため、人類文明の扱うエネルギーが他の惑星を改造できるだけの力を示しているかどうかがわかりづらくなっている。

これはまた、人間が無計画かつ行きあたりばったりに地球を惑星工学の実験にさらしているということでもある。

フォッグはこうした現状を踏まえて、われわれが他の惑星、とりわけ地球によく似た火星に対する惑星工学をひとつの方向性をもって検討することは、単なる推論による飛躍ではないと主張している。

火星の極限環境で生きる生物？

火星の地表環境についての人間の理解は、いまでは推測を超えて直接観測の段階に入っている。そして現在の理解をもとにすると、火星表面では地球のどんな生物も生きられないと考えたくなる。ただし2014年1月に東京海洋大学の鈴木徹教授らが、マイナス196度Cの液体窒素の中で24時間凍結した後でも生き返るヌマエラビルというヒルを発見したと発表している。また農業生物資源研究所などの研究チームは2014年、水のない環境でも死なず、水を与えると生命活動を再開するカ（ネムリユスリカ）の遺伝情報を解読し、乾燥状態で生命を維持する遺伝子領域を発見したとしている。こうした報告から見ても、人間は自らを含めた地球生物の限界能力をまだまったく知らないともいえる。

火星は極度に寒いうえに、大気は薄すぎて液体の水の安定的存在を許さない。また地表は波長の短い致死的な量の硬紫外線にさらされている。そのため火星を最小限、居住可能にするには、環境条件のいくつかを修正しなくてはならない（237ページ表2）。

フォッグはこの表によって、火星環境のうち修正を必要とする10の最重要項目を示している。「エコポイエーシス」（くわしくは151ページ参照）欄の数値は、環境抵抗力がもっとも大きく耐寒性の強い地球生物が生きられるようにするための必要条件、また「テラフォーミング」欄の数値は、人間が生きられるようにするより厳密な必要条件とされている。

この表を見るとき、火星に対して実行されるべきもっとも基本的な惑星工学は、次の4つのパラメーターの修正であることがわかる。

1）地表の平均温度を約60度（K）上昇させる。

2）大気圧を上昇させる。

3）大気の化学組成を変える。

4）地表に届く紫外線のフラックス（強度）を減少させる。

ではフォッグは、これらを修正するにはどんな手法があるというのだろうか？

図2 火星温暖化のプロセス

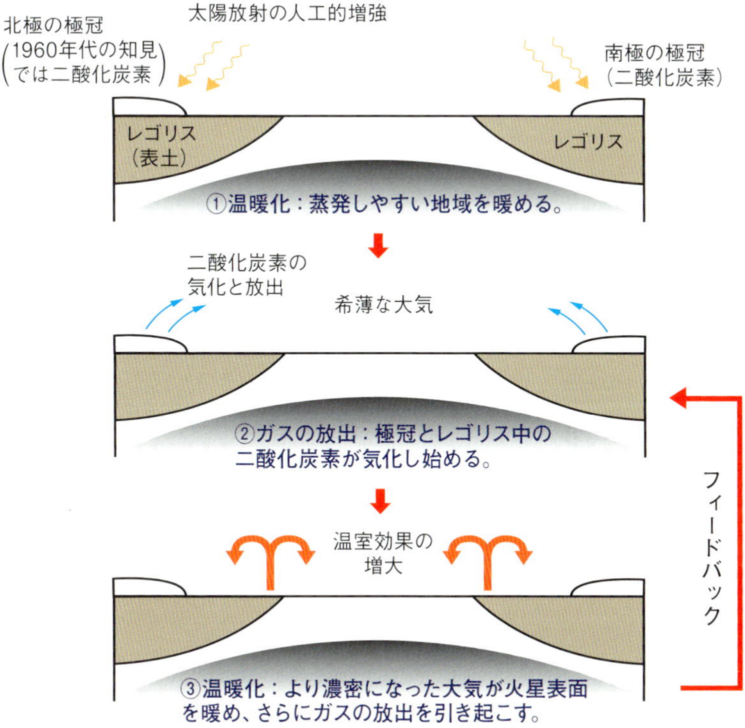

⬆これはカール・セーガンによる初期の火星温暖化のプロセス。温室効果に向けた正のフィードバッグが生じれば、自発的な温室効果によって温暖化がさらに加速される可能性がある。　資料/M. Fogg, The Ecopoiesis of Mars, Terraforming

“暴走温室効果”のパラダイム

これまでに見たように、マーティン・フォッグは火星のテラフォーミングをつねに地球環境との相関ないし二重性の中で考察している。そのため彼のテラフォーミングは、まず火星でどんな惑星工学の手法を用いるかではなく、地球環境からの類推として火星環境の修正を考えようとするものだ。そこで最初に注目される問題のひとつが、大気の“温室効果”を促進する手法である(図2)。

いまでは地球大気の温室効果は大気科学の専門的概念ではなく、メディアや一般社会の日常語となっている。人為的な二酸化炭素の増大によって地球の大気は温室効果が加速されているという類の議論である。

ここで用いられている惑星大気の温室効果という概念については、とりわけテラフォーミングを論じるときにはその起源から多少知っておく必要がある。

1960〜70年代、NASAによって火星、金星、そして水星に一連の探査機マリナーが送り込まれ、これらの惑星の大気環境の直接観測データがはじめて地球に送られてきた。そしてこれらのデータをもとに、世界最初の火星の大気環境についての理論（動態モデル）がつくられた。

これはNASAの惑星探査を指揮したコーネル大学の天文学者カール・セーガンによるもので、「長い冬モデル（The Long Winter Model）」と呼ばれ、科学界だけではなく一般社会でも広範囲の人々の関心を呼び起こした（下用語解説）。

長い冬モデルについてはパート４の３（164ページ）ですでに触れているが、ここでもういちどその概略を見ておこう。

この理論は、火星の地表に明らかに川の流れた痕跡（川床。30、36ページ記事参照）が大量に発見されたことに刺激されて生まれたものだった。川が流れた跡——それは、かつての火星の気候がいまよりずっと暖かく湿っていたことを示している。

このときセーガンは、現在の火星はその公転軌道がもっとも太陽に近づいたとき（近日点）には北極の極冠が太陽の反対側を向くので、そこでは大量の二酸化炭素の氷（ドライアイス）が蓄えられるだろうと予測した。

彼はまた、火星は約５万年ごとに自転軸の歳差運動（首振り運動）を行っているので、その半分の２万5000年ごとに同じような寒暖差が生じており、このときには南極側の極冠に二酸化炭素の氷が蓄えられると推測した。ということは、その中間の時期に分点（春分点と秋分点）が火星公転軌道の長軸とほぼ並

用語解説 **長い冬モデル**：この理論は、米ソ間の全面核戦争の危機が続いていた1980年代、“核の冬モデル”としても注目された。核戦争により大気圏上層まで巻き上げられた粉塵が太陽光を長期間遮り、世界が寒冷化するというものだった。

⬆火星の赤道付近から北に1500キロメートル、東西に1000キロメートルほど広がる大シルティス平原の表土は黒っぽく、太陽光をほとんど反射しないほどアルベドが低い。これを利用すれば火星外からカーボンブラック（左上写真）などの黒色物質を運ぶ必要はない。

写真/NASA、左上・FK1954

んだ場合には、南北両極はともに均等に加熱され、極冠の氷の多くは蒸発して、大気圧と気候は著しく変化することになる。

つまりこの長い冬モデルは、火星の気候が２つの異なる準安定状態——極冠の地表に大量の揮発性物質（二酸化炭素および水）が蓄積している時期と、これらの揮発性物質が気化して暖かく湿った地表を覆っている時期——の間を行ったり来たりしていると予言したのである。

ここでは火星の“冬”と“春”は約１万2000年ごとにやってくる。そして長い冬モデルは、このサイクルの他に、火星の気候は太陽の光度（放射エネルギーの強度）と極冠のアルベド（太陽光反射率）の変化に対して敏感に反応するだろうとも予測した。

火星がこのように本質的に不安定な状態におかれているとすれば、この惑星のテラフォーミングがどんな方向性をもって実行されるべきかは明らかである。つまりちょっと“背中を押して”やれば、火星の大気環境は急速な“暴走的変化”を引き起こし、２つの気候状態のうちの暖かい

⬆火星の極冠に地球のコケや地衣類などの植物を“移植”するにはどのような条件が必要か（写真は地衣類の一種ウメノキゴケ）。 写真/keisotyo

側へととび移ってしまう可能性があるということである。

では人工的にどんな方法を用いれば、“背中を押して”そうした変化を起こさせることができるのか？

いましがた見てきた火星環境の特性のうえに立つなら、多くの人が、極冠のアルベドを変えてやるのがもっとも容易な方法だと考えるのではなかろうか。

1973年、セーガンは新たな論文を発表した。そこでは、極冠の表面に黒色のチリの層をつくるか、またはそこで植物を育ててその一帯を黒っぽくし、それによって太陽光を効果的に吸収できるようにすれば、迅速に“春”を呼べるだろうと提案していた。

これによって生じた厚い大気はより強い温室効果をもち、赤道地域の熱をより効率的に極側に運搬することになろう。これらの結果、もともとの温暖化の能力が増幅され、もし初期の変動が十分に大きければ、わずか100年間ほどで大気の暴走温室効果と暴走成長が引き起こされるかもしれない。

マーティン・フォッグはこれについて次のように述べている。こうしたプロセスが終了しても火星が完全に居住可能になるわけではないが、二酸化炭素の大気圧は地球の大気圧と同程度になり、加速された温室効果と暖かく湿潤な地表が出現することにより、エコポイエーシスすなわち生命圏を受け入れる準備がほぼでき上がったことになるというのである（表2参照）。

このような火星環境の転換を起こさせるために必要な惑星工学は当初、それほどたいしたことではないように思われた。セーガンの計算では極冠の正味のアルベドを数パーセント下げるだけでよく、それにはカーボンブラック（黒色の炭素化合物。241ページ写真）に似た粉末物質、つまり黒いチリを、厚さ1

ミリメートルで極冠の面積の6パーセント程度に散布すればよいというものだった。

これに必要な物質の総量は約1億トン。地球から運べる量ではないが、火星の大シルティス平原の表土（アルベド<0.09）を極冠まで運べばよいという。赤道の1500キロメートルほど北に広がるこの大平原は異様に黒く（241ページ写真）、過去の火山噴火の噴出物と見られている。

しかしセーガン自身も認めているように、この“黒いチリのシナリオ”には問題がある。チリは風によって飛散してしまう可能性が高いことだ。そこで黒いチリの層を恒久的に広げて温暖化の暴走を持続させるには、さきほどの量の10〜100倍の黒色物質が必要になると彼は推測した。これを実行するには仕事量が増えるが、地球人類の子孫である未来の火星文明人たちが自分たちの生存環境を維持するためなら、できないことではなさそうである。

極冠に植物を繁茂させる

ところで、この方法の代案としてよく検討される植物を育成して極冠を暗くする方法は、はじめて耳にしたときには非常に魅力的に思えるかもしれない。というのも、低アルベドの、つまり太陽光をあまり反射せずに吸収する植物は極冠の表面に張りついて自分で成長し、風に飛ばされることもないからだ。

これは、地衣類やコケ類、標高数千メートルの高山で地面にしっかりと根を下ろして生きている背の低い高山植物などを想像すればわかりやすい（左ページ写真）。これらは黒色物質に比べて輸送や管理もはるかに容易であろう。

だが、現在の火星の極地環境で生きられるような植物や動物は地球には存在しない。これは将来、遺伝子工学が大きな進歩を遂げて、そのような環境でも生きられる植物が生み出されるまで待つか、または他の、おもに惑星工学的な方法によってテラフォーミングが部分的に進行し、火星環境が地球生物の受容度を高めるまで待つかのいずれかであろう——フォッグはこう考えている。

竹内薫のPoint of View 9

火星に行く方法……
宇宙エレベーターのお話

将来、何度もの有人火星探査を経て、実際に人類が火星に移住する段になったら、どのような輸送手段が必要になるだろう？　もちろん、それまでに部分的にでも、火星のテラフォーミングは済んでいないとまずいわけだが。

ふつうに考えると、いまあるようなロケットで地表から打ち上げる、という答えになるだろう。でも、それはまずい選択だ。なぜなら、ロケットの重量の９割程度が燃料であることからわかるように、ロケットは経済効率が非常に悪いから。毎回、乗客の9倍近い重量の燃料を消費していては、高価すぎて、超金持ち以外、火星に移住できない計算になる。

以前、ＪＡＸＡの研究者と話をしていたとき、こんなやりとりをした。

「将来、人類が宇宙に気軽に出かけていくためには、ロケットの代わりにどんな乗り物になるんでしょう？」

「まあ、いろいろな意見があると思いますけど、スペースプレーンも一つの選択肢じゃないですか」

えええ？　スペースプレーン？　うーん、……つまり、ジェット機みたいな飛行機であらかじめ上昇しておいて、空気が薄くなって揚力で飛べなくなったら、そこから先はロケット噴射に切り替えて宇宙へ旅立つということか。

考えてみれば、地表から成層圏脱出までを燃料費の高いロケットで飛ぶのはもったいない。だから、スペースプレーンは、理にかなった選択肢だといえる。

でも、個人的には、もっと便利な方法があると思うのだ。それは「宇宙エレベーター」。軌道エレベーターともいう。これは文字通り、宇宙に出るまで、エレベーターで上がってしまおうという、ほとんどＳＦのような発想だ。

宇宙エレベーターを作るには、まず、（地表に対して止まっている）静

➡地上と地球周回軌道の間を効率的に往復する方法として、スペースプレーン（左イラスト）や宇宙エレベーターが研究されている。イラスト/左・MBB-ERNO、右・木原康彦/矢沢サイエンスオフィス

止軌道衛星（＝宇宙基地）から地表にワイヤを垂らし、海上に建設された基地に固定する。ワイヤは、鋼鉄の100倍の引っ張り強度をもつカーボンナノチューブ製だ。

時代劇などで忍者がひもの先に石をくくりつけて、ぐるぐる回して相手をやっつけるシーンがある。宇宙エレベーターは、あれと同じで、凄い遠心力がかかるため、ワイヤが強靭でないとプッツリ切れてしまう。

いま、遠心力といったが、宇宙基地では、遠心力と重力がほとんど相殺されるので、無重力状態になる。そのため、宇宙基地には超巨大なホテルを建設することも可能だ。

この宇宙エレベーターができたら、火星に移住する人々は、海上基地からエレベーターに乗って、ほぼ1週間かけて宇宙基地まで移動する。エレベーターの上昇速度は、だいたい新幹線と同じくらい。ホテルで数日休養した後、いよいよ火星に向かう宇宙船に搭乗する。

この宇宙船は、地表からのロケットと比べると、驚くほど少ない燃料で運行される。なぜなら、すでに宇宙エレベーターで地球の重力圏は脱出してしまっているので、まるで静かな湖面に小舟を漕ぎ出すように、軽く噴射するだけで、宇宙基地から火星に向けて旅立つことができるから。

こう書くと、宇宙エレベーターは、いいことずくめのようだが、もちろん、課題もたくさん残っている。まず、肝心のワイヤに使うカーボンナノチューブが開発中で、まだ大量生産ができる段階にない。また、宇宙エレベーターを1基建設するのに1兆円から2兆円の費用がかかってしまう（2基目からは、1基目のエレベーターを利用して宇宙に資材を運ぶので安くなる）。また、海上基地がテロリストに狙われたり、事故でワイヤが切れたときの安全対策も必要だ。

われわれの子孫が火星に移住するとき、スペースシップと宇宙エレベーターのどちらが主流の輸送手段になっているのだろう。いや、案外、古き良きロケットのままだったりして（笑）

火星に"暴走温室効果"を生み出す2つの手法

NASAの火星"不安定化"研究

これまで見てきたような火星の環境を不安定化させる方法を探るアイディアは、NASAにとっても十分に魅力的であった。そこでNASAは1970年代後半から７人の科学者をその研究に向かわせた。

彼らの結論は、極冠が吸収する太陽エネルギーを20パーセント増やせば火星テラフォーミングの初期段階は達成されるだろうというものだった。それには、極冠のアルベドを0.77から0.73へと下げるだけでよいというのであった。

これは、太陽から極冠に入射するエネルギーが宇宙空間に反射される比率を現在の77パーセントから73パーセントに下げることを意味している。たいした違いではないように思えるが、これによって、カール・セーガ

図3　火星の30億年史

➡いまから30億年以上前の火星はまだ厚い二酸化炭素の大気をもち、おもに北半球（図の上側）で広大な海をつくっていた。

イラスト/Michael Carroll/矢沢サイエンスオフィス

ンがすでに示したように、火星は約100年で十分に大気圧の高い気候をもつようになるというのである。

その後この研究は前進した。そして、大気環境が前記のように修正されたとしたら、いまだ相当に過酷であるはずの環境の中でどんな地球生物なら生存できるかが検討された。1979年には、バクテリア、藻類、地衣類、その他のごく単純な植物などが火星で生態系をつくる有力候補になると見られた。

ただしNASAの研究者たちはここで惑星工学的な手法を検討することはなかった。そのため、いま見たような単純な生物がまばらに生息しているだけの火星生命圏が、光合成によって人間が呼吸できるほどの酸素を生み出すまでには10万年を要するというところ

3

⬆大気がますます薄くなるとともに、大気中の水蒸気はおもに北半球の地表に固定されて広大な氷河をつくり、それ以外の水と大気は宇宙へ逃げた。そして現在の火星の地表には液体の水は存在せず、南北に極冠が見られるのみとなった。

2

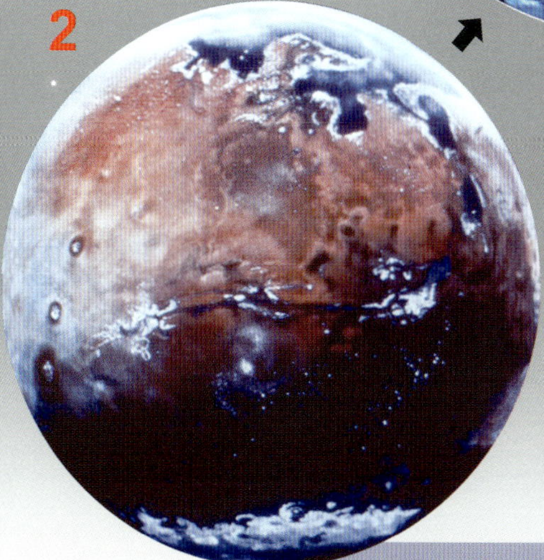

⬅火山活動が終わるとともに大気中の二酸化炭素はしだいに海へ溶け込み、大気が薄くなった結果、火星は寒冷化していった。同時に海の縁には氷が成長し始めた。

で話は終わってしまった。

たしかに生物学的手法だけを前提に考える“かたぶつ”の研究者にとってはこれが限界かもしれない。しかし、現代文明が10万年先を見越していまから着手しようとする課題や構想などというものがあり得るだろうか。10万年先には人類が存在するかどうかも定かでないと考える人人もいる中で。

だが、ここからがむしろ、火星テラフォーミング研究の世界的広がりの始まりでもあった。マーティン・フォッグは多くの火星研究者の研究報告や提案を踏まえて、以下のような俯瞰《ふかん》を行っている。

永遠の氷河時代の原因

火星に人類史上はじめて着陸した2機の探査機ヴァイキング1号と2号が生々しいデータを送ってくると、新たな知見によってセーガンの長い冬モデルは有効性を失った。だがそこから発展したテラフォーミング・モデルの有効性は失われることがなかった。

火星の地表に残されている流水の跡は非常に古く、火星進化史の初期の暖かい時代につくられたことが明らかとなった。極冠が膨大な量の二酸化炭素の氷でできているという説は捨てられ、それは実際にはほとんどが水の氷であり、二酸化炭素の氷は季節ごとに水の氷の上に薄い層をつくるだけであることもわかった。

新たに描き出された火星の姿は、いまから35億年ほど前まで火星はおもに二酸化炭素からなる大気に覆われていたというものになった（246ページ図3）。その大気圧はいまの地球のそれの数倍（数バール＝数千ヘクトパスカル）に達し、地表温度を水の氷点以上に保つだけの温室効果を生み出していた可能性があると理解された。

この大気は化学的風化（下用語解説）によって失われもしたが、その消失分は、火山活動による二酸化炭素の再供給や、隕石衝突が引き起こす炭酸塩岩石

用語解説 **化学的風化**：岩石中の鉱物が水と接触することによってさまざまな化学反応を起こし、組成が変化する風化。風雨などによる物理的風化と異なりゆっくりと進行する。

⬆左は火星の岩石、右は地球の岩石。どちらも無数の砂利や小石が固着して生じた礫岩（堆積岩の一種）と見られ、そっくりである。このような岩石には大量の揮発性物質が含まれている可能性が高い。
写真／NASA／JPL-Caltech／MSSS and PSI

の二酸化炭素リサイクルなどによって補われた。

だが火山活動が低下するにつれて炭素サイクルが十分に行われなくなり、火星環境はしだいに“悪化”——地球生物に対する許容度という意味で——していった。温暖期には、オリンポス山（29ページ参照）をはじめとする巨大な火山が分布するタルシス平原の火山活動が活発になって地表の氷を融かし、しばしば大気圧を上昇させた。だがこの時期にはすでに、洪水の際に北半球の広大なボレアリス盆地（平原）——太陽系惑星の中で他のすべてを引き離して圧倒的に最大の衝突クレーターと見られている——の一部が水で満たされる程度まで火星は乾燥していた。

そしてついに火星は永遠の氷河時代へと落ち込み、残された大気は風化によって地表に固定され、今日見るような非常に薄い大気だけが残された。海の残りものはレゴリスの内部へと浸み込み、深い永久凍土の層を形成したのであった——

だがフォッグの見方によれば、一見して人類文明をいっそう厳しく拒絶しているかのようなこの新しい火星像は、火星テラフォーミングの手法としての暴走温室効果の有効性を打ち砕くものではない。
　というのも、太古の膨大な量の火星大気が地中に、それも採掘しやすい状態で蓄えられている可能性があるからだ。もしかすると大量の二酸化炭素が、レゴリスの上昇や隕石衝突によって角礫《かくれき》岩——角張った岩石どうしが固着してできた一種の堆積岩（249ページ写真）——となった地殻の上層に吸収されているかもしれない。
　前出のNASAのクリス・マッケイは1982年、かつて極冠を融かす方法として提案された方法をヒントに、火星表面を控えめに加熱すれば、こうして閉じ込められている二酸化炭素を暴走的に放出させられるかもしれないと述べた。いま見たような火星環境への人為的なはたらきかけを１～２世紀にわたって継続すれば、火星の大気は暖かく濃密な準安定状態に跳び移る可能性があると考えたのである。
　だが、どうすれば“控えめに加熱”できるのか？

火星を加熱する２つの方法

　テラフォーミング研究者たち

表3 環境主義者のための火星テラフォーミングのさまざまな手法と提案者

目　的		概　要	
内的要因によるテラフォーミング	火星の極冠の表面温度の上昇 ➡二酸化炭素が気化する。	薄く黒い層をつくって二酸化炭素の氷（ドライアイス）のアルベドを低下させる。	
	火星全域の表面温度の上昇 ➡極冠とレゴリス（表土）の両方から二酸化炭素が放出される。	大気中に温室効果ガスを放出させる。	
外的作用によるテラフォーミング	火星全域または局所の表面温度上昇 ➡極冠とレゴリスの両方から二酸化炭素が放出される。	反射ミラーで地上の日射量を増大させる。	
	極冠の寒冷期の低気温の上昇 ➡二酸化炭素が気化する。	火星の自転軸と近日点を修正する。	

はこれを実行する方法をいくつか提案した（表３）。

第１の方法は、火星の周回軌道を回る巨大な反射ミラーによって太陽光を地表に集めることである。前出の急速テラフォーミングのパートでは、この反射ミラーを“ソレッタ”と呼んで説明している。

第２の方法は、「ガイア仮説」の提唱者として知られるイギリスのジェームズ・ラブロック（右写真）と科学作家マイケル・アラビーが1984年に提案したもので、かつて南極のオゾン層破壊の原因物質として社会問題化し

⬆ガイア仮説で知られるジェームズ・ラブロック（写真）と科学作家マイケル・アラビーは、火星大気中に大量の人工物質フロン（フレオン）を持ち込んで温暖化を加速させる手法を提案している。ちなみにアラビーのエコロジーをテーマにした著書は日本でも『エコロジー小事典』（ブルーバックス）と題して出版されている。

写真/Bruno Comby

⬇表の上２段は火星自体のもつ性質を変えて温暖化する手法、下２段は火星外からのはたらきかけによって温暖化させる手法。資料/M.Fogg, The Ecopoiesis of Mars, Terraforming

必要な技術・設備	提案者
地表に黒色のチリの層をつくる、または火星環境で育つように遺伝子操作した植物を作成（？）。	・カール・セーガン ・メル・アベルナー ・ボブ・マッケロイ（エコシンセサイズという語を生み出した）
ハロゲン化炭素（フロン類）のガス生産設備。	・ジェームズ・ラブロック ・マイケル・アラビー ・クリス・マッケイ、他
宇宙ミラー（太陽光反射ミラー）とその宇宙空間支持システム。	・ロバート・ズーブリン ・クリス・マッケイ、他
最大10個の小惑星、推進システム、処理施設。	・ジョセフ・バーンズ＆マーティン・ハーウィット（コーネル大学のセーガンの同僚）

たCFC（フロンまたはフレオン）を火星大気中に大量に放出して、人工的な温室効果を引き起こすというものだ。

ＣＦＣは二酸化炭素の１万倍以上の温室効果をもち、地球型大気の中ではその寿命は100年以上、そしてppmレベル、すなわち100万分のいくつかという程度の濃度なら毒性もないとされている。そのため惑星工学の手段としては非常に大きな潜在力をもつと思われた。

温室効果ガスについての提案は、その後コンピューター・シミュレーションによってくわしく研究された。そして1990年代にはクリス・マッケイらがその結果を公表した。それによると、もし二酸化炭素を含んだレゴリスが火星表面全域に分布しているとすると、二酸化炭素の結合はきわめて弱いと見られるため、暴走的に大気中に放出させることは容易だとされていた。

そして、極地のレゴリスが１バール（約１気圧≒1000ヘクトパスカル）相当の二酸化炭素を含んでいるなら、その効果はいっそううまくはたらく。火星の地表温度をさらに25度Ｃ上昇させれば、大気圧は30ミリバールほど上昇して二酸化炭素の暴走的放出が始まり、800ミリバール、マイナス27度Ｃでひとつの安定状態に達するという。

二酸化炭素の暴走放出量がこれより多く２バール相当なら地表の大気温度は０度Ｃとなり、３バールならプラス７度Ｃになるとマッケイらは推定した。これなら人間は、火星の地表を冬のふだん着に酸素マスクだけで動き回ることができるかもしれない。

マッケイらは温室効果ガスと大気圧、温度の関係についてさらにくわしく調べ、さまざまな理論モデルをつくった。これらのモデルが、マーティン・フォッグをはじめとする他の研究者の以後のテラフォーミング・シナリオに大きな影響を与えることになったのは当然である。

こうして熟成された火星大気の「暴走温室効果モデル」は、素粒子物理の世界でいうところの“標準理論”に相当するものとして、テラフォーミング研究の中に定着していったのである。

非現実から現実的なシナリオへ

暴走温室効果モデルの弱点

これまで暴走温室効果のモデルや手法についてかなりの紙幅を割いてきたが、この方法にも弱点がないわけではない。どう短く見積もってもひとつの作業に100年単位、ときには1万年単位の時間がかかるといった時間スケールも大きな弱点のひとつである。

そこで、もし火星テラフォーミングを実行するうえで決定的障害となるような問題があるなら、これを回避してより有効で妥当な他の方法を検討しなくてはならない。

マーティン・フォッグは1990年代に入り、惑星大気学者F・P・ファナーレやNASAのアーロン・ゼントその他多くの科学者の新たな研究をもとに、火星の揮発性物質の量について見直しを行った。

それによると、南北の極冠とレゴリス（表土）に含まれている二酸化炭素の量は、標準的なテラフォーミング・シナリオに必要な量を大きく下回るかもしれないという。加えて岩石の熱拡散効率が非常に小さいため、外から加えた熱はレゴリスの内部にごくゆっくりとしか伝わらないともされていた。

そのため、もしも脱ガスが圧力勾配に対してではなく温度勾配に対して起こるなら、期待する大気の暴走は起こらず、二酸化炭素はわずかずつ大気中に蓄積していくだけで、10万年後にも必要量の3分の1に達する程度だろうという。

こうした疑問が存在することは、クリス・マッケイのような長年の研究者も認めている。したがって火星テラフォーミングについての従来のアイディアは、精密化してはいるものの、新たな考察の挑戦を受けているのである。

とくにフォッグが指摘するのは、太古に脱ガスによって生じた二酸化炭素の大半がかなり早い時期に宇宙空間に逃げ出したか、あるいはケイ酸塩岩石と化学反応を起こして炭酸塩岩石（下用語解説）となり、レゴリス中に固定された可能性があることだという（右ページ上写真）。

だが炭酸塩岩石は多少温められたくらいでは内部に固定された揮発性物質を放出することはない。たとえば炭酸塩岩石の一種である方解石（右ページ右下写真）を液化させるには700度C以上に加熱するか、10バール（約10気圧）以上の衝撃圧力にさらさねばならない。

こうしてフォッグは、火星大気を人工的に生み出すことの困難さをくわしく検討したうえで、まったく別の工学的手法を検討した。それは、岩石の掘削を最小限に抑えるための最良の方法として、炭酸塩岩石を豊富に含む地層に多数の熱核爆薬（小型水爆）を埋め、次々に炸裂させるというものだ。

核爆薬使用の非妥当性

かつてソ連（現ロシア）とアメリカは、原油採掘や土木事業に核爆薬を使用する方法を実行あるいは実験・研究していた。とくにソ連は1950～60年代に、枯渇しかけた油田から通常の方法では採取できない残された原油を“搾り出す”、あるいは河川の流れをいっきに変えるなどの目的で80回以上、地下で小型核爆薬を炸裂させたことがわかっている。

ほぼ同じ時代、アメリカでは「プローシェア（鋤《すき》の刃）計画」が実行された（257ページ写真）。これもソ連の場合と同様、ガス田や油田の採掘量を増やすためであった。この計画で実験的に行われた地下核爆発が生み出した強力な衝撃波は、実際に炭酸塩鉱物を液化させ、中心部から高圧ガス（メタンなどの炭化水素ガス）が放出された。だがこのガスは膨大な量の二酸化炭素

用語解説 **炭酸塩岩石**：炭酸塩を含む炭酸塩鉱物（方解石、アラレ石、ドロマイト）が質量の半分以上を占める岩石をこう呼び、一般に高温に加熱すると二酸化炭素を放出する。

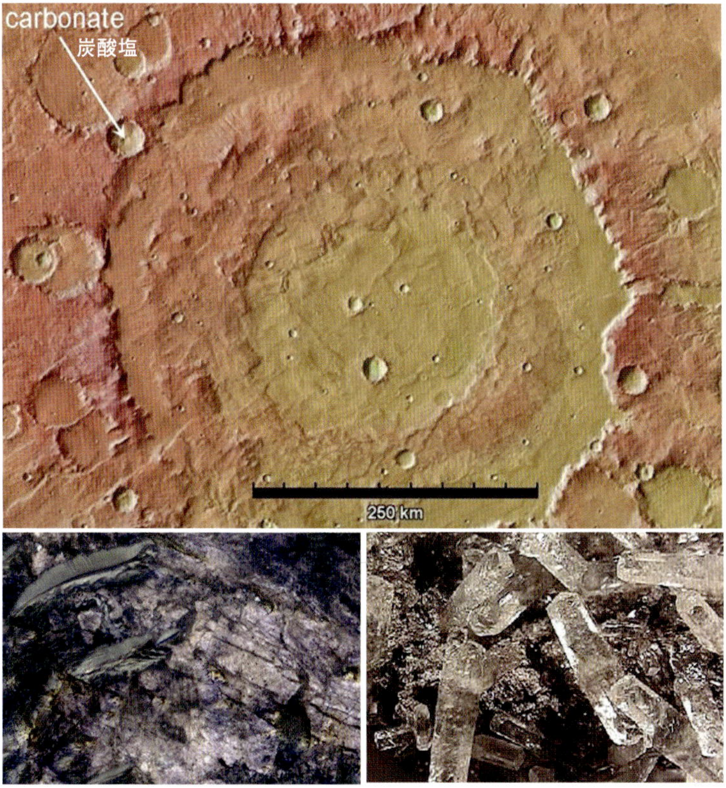

⬆大シルティス平原の南に位置する巨大なホイヘンス・クレーター。2011年、このクレーターの縁で炭酸塩の痕跡が発見された。左下はその岩石の拡大画像で、炭酸塩の露出部分が明るく見える。右下は地球の炭酸塩岩石の一種の方解石。画像/上・NASA/JPL−Caltech/Arizona State Univ.、左下・NASA/JPL−Caltech/Univ. of Arizona、右下/Dlloyd

によって“汚染”されていた。これは火星大気を生み出すには好適かもしれないが、地球上では無益だったのだ。

またアメリカのローレンス・リバモア国立研究所では1970年代、マレー半島をほぼ水平に横断するクラ地峡に小型核爆薬を使って“クラ運河”を掘削する研究を行った（257ページイラスト）。この運河ができれば、日本の原油タンカーはマラッカ海峡を通る必要がなくなり、距離にして800キロメートル短縮できる。

19世紀以前から構想が存在したこの歴史的な運河計画にはこのとき、アメリカ、日本（田中角栄内閣）、フランス、タイの４カ国が参加に積極的だったが、当時のタイ国内政治の混乱などが原因となって立ち消えとなった。核爆薬使用構想の浮上が計画を頓挫させたとの見方もある。しかし地元タイでは現在も通常工法による同運河の実現を望んでいる。

ちなみに前記のソ連による核爆薬を使用した土木事業およびアメリカのクラ運河核掘削の研究については、本稿筆者が1980年代にワシントンの国立公文書館などで当時の文献記録を入手している。かつて機密扱いとなっていたこれらの文書はこのときすでに情報自由化法によって機密解除されていた。

さてフォッグは、核爆薬を用いる場合について次のように述べている。

純粋な炭酸塩岩石の中で爆発エネルギー(収量)が1メガトンの核爆薬を炸裂させた場合、エネルギー効率を理論上の100パーセントとすると、これによって放出される二酸化炭素は100万トンの桁になる。

しかしこれより小さな収量の核爆薬を使って行われたガスバギー計画(前記プローシェア計画の一部)では、岩石が不純物を含んでいたこともあり、ガス放出の効率は40パーセント程度であったという。

フォッグは、たとえこの方法でも火星全体を包む大気を生み出すのはたいへんな大仕事であり、熱核爆弾と同程度のエネルギーをもつ膨大な数の核爆薬を必要とするだろうとしている。

多くの人々は、半世紀前に2つの超大国によって実行された手法やその数字の大きさに驚かされるかもしれない。だがこの手法の可能性が排除される最大の理由は、火星に大規模な爆薬製造工場をつくることができず、多数の爆薬を設置することが技術的に困難であり、地球側にその費用を生み出せる経済的背景がないからではない。また爆発によって生ずる放射性降下物の問題でもない。

決定的な障害は、このシナリオを実行する前提として、火星の広大な地域にわたってかなり純粋で厚い炭酸塩岩石の地層が分布しているかどうかがわからないということである。

⬆インド洋と太平洋を直結する「クラ運河」の想像図。核爆薬で固い岩盤を掘削する研究も行われた。下はネバダ砂漠の地下核実験跡。岩盤を核掘削する技術にはすでに半世紀の歴史がある。　イラスト/長谷川正治/矢沢サイエンスオフィス、写真/NNSA/Nevada Site Office/DOE

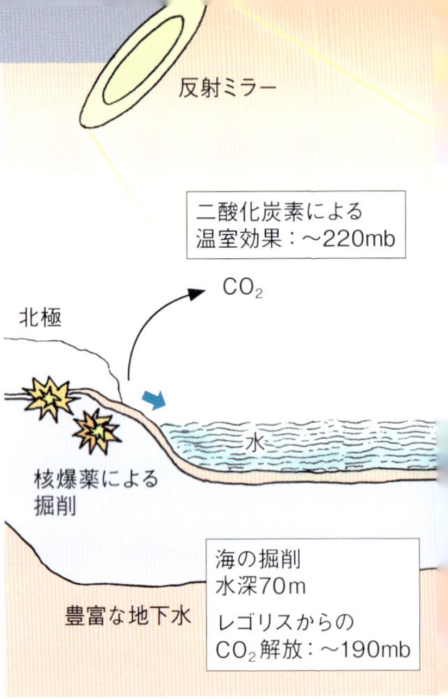

この問題を検討した他の研究者たちによれば、そのような地層は全長4000キロメートルに及ぶ太陽系最大のマリネリス渓谷(28ページ写真参照)にありそうである。また北半球の平原のカルスト台地、そして太古の湖の湖底にあたる地域も有力と見られている。

だが、火星の炭酸塩鉱物は大半が他の岩石との混合物を形成して二酸化炭素の濃度が“薄められて”いるかもしれない。

この場合、火星を氷点以上まで暖められるだけの温暖化ガスを放出させるには火星の地殻のいたるところを爆破することになり、まったく非現実的な話となる。

2段階に分けて目標を達成

こうして見てくると、火星テラフォーミングの方法、つまり途方もなく長い時間をかけて生物学的に濃密な大気と氷点以上の地表温度を実現するのも、また核爆薬でいっきに二酸化炭素を放出させるのもあまり現実的とは言い難い(複数の小惑星を火星に衝突させる案などについてはすでにパート6で述べた)。

そこでフォッグは1990年代に、火星の揮発性物質の分布についてのより確度の高いモデルを用いた“協同的(共働的)”なシナリオを提出した(図4)。協同的は英語のシナジック(synergic またはsynergetic)を無理やり日本語化した言葉で、近年むしろシナジー効果などというカタカナ語のままビジネス界などの流行語になっている。いくつかの物事の相乗効果を期待するという意味で使っているようだ。

フォッグは、暴走温室効果モデルが要求している二酸化炭素

図4 火星テラフォーミングの相乗作用

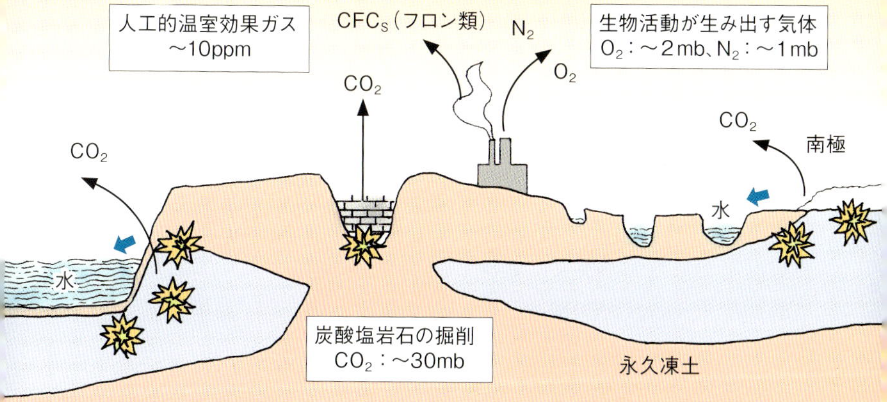

⬆この図はさまざまなテラフォーミング技術をひとつに統合して実行するイメージを表している。フォッグは、こうすることでそれぞれの手法の長所を活かし短所を減じることができると言う。　資料/Martyn Fogg

の量は、たとえそれを生み出すことができたとしても、呼吸可能な大気まで進展させるという最終目標から見ればあまりにも膨大にすぎる点を指摘する。

そこでフォッグも、すでにかつて何人かの研究者が提案したように、火星テラフォーミングを２段階に分けて実行することを想定している。すなわち、まず①エコポイエーシスによって単純な生命圏をつくり出し、その後に②完全なテラフォーミングを実行するというものである。

このうちの①には220ミリバール（ヘクトパスカル）の二酸化炭素の生産行程が含まれている。これは一部はレゴリスの小規模な暴走放出によって、また別の一部は水圏をつくり出したときの副産物として生み出されるという。この過程で微生物と植物の代謝作用には酸素と窒素が必要となるが、これらは硝酸塩（強酸性の硝酸を中和することで生じる塩）から工業生産することができる。

火星の地表温度は氷点以上まで上昇させねばならないが、これはひとつの巨大スケールの作業によってではなく、いくつかの方法を組み合わせることにより、さきほどの“協同的効果”の結果としてより容易かつ確実に実行できる。

まず火星周回軌道を回る反射ミラー(ソレッタなど)によって約15度、二酸化炭素の温室効果によって約16度、そして人工的な温室効果ガスの投入によって約30度——これで60度ほどの温度上昇を達成することができるだろうという。

他方でフォッグは、火星の地表に十分な量の水を用意することは、しばしば議論されてきたよりも困難な問題だとしている。レゴリスの深部まで熱が伝わる速度は非常に遅いので、永久凍土を十分な深さまで融かすには何千年もかかるはずだという(表4)。そこで彼はここではじめて、前記で否定的に見ていた核爆薬を使って、火星の海をつくれるかどうかを検討した。

その結果、この方法は核掘削によって大気をつくるよりはるかに実現性の高いことがわかったとしている。簡単に言えばこれは、洪水を暴発的に発生させてボレアリス盆地——太古の大海の底——をふたたび水で満たすというものだ。

フォッグはこの手法を、1991年のアリゾナ大学のヴィクター・ベーカーらの研究チーム(日本人を含む)による考察から取り入れた。これは、現在よりはるかに発展した将来技術を前提にしなくても着手できるという。

こうしてフォッグは、エコポイエーシスの段階を超えて完全な火星テラフォーミングに至るまでの惑星工学を、ますます精密に検討し続けている。フォッグの関心は、多くの科学者や技術者の火星テラフォーミング研究をその時々に統合し、より広範かつ現実的な視点で見直し続けることにあるようである。

表4 火星の永久凍土を融かしたときに生まれる水圏

所要時間(年)	永久凍土が融ける深さ(m)	火星全体を覆った場合の水深(m)
100	30	1.1
200	42	1.5
1000	94	3.4
2000	133	4.7
5000	210	7.5
10000	297	11
21000	431	15

資料/Martyn Fogg

Terraforming Mars : Part 8

パート8

パラテラフォーミングと「ワールドハウス」

イラスト/NASA

パラテラフォーミングは、少なくともその完成まではテラフォーミングではない。それは、人工閉鎖生態系を内包する途方もなく巨大な構造物である。テラフォーミングに疑問を抱く読者も、パラテラフォーミングなら許容するかもしれない。だがこの概念の提案者は、それが未来文明の最終到達点だとは言っていない。

執筆／矢沢 潔

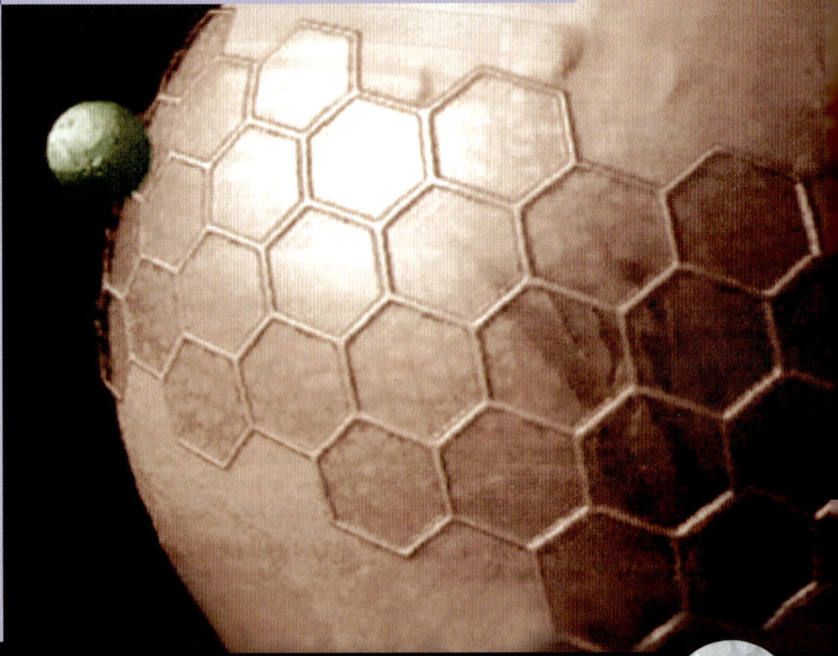

パート8■パラテラフォーミングと「ワールドハウス」

すぐに居住可能になる パラテラフォーミング

人間がいま手にしている技術と火星の自然資源によってすぐにでも建設に着手できる——それがパラテラフォーミングの核心である。

火星に出現する “人類の家” のコンセプト

少し厳密に言うなら、この章（パート８）はテラフォーミングがテーマではない。ここで取り上げるのは“パラテラフォーミング”および“ワールドハウス”と呼ばれるものだ（上イラスト）。

パラテラフォーミングの“パラ（para-）”は擬似的なもの、何かに準ずるものという意味の接頭語である。つまりこれは擬似

⬅パラテラフォーミングが進行する火星のイメージ。赤道地域から始まった６角形の人工空間の建設がしだいに南北両側へと拡大していき、“ワールドハウス”へと成長する。左上に火星を周回する衛星フォボスが見える。　資料／Richard Taylor, JBIS

テラフォーミングであって、本来のテラフォーミングとは似て非なるものである。

しかし、人間が遠からず火星に移住し、そこで何年間も、あるいは残りの人生のすべてを過ごしたり、そこで子孫を残したりする日が来ることを期待する人なら、むしろパラテラフォーミングに現実感や安心感を抱くのではなかろうか。

パラテラフォーミングは、ロンドン大学のリチャード・テイラーの新しい技術思想である。この思想はいまでは、テラフォーミング研究の世界を超えて世界のさまざまな分野の人々に知られている。

ここではまず、なぜテラフォーミングではなくパラテラフォーミングかと問うところから始めることにしたい。

すぐに居住可能になるワールドハウス

火星に限らず、地球以外の惑星の環境条件をテラフォーミングによって修正ないし改変するという考えの最終目標は、自己安定的で人間が生きていけるような地球的環境を生み出すことである。

しかし実際には、そのような“理想的解決方法”を技術的に達成することは、ごく少数の衛星などを除いてありそうもないことだ——これがテイラーの出発点である。

技術的な困難だけではない。そこには環境の改変を完了するまでに要する時間尺度がきわめて長いという問題も加わり、これがテラフォーミングの遂行上、大きな経済的障害になる。

そこで彼は、他の惑星——ここでは火星——に居住可能な環境をつくり出し、かつそれを維持する手法として、テラフォーミングに代わるより現実的なシナリオ、パラテラフォーミングを提案した。一言で言えばこれは、火星の地表の限られた空間に生命環境を創造するというものだ。その意味では、本書でこれまでに注目してきたテラフォーミングとは根本的に異なると言うべきかもしれない。
　しかしテイラーが長大な論文で行った考察によれば、パラテラフォーミングは人間がすでに手にしている既存の技術的知識によって実現可能である。そして、途方もなく大量の揮発性物質——二酸化炭素、酸素、窒素など——を必要とするテラフォーミングと比べると、ごくわずかな量の揮発性物質によって火星表面のほぼ全域を居住可能にすることができる。
　パラテラフォーミングによってつくられる構造物すなわちワールドハウスは、モジュール方式で建設される。そのため、火星の地表の一部は、ワールドハウスの建設が始まってからほとんど時間をおかずに居住可能となる。

テラフォーミングでは維持管理費が出ない？

　ここではワールドハウスの建設のしかたを見る前に、彼が火星テラフォーミングの困難性を指摘し、いわば“横から水を差す”理由を見ておかねばならない。
　テイラーも、たしかに完全にテラフォーミングされた火星は安定した自律的な生命圏をもち、大きさや質量、表面重力、組成などは不変であっても、その生命圏がもつ環境条件は人間の肉体的許容範囲に収まるであろうと認めている。一部の研究者が、その生命圏で居住者がいかに気候をコントロールし、どうやって食糧生産を行うかまで議論していることも承知のうえである。
　しかし彼は、前記のような火星の物理的パラメーターを変えることができないかぎり地球環境をそっくり再現することは不可能であり、テラフォーミングといっても火星の力学と保有物（大気や鉱物の賦存量）の制約の中での環境改変に留まるはずだという。テイラーはまた、小惑星を火星に衝突させるという類の手法は理論的考察にすぎないと考えているようでもある。
　そして、こうした条件下では、火星で地球の高等生物が生存できるような生命圏を生み出すことは容易ではなく、その生命圏は下等生物の生存を許す程度であろうという。
　さらに、たとえ人間が生きら

れる生命圏をつくり出せたとしても、その状態を維持するには人間による絶えざる管理が必要となる。それには、単に維持するための“技術費用”の支払いが生じるはずである——

こうして、テラフォーミングは経済的に維持管理できず、その投資の返済ないし見返りの開始がはるか未来というのでは、経済学の常識としての費用対効果が成り立たないと指摘する。これには、他の研究者たちも答えに窮するかもしれない。

現在の技術で実現可能

テイラーの視点ではテラフォーミングは現実的な直接性に欠けており、そこで必要となる手法の多くは、現在の技術や工学的熟練、それに科学的知見のほぼ限界点またはその少し向こう側にある。

他方、パラテラフォーミングは同じ意味で直接性をもち、20世紀後半以降の技術レベルで実現することができる。

パラテラフォーミングの目的は、火星環境をつくり変えて地球の環境のような完全に自律的な生命圏を生み出すことではない。その意図するところは、ただちにDREE (Deliberately Restricted Ecospheric Environment)、すなわち“ゆるやかな制約の下にある生命環境”を構築することである。

このシステムの中では、あらゆる物質とその流れ、容積などはいずれも人間側の選択ないし都合による制約を受けることになる。

テイラーの研究では、火星のもつ揮発性物質の量はおそらく、テラフォーミングを実行するにはきわめて不十分である。だがパラテラフォーミングなら、火星のように小さな表面重力(地球の38パーセント)のために1バール(1000ヘクトパスカル。約1気圧)の地表大気を生み出すことがむずかしい惑星でも、居住可能な環境を生み出すことができる。

彼は、パラテラフォーミングで生まれた惑星規模の生命圏であるワールドハウスが完全なホメオスタシス(恒常性。266ページ用語解説)を達成することは困難であることを認めている。

だがそこでは新しい生物群の生息が可能であり、最小限の干渉によって平衡状態ないし準安定状態を保てるだけの生命環境が提供されるというのである。

火星の巨大な植物園からの出発

火星にDREEシステム、すなわちワールドハウスをつくり上げるには、後述するように地上1000〜3000メートルの高さに気密型の天蓋を建造する。

最初期のもっとも単純な段階では、ワールドハウスは巨大な植物園か温室のように見え、内部では閉鎖型生命圏が恒久的に管理される。そしてこの生命圏はしだいに火星の地表の大部分を覆うように拡張されていく。

ちなみに、1960年代以降、各国では擬似的な閉鎖生態系をつくり、その中で人間や動植物がどの程度生きられるかの実験が行われてきた。

1991年にはアリゾナ州で「バイオスフェア２」(142ページ記事参照)が建設され、男女８人が滞在実験を行った。また当時のソ連は「バイオス３」の実験を行い、その後ヨーロッパとの協力によりいまも研究を続けている。日本の青森県上北郡六ヶ所村では、環境科学技術研究所が「閉鎖型生態系実験施設」をつくって実験を行っている。

さらに、かつて大林組の石川洋二らが提案した「マーズ・ハビテーション2057」と呼ばれる火星居住施設のアイディアも存在する。

ここでのひとつの疑問は、パラテラフォーミングがこれらの準閉鎖生態系のアイディアと本質的にどのように異なるのかである。これらの不完全で実験的な閉鎖生態系は、容積と質量、それにシステム全体の熱力学の点で見れば、奥深い山中やジャングル、極地などに不時着した航空機の拡大版とほとんど変わるところがない。それは実質的には一種のサバイバル実験である。

これに対して完成したワールドハウスは火星の大半の地表を覆っており、内部にはきわめて大きな生命圏を包含する。テイ

用語解説 **ホメオスタシス(恒常性)**：外部および内部の環境の変化にかかわらず、生命圏が自らを維持するために必要な要素を一定に保とうと調整する自律的傾向。

図1 火星と地球の季節変化

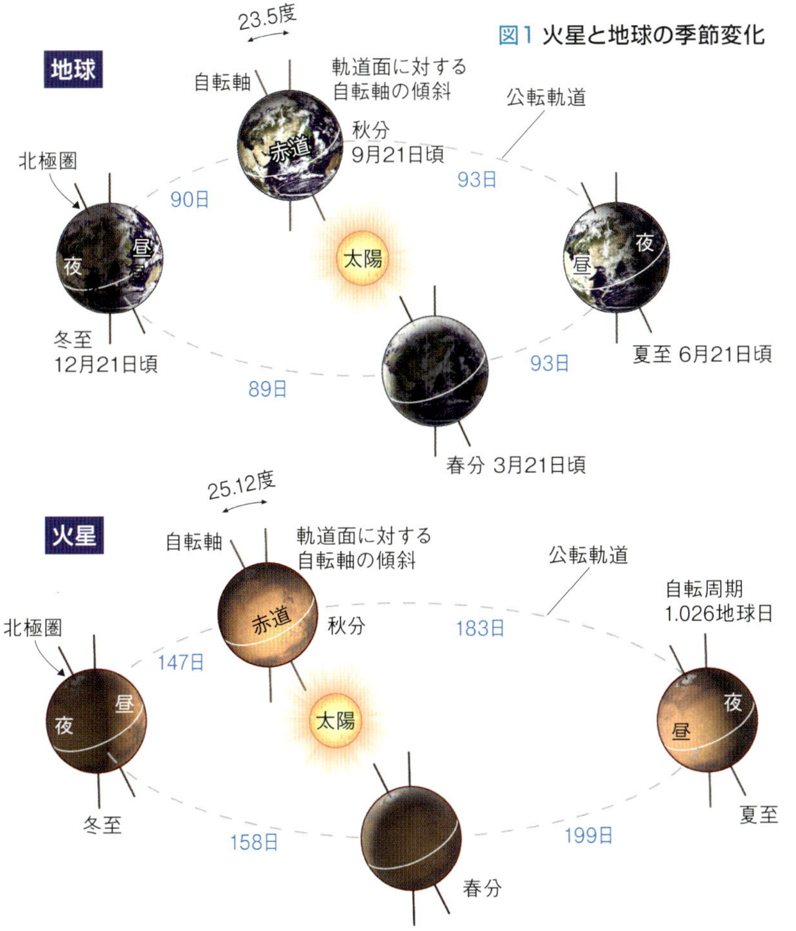

⬆火星の季節変化は地球のそれと似ているが、各季節は地球よりも長い。また北半球と南半球の季節は著しく非対称で、南半球の夏は北半球の夏より短く暑く、一方、冬は北半球の冬より長い。図の地球と火星の公転軌道のそばの数字は、それぞれの北半球の季節の長さを地球日で示している。　図/細江道義　資料/R.Taylor, JBIS

ラーの計算では、その生命圏の質量は地球のそれの12～24パーセントに達するという。しかしワールドハウス内部の“自然”は、いつであれ太陽放射エネルギーを実際の放射量の半分程度しか受け取ることができない。また、春分と秋分を除けば、火星の北半球と南半球が受け取る太陽放射エネルギーには大きな差が生じる（267ページ図１）。

さらに、ワールドハウス内に閉じ込められる大気の圧力は均一にはならない。場所によって太陽から受け取るエネルギーが不均一となり、またそこで生じる風すなわち気流が凹凸の大きな地表面との間で摩擦を起こすため、局地的な気圧差も生じると予想される。これを緩和するには、ワールドハウスの天蓋の高さをなるべく高くしなくてはならない。

しかし見方を変えると、これらの問題は、昼夜や季節、地域などによって気象現象が生じる地球の環境に類似しているとも言える。

こうして見るとわかるように、パラテラフォーミングは、いわゆるスペースコロニーのように生命維持システムを単に大規模化したものとは別のものである。

それは、環境改変に求められる諸条件が相対的にゆるやかな火星においては、人工的な居住環境を生み出すきわめてユニークなアプローチとなり得る。とくにテラフォーミングと比べたとき、技術的な困難性や不確実性をはるかに低く抑えることができそうである（表１）。

テラフォーミングの不確実性の根拠

テイラーは、火星の過去および現在の大気環境や揮発性物質の存在量などについてくわしく論じ、それをもとに、従来のテラフォーミングがいかに大きな不確実性をともなうかも明らかにしている。

そこで彼は、火星の地表面積が地球のそれの４分の１あまり（28.3パーセント）であり、また地表で１バール（1000ヘクトパスカル）の標準大気圧を得るには、単位面積あたり地球大気の2.6倍の質量が必要であることを示している。この計算を火星大気全体に広げると、テラフォーミングには最大3920兆トン（～3.92×10^{18}kg）の揮発性物質が必要になる。これはいまの地球大気の総量の約75パーセント

用語解説 **地球大気の量**：地球大気の質量は５×10の18乗キログラム（＝5000兆トン）と計算されている。だがその４分の３は地上11キロメートル以下の非常に薄い範囲に圧縮された状態で存在する。

表1 パラテラフォーミングの有利性（テラフォーミングとの比較）

1	地球外居住空間の建設を、おおむね現在の科学、工学、技術の範囲で開始できる。
2	居住可能な惑星規模の生命圏をモジュール方式でつくり、拡張していくことができる。
3	段階的な資金調達が可能なワールドハウスの最初のモジュールが完成すると、ただちに居住可能となる（投資の回収が可能となる）。またある時点で必要となる投資費用は1つのモジュール分である。したがって、いつの時点をとっても、総費用のうちのごく一部を準備すればよい。
4	DREEシステムによるワールドハウスは、現地の限られた揮発性物質を用いてつくることができ、熱収支の調整・制御が可能である（たとえばプラスまたはマイナスの温室効果を引き起こすことができるなど）。
5	パラテラフォーミングが開始されてまもなく、惑星表面の一部が居住可能になる。
6	パラテラフォーミングでは、それを開始する以前につくられた既存の研究施設等をすべて撤去する必要はなく、撤去の程度と範囲はもとの居住者が決定できる。そのため、パラテラフォーミングのプロセスの主たる部分を自己資金調達に向けることができる。
7	もし将来において太陽系内の他の場所から揮発性物質の大量輸送が可能になれば、パラテラフォーミングされた惑星の居住者は、彼らが望むなら、DREEシステムを完全なテラフォーミング状態へと転換させることもできる。

資料/R. Taylor, JBIS

に達する膨大な量である（左ページ用語解説）。

そして実際にこれだけの大気をつくるには、火星の表土から2950兆トンの窒素と910兆トンの酸素を放出させねばならないという。もし火星のもつ揮発性物質の存在量がこれに遠く及ばなかったなら、問題をどうやって克服するのかとテイラーは問いかける。

こうした議論を重ねたうえで彼は、自らの提案するパラテラフォーミングの手順、すなわち“ワールドハウスのつくり方”を具体的に記述する。以下にその技術と手法を簡略にまとめることにしよう。

パート8■パラテラフォーミングと「ワールドハウス」

ワールドハウスのつくり方

地表の80パーセントを天蓋で覆う

ここではいよいよリチャード・テイラーの概念によるパラテラフォーミングを実行に移し、ワールドハウスの建設にとりかかることにしよう。

すでに前項で見たように、パラテラフォーミングは揮発性物質の問題に関してより安価で実際的な解答を用意することができる。

その最大の理由は、上空を覆う透明な天蓋（天井）を火星のスケールハイト（272ページコラム参照）よりはるかに低い高さに設定することにより、必要な大気圧を生み出すためのガスの総量を大幅に減じることができるためだ。これは、大気がもはや自由状態にはなく、天蓋によって“地表に押しつけられて”いるからである。

たとえば火星の全表面を高さ3000メートルの天蓋で覆うワールドハウスをつくる場合、必要

図2 ワールドハウスの断面構造

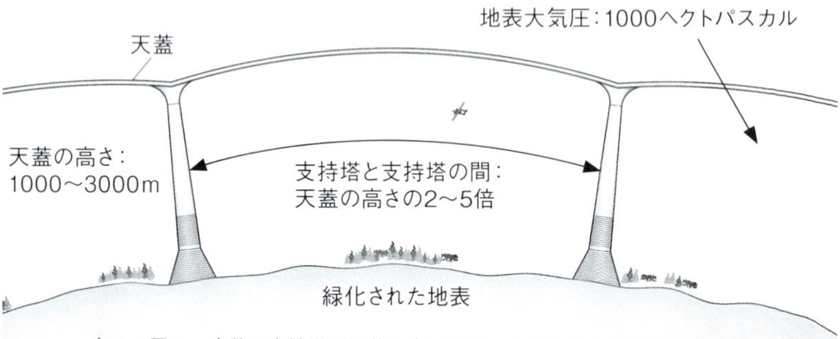

⬆この図は、多数の支持塔が天蓋を支えるワールドハウスの構造断面を簡略に示している。天蓋の高さ（＝支持塔の高さ）は1000～3000メートル、支持塔と支持塔の間は天蓋の高さの２～５倍である。 図／細江道義　資料／R. Taylor, JBIS

図3 火星とワールドハウスの断面

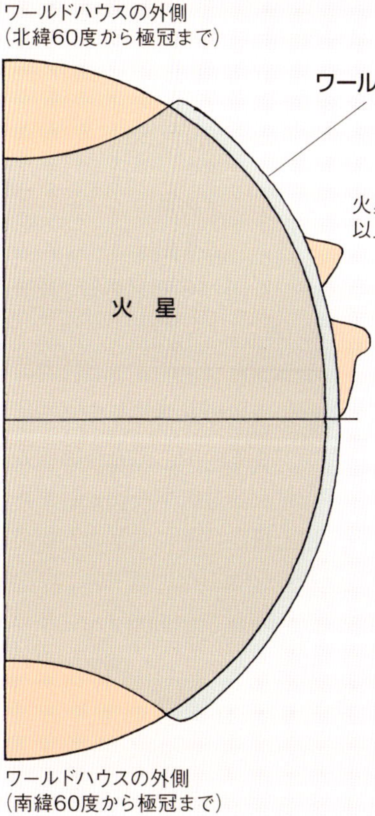

⬅地表をワールドハウスが覆っている火星の断面のイメージ。東西方向に最大1万2500キロメートル、南北方向に最大8600キロメートルの広がりをもち、内部は濃密な大気を閉じ込めた広大な閉鎖空間(生命圏)となる。ワールドハウスの外縁部は壁面で囲まれ、これをケーブルで支えることになる。壁面にはエアロック式(気密式)の出入口がある。火星の平均半径より7000メートル以上高い地域と極冠、それにマリネリス渓谷の底部はワールドハウスの外側に自然状態のまま残される。そのため外はおもに二酸化炭素の希薄な大気に包まれた極寒の世界である。この薄い大気でも小型の隕石落下に対しては遮蔽効果を生み出す。

資料 / R.Taylor, JBIS

な空気の総量は～5.2×10^{17}kg(最大520兆トン)となる。

　この数値だけを見ると非常に大きいと感じるかもしれないが、これは前のパートまでに見てきた火星テラフォーミングを行う場合の大気の必要量の15パーセント以下であり、地球大気の約10パーセントである。

　またもし、アクセスの容易なレゴリスなどの貯蔵所から入手できる揮発性物質の量が予想より少なかった場合には、ワールドハウスの高さを1000メートルに下げることも選択肢となる。その場合の揮発性物質の必要量は、火星の重力で束縛できる1気圧の大気の5パーセントにしかならない。これは地球大気の3.4パーセントでもある。

技術的な理由により実際に天蓋で覆えるのは火星表面の80パーセント強にすぎないので、ワールドハウスが必要とする大気の質量は前記の数値よりさらにいくらか少なくてよい。

北緯60度以北と南緯60度以南の、つまり極冠の周辺地域と、火星の平均半径より7000メートル以上高い高地は、ワールドハウスの天蓋の外に自然状態のまま残されることになる(図3)。

ワールドハウス内の気圧は地球の陸地の高度840メートルの気圧、すなわち912ミリバール(ヘクトパスカル)に設定されることになろう。

これら2つの要因を踏まえると大気の必要量はいっそう少なくなる。天蓋の高さが1000メートルのワールドハウスではテラフォーミングの場合の4パーセント以下、高さ3000メートルの場合でも10パーセントまで減少する(表2)。

パラテラフォーミングはこのように大気の必要量を抑えることができるので、揮発性物質の存在量が非常に少ないとしても火星を居住可能にすることができる。

天蓋の高さが3000メートルのワールドハウスに二酸化炭素が100パーセントの大気を1気圧

PLUS DATA 大気のスケールハイト

ここで言うスケールハイトとは、惑星大気の厚さの目安を指す。

大気は地表面(海面)でもっとも気圧が高く高密度となり、高度が上がるにつれてその圧力は低下する。地球の場合、高度10キロメートルで地表の4分の1、高度100キロメートルでは100万分の1にまで低下する。そして地球の全大気を地表の気圧(地球では1気圧)に均すと、厚さはわずか8.5キロメートルとなる。この厚さはスケールハイトと呼ばれている。

個々の惑星は質量(重力)や平均気温、大気の成分や量が異なるため、スケールハイトもそれぞれに異なっている。たとえば火星のスケールハイトは実は地球より大きく、パート5で紹介したロバート・ズーブリン博士の計算では10.8キロメートル、NASA研究者による最近の計算では11.1キロメートルとされている。計算根拠の違いから生じる差と見られる。

表2 火星テラフォーミングとパラテラフォーミングに要する大気質量の比較

	地表面の気圧	大気質量の比較(%)	大気の質量(単位:10^{18}kg =1000兆t)
地球	1バール(1000ヘクトパスカル)	100	5.28
テラフォーミング後		74.2	3.92
パラテラフォーミング後(1) ワールドハウスの高さ 3000m 2000m 1000m		9.8(13.3) 6.6(8.9) 3.4(4.6)	0.52 0.35 0.18
パラテラフォーミング後(2) ワールドハウスの高さ 3000m 2000m 1000m	912ミリバール(ヘクトパスカル)、地表の84パーセント被覆	7.6(10.2) 5.1(6.9) 2.7(3.6)	0.4 0.27 0.14

⬆地球大気とテラフォーミング後およびパラテラフォーミング後の火星大気の量(質量)を比較している。地表面の気圧を912ヘクトパスカルとし、また天蓋の被覆範囲を火星の地表面積の84パーセントとしたときに要する大気の量は、パラテラフォーミングでは地球大気の2.7〜7.6パーセントですむことが示されている(大気質量比較の項目のカッコ内はテラフォーミング後を100とした場合)。 資料/R. Taylor, JBIS 一部改変

で満たすには、火星のレゴリスに含まれていると予想される二酸化炭素のうち約194ミリバール(ヘクトパスカル)分を放出させねばならない。

この大気に地球大気の酸素分圧と同じ20パーセントの酸素を加えるには、二酸化炭素をさらに30ミリバール(ヘクトパスカル)分ほど余分に放出させられることになる。

問題は窒素がどこに埋蔵されているかだが、酸素と同様、必要量はそれほど多くはなく、90ミリバール相当量にすぎない。

ワールドハウスの構造と地球の超々高層ビル

ところで、いま見たようなワールドハウスの天蓋を支えるには、基本的に次の3種類の支持塔が必要である。

①居住型火星支持塔ユニット(inhabited Mars support tower units : IMAST)

②非居住型火星支持塔ユニット(uninhabited Mars support tower

units：MSAT）
③加圧伸長型塔ユニット
（compression-tension tower units：CTT）

火星の地上を覆う天蓋をこれらの超高層の塔によって支える構造を実現することは、21世紀初頭の建築技術でも容易ではないであろう。そこでは、少なくとも既存の技術の一部を新たな限界まで発展させる必要があるかもしれない。

しかしこれは、未知の科学技術を開発することなく、地球外で居住環境を生み出せる可能性をもっている。

リチャード・テイラーがワールドハウスをはじめて提案した当時、地球上でもっとも背の高いビルディングは500メートル以下であった。当時、一般には、超高層ビルの高さはすでに建築材料と設計工学の限界に近づいていると思われていた。

だがそれが完全な誤りであることは多くの建築学の専門家が理解していた。それどころか、いまから半世紀以上前の1965年当時の建築材料や設計技術でも、地球上に高さ3500メートルのビルの建築が理論的には可能とされていた。

図4 建築物の高さ

①エンパイア・ステートビル
ニューヨーク、アメリカ／1931年完成／443m

②ペトロナスタワー1＆2
クアラルンプール、マレーシア／1998年完成／452m

③上海ワールド・フィナンシャルセンター
上海、中国／2008年完成／492m

④台《タイ》北《ペイ》101
台北、台湾／2004年完成／508m

⑤ウィリスタワー（旧シアーズタワー）
シカゴ、アメリカ／1974年完成／527m

⑥1ワールド・トレードセンター
ニューヨーク、アメリカ／2014年完成／546m

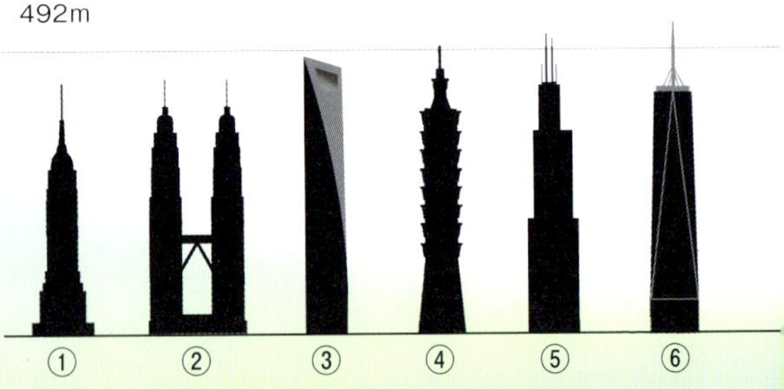

➡パラテラフォーミングの天蓋を支える支柱（支持塔）は高さ1000〜3000メートル。現在の地球上の超々高層ビル（または塔）の高さは800〜1000メートルだが、構想中のドバイ・シティタワーは2400メートル。火星の重力が地球より小さいことから、3000メートルの支持塔の建設はさして困難とは考えられない。資料／The Global Tall Building Database of the CTBUH, etc.

さらに遡る1950年代半ばにすでに、アメリカの建築家フランク・ロイド・ライト（日本でも旧帝国ホテル本館などを設計した）は、シカゴに高さ1マイル（1600メートル）で528階建てのオフィスビルを建てる構想を発表した。その構想は、鋼材とコンクリートでカメラの三脚状の中核構造をつくり、そこからケーブルを伸ばして外部構造を吊り下げるというものだった。

1960年代にはイギリスの建築家ウィレム・フリッシュマンが、高さ3250メートルで850階という“垂直型スーパーシティ”の建

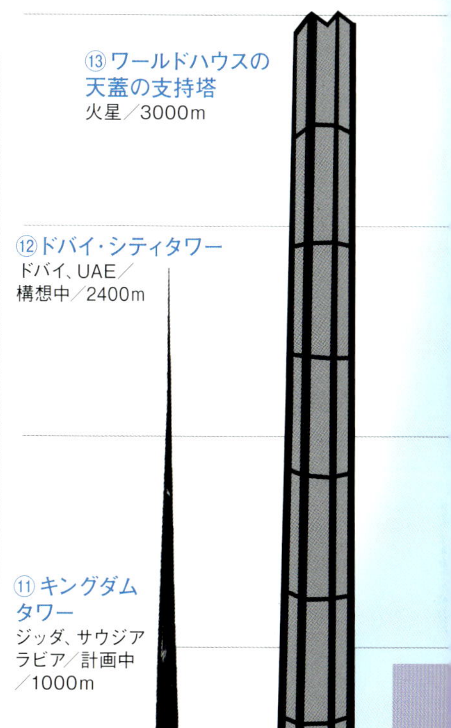

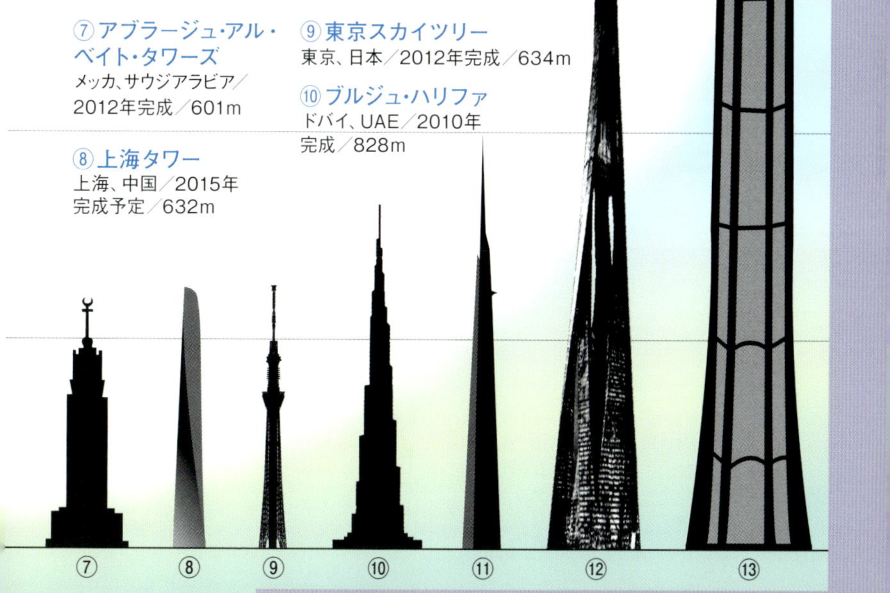

設を提案した。居住、労働、教育、健康管理、ショッピングその他人間生活のあらゆるアメニティと活動を包含するこのスーパーシティは50万人を収容し、内部には高速エレベーターシステムのほか、物流用の真空チューブ輸送システムが走り回るものだった。

日本では1980年代、清水建設が高さ2000メートルの“ピラミッドシティ”を、また大成建設は富士山をも覆ってしまうほど巨大な高さ4000メートルの“エクシード”のアイディアを提案した。

これらは提案としてのアイディアだったが、2010年代のいま、アラブ首長国連邦のドバイにはすでに高さ828メートルのビルが存在し、中国をはじめ各国では高さ1000メートルをはるかに超える超々高層ビルが次々と構想されている（274ページ図4、下用語解説参照）。

ここで注意すべきは、これらのビルは地球の表面重力（1G）の中で建設されるということである。火星の表面重力は地球の38パーセントしかなく、またいまでは火山・地震活動もほとんどないと見られている。そのため、火星の建造物に求められる耐荷重性能や耐震性は、地球におけるよりもはるかにゆるやかになるということである。

高さ3000メートルのワールドハウスの制約

テイラーが提案する火星のワールドハウスは次のような手法でつくられる。

まず天蓋の高さが平均3000メートル以下の、塔とスペースフレーム（空間枠）とケーブルからなる火星ワールドハウス（Martian World House：MWH）の事例を見よう。

火星上で建設が開始される場合、その前にこの惑星の完全な地質調査が行われ、鉱物や揮発性物質、その他の原材料の分布が詳細に調べられているはずである。これらの調査データは、ワールドハウスの設計や形状に対して原材料の観点からの制約

用語解説 **世界一のビル建設中止**：中国の長《チャン》沙《シャ》市で2013年、この時点で世界一となる高さ838メートルのビルを90日で完成させる計画が開始されたが、同年7月に当局によって建設許可が取り消された。構造安全性などの問題と見られている。

表3 ワールドハウスに求められる構造条件

資料/R. Taylor, JBIS

1	内部に約1バール(1000ヘクトパスカル)の大気をもつ、あるいはもたない状態でほぼ100パーセントの気密性を保持する天蓋(屋根)を支えられること。構造物の質量は破損率がほぼゼロの構造特性を達成できる範囲で最小とすること。
2	天蓋の材質・構造は放射線入射による障害の度合が最小であり、また太陽放射のスペクトルのうちの必要な波長領域に対してはほぼ完全な透明性をもつこと。
3	天蓋の構造は火星の地表からの効率よくかつ自由度の高い通路の確保を可能にし、ワールドハウスの内部での空中輸送システムの使用を可能にすること。
4	天蓋支持塔の一部は自己安全性を備えた居住モジュールとしても用いられる構造とすること。これらは火星の“タワー都市”としても機能し、それによってビルディング建設と資材消費を抑えることができる。
5	一部の支持塔はワールドハウスの外部環境および宇宙へのアクセス点として使用できること。
6	ワールドハウス外の火星表面を資材貯蔵所として使用し、居住空間の管理・制御に役立たせられること。これらの外部地域はまた、鉱物処理や有毒汚染物質を生み出す生産施設のためにも用いられる。
7	ワールドハウス内部の閉鎖環境は衝突、爆発、火災による損傷に対して抵抗力を備えていること。

を課すことになる。ワールドハウスの設計が、現地で入手し得る揮発性物質と鉱物、そして処理方法に大きく依存するからである。

とりわけ一定条件の下でアクセス可能な揮発性物質の種類と量は、ワールドハウスの天蓋の高さを決定する直接要因となる。さらにそれは、採用されるハイテク建築材料の範囲にも大きな影響を及ぼすことになる。

たとえば、火星では窒素ガスの存在量が予想されているように少ないとすると、このガスはおもに呼吸用大気の主成分として利用しなくてはならない。そのため、建築資材の生産用としては使用が大きく制限されるか、まったく使用できなくなる。このことはまた、支持ケーブル用のアラミド繊維その他の高強度・低密度繊維材料の大規模使用をも制限する。窒素を含むアラミド繊維（芳香族ポリアミド繊維）は耐熱性にすぐれ、引っ張り強度は鋼鉄の５～７倍に達する。ケブラー、ノーメックス、コーネックスなどの商品名をもつものはいずれもこの種の繊維材料である。

コンクリートや金属などの生産に用いられる鉱物がどの程度入手できるかも、建築材料と建築方法の選択に影響を与える。

前述のように火星は表面重力が小さいため、背の高い構造物に使用されるコンクリートの圧縮強度は地球上の場合の約半分でよい。逆に、同じ圧縮強度をもつコンクリートなら２倍の重量を支えられるということでもある。また火星で高張力材料を用いると、地球における場合の約2.5倍の質量を支えられることになる。

最初の塔の建設場所

恒久的な剛構造物の最初の建設場所を選ぶには、さまざまな要素を考慮する必要がある。まず１基目の塔は、その周囲の半径15キロメートル程度が妥当なレベルの平坦地でなくてはならない。

土地の起伏と安定性を決定するのは、地中の低温層（永久凍土）がどの程度の緯度（南北方向）と深度まで広がっているかである。ワールドハウスの最初の“セル（区画）”となる６角形の天蓋（図５）を支える塔の建設場所については、あらかじめこの地層条件を厳しく調査することになる。

最近の研究によれば、地表近

用語解説 **テクトニクス**：惑星の地質活動による地殻の変形、それによって生じた構造、またそれらの現象についての研究をこう呼ぶ。地球の場合、地質活動が生じる原因として、1960年代後半にアメリカの地球物理学者が提唱した地球の外殻構造についての仮説（プレートテクトニクス）を意味する。それによると、地球では厚さ数十キロメートルの硬い岩盤がひび割れた卵の殻のように表面を覆っている。この岩盤は地殻とそのすぐ下のマントル最上層部からなり、プレート（板）と呼ばれる。プレートは地球表面をゆっくりと運動し、プレートどうしの境界では両者の相対的運動によって地震や地殻変動、火山活動などが生じるとされている。

図5 ワールドハウスの天蓋の平面模式図

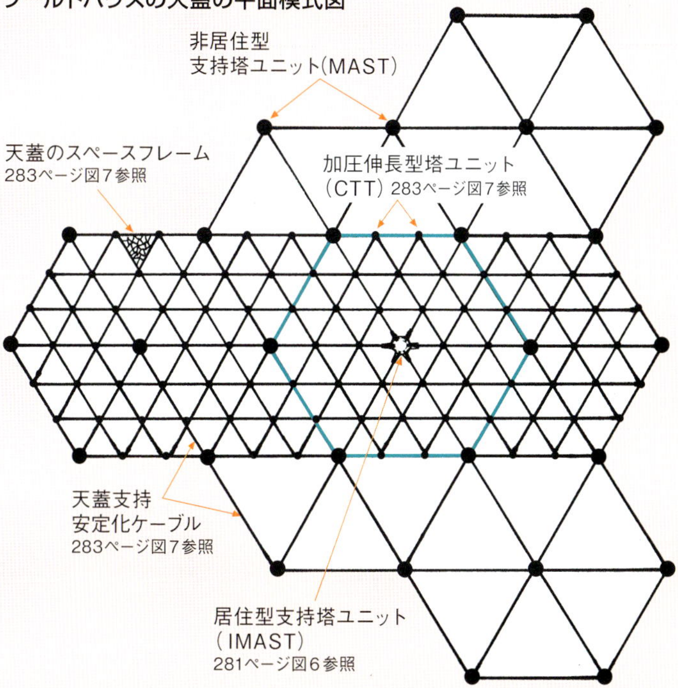

⬆この図は、簡潔にするために、加圧伸長型塔ユニット(CTT。小さい黒丸)とケーブルは、赤道沿いの水平方向のみ描いてある。同様にスペースフレームも左上の1つの3角形ユニットについてのみ描いた。ワールドハウスは最初に居住型支持塔ユニット(IMAST)をつくり、その後に6基の非居住型支持塔ユニット(MAST)と30基の加圧伸長型塔ユニット(CTT)を建造する。こうして最初の“セル(区画)”が完成する。
図/R. Taylor, JBIS

くの凍土はこれまで考えられていたよりも火星の赤道寄りまで広がり、その深さは浅いと見られている。これは火星に居住環境を生み出すうえで、有利でもあり不利でもある。

永久凍土地帯の安定性の問題とは別に、火星の地震活動についても調査が必要である。現在の火星に顕著な地震活動があることを示すデータはほとんどないが、大規模で広範囲な火山／テクトニクス構造が存在することから(左ページ用語解説)、地質年代の初期にきわめて強い地震がしばしば発生したであろうことは疑いの余地なく推測されている。

地震活動の活発な地域がいまも火星に存在するかどうかは明らかではないが、ワールドハウスの構造物はこうした地域を避けねばならない。

遠隔操作とロボットによる建設

火星ワールドハウスの建設は、まず前記の「居住型火星支持塔ユニット（IMAST）」（図６）から始まる。これらの構造物は設計段階から、ほぼ完全に遠隔操作とロボットによる建設を可能にするものとなろう。

地球上の危険環境での大規模な土木工事、建築工事、採鉱等を行うための遠隔技術は、すでに実用化しているか開発途上にある。とくに小規模な自動生産技術は、自動車産業や原子力産業では常識化している。

最初の居住型火星支持塔ユニットができ上がると、そこは人間の閉鎖居住環境となり、他の施設を製造したり建設したりする基地ともなる。そしてこのようなシステムが次々に姿を現すにつれ、天蓋の建設は周辺地域へと拡大していく。

火星の地表の一部が閉鎖されて約１バール（≒１気圧）の大気が満たされるまでは、半固定型の軟構造、たとえば東京ドームのような空気膜構造が建設現場の主要装置を収容することになる。空気膜式のドームは内部の気圧を外部より高くして屋根を支えるもので、東京ドーム（左写真）の内外の気圧差は３ヘクトパスカルでしかない。この軽構造ユニットはその後、ワールドハウスの外側における作業に利用され続けることになる。

最初の居住型支持塔ユニットがつくられた後、６基の非居住

⬅東京ドームは二重構造の天蓋をもち、ドーム内部の圧力を外部よりやや高めることによって大きな構造物として成り立っている。ワールドハウスの原理はこれによく似ている。　写真/DX Broadrec

図6 居住型支持塔ユニット（IMAST）の6角星型の平面図

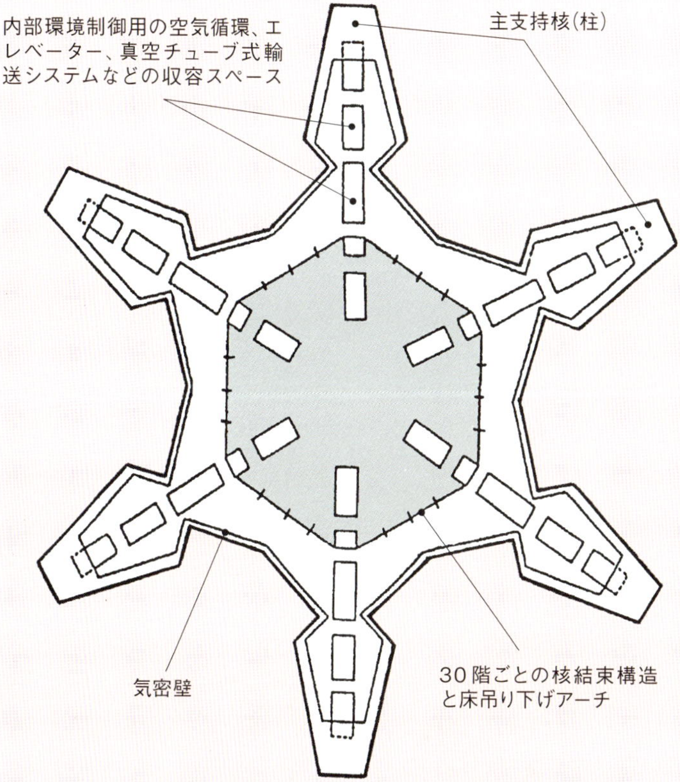

⬆居住型支持塔ユニットを真上から見た平面図。中央の構造物を６基の巨大な“支持核”が支えている。こららの支持核の役割は斜張橋のケーブル支持塔と似ているが、斜張橋と比べてより多くの方角からの複雑な応力に耐えねばならない。 図/R. Taylor, JBIS

型支持塔ユニット（MAST）と30基の加圧伸長型塔ユニット（CTT。283ページ図7）がつくられ、これらによって半径約6キロメートルの６角形の地域が天蓋で覆われる（図５参照）。

こうして生まれたワールドハウスの最初の“セル（区画）”は、はじめのうち天蓋から地表に達するケーブルで吊られた気密型の閉鎖カーテンウォールで囲まれているが、カーテンウォールが増設されていくにつれ、セルは拡大して内部容積が増大していく。
　ワールドハウスはいま見たようにモジュール方式で成長していき、最終的に火星の全表面の約84パーセントを覆うことになる。
　パラテラフォーミングされた火星にあっては、居住型／非居住型の支持塔ユニットと加圧伸長型塔ユニットは、それぞれ独自の役割を担う。居住型支持塔と非居住型支持塔は同一の基本設計の変形である。
　これは前述のイギリスのウィレム・フリッシュマンが提案した高さ3250メートルの垂直型スーパーシティのコンセプトを発展させたものだ。
　これらの塔の基本的機能は、天蓋を支える主ケーブルを張り渡すことである。したがって天蓋は6基の“柱（支持塔）”によって支えられ、真上から見下ろすと完全な“6角星”の形を呈する（図6）。この6角星（ヘキサグラム）は、天蓋を張るケーブルシステムによって必然的に求められる形状である。
　居住型および非居住型の支持塔ユニットの天蓋は、火星の地表を均等に、つまり互いに等間隔に同一のパターンをくり返しながら拡大する（279ページ図5参照）。6つの側面をもつ支持塔と6本の支持ケーブルによる構成が、平面的に見ると3角形の天蓋構造を支え、たとえ1本のケーブルが損傷しても、塔や天蓋に非対称な破壊的負荷がかかって全体に崩壊が拡がることがない（図7）。
　またいくつかの塔は、その構造自体が6基の支持塔の内部で吊り下げられて強化されており、“垂直都市”の機能をもつ構造となっている。
　いまワールドハウスのつくり方や構造の概略を述べたが、テイラーはワールドハウスの支持塔や二重構造の天蓋の機能的な柔軟性などについて驚くばかりに詳細な検討を加えている。
　とくに天蓋を支える支持塔の機能については、巨大な吊り橋や斜張橋（右ページ写真）——日本の本州四国架橋のような——との類推で説明しており、素人にも理解しやすい記述となっている。
　最終的に何百万、何千万の人

図7 加圧伸長型塔ユニット（CTT）の支持構造

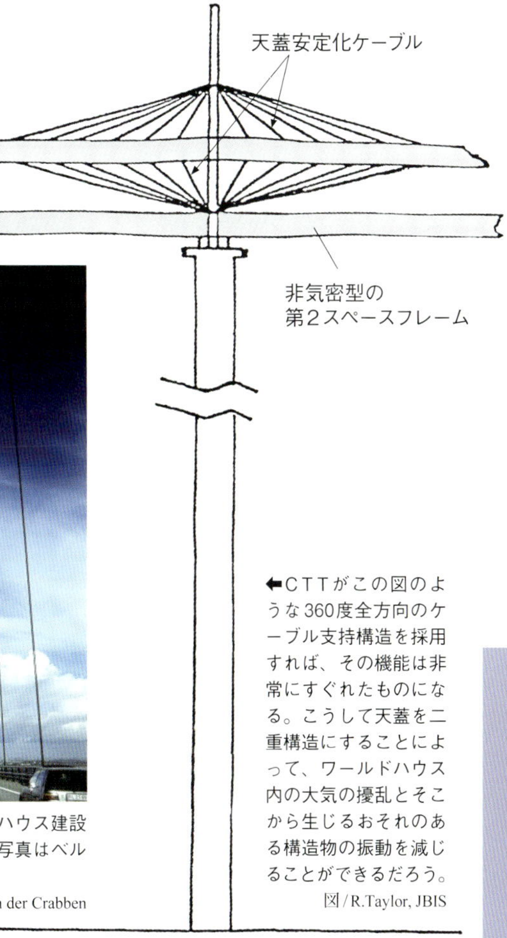

←CTTがこの図のような360度全方向のケーブル支持構造を採用すれば、その機能は非常にすぐれたものになる。こうして天蓋を二重構造にすることによって、ワールドハウス内の大気の擾乱とそこから生じるおそれのある構造物の振動を減じることができるだろう。

図/R.Taylor, JBIS

↑巨大な斜張橋の原理はワールドハウス建設の基本技術のひとつとなる。この写真はベルギーのグレートベルト橋。

写真/Jan van der Crabben

間の生活空間を想定するパラテラフォーミングに対しては、その困難性を個々に指摘する人々もいる。たとえば隕石が落下して天蓋に穴があく、太陽放射線によって天蓋の素材が劣化する、たえざる維持管理費用を生み出す経済システムが存在しないといったようにである。

ここでは省略するが、よく見ればテイラーはこうした疑問にすべて答えている。天蓋の材質や構造についての詳細な技術的考察だけを見ても、彼が火星でそれを実行する場合のあらゆる困難性や不確実性を想定して議論していることが明らかである。

それでもさらなる問題点を指摘できる人は、その解決策を自ら提示することによって、この未来文明的構想をさらに前進させることができるはずである。

パラテラフォーミング後の火星の人間世界

パラテラフォーミングされた火星はいくつかの地域に分けられる。ワールドハウスの外側には、外部大気と、標高7000メートル以上の高地、極地、それに渓谷の低地が残されており、これらを合計すると、火星表面の20パーセント弱となる。残りの約80パーセントは高さ1000～3000メートルの天蓋に覆われている（270～271ページ図２、図３）。

完成したワールドハウスの主構造である居住型支持塔ユニットの大半は、赤道周辺地域に分布することになろう。

天蓋の高さは全域にわたって均一に見えるが、実際には天蓋は地表の自然の起伏に従ってはおらず、ところどころで階段状に高さを変えられて、火星の半径に対して平均化されている。

これはワールドハウスに解決不能な横方向の負荷や応力がかかるのを防ぐためだ。しかし、天蓋－地表間距離の20パーセントを超えない範囲の地表の起伏は考慮しない。

ワールドハウスの基本設計は、入手可能な水の量が明らかになったときに最終的に確定するという。

このとき、火星の平均半径よりも低い地域を部分的または全体的に水で満たせるかどうかが問題になる。容量の小さい“海”でもワールドハウス内部の気象を安定させるうえで役に立ち、環境に対してより自然な気象システムを与えるからである。

こうしてテイラーは、長大な論文で全方位的にパラテラフォーミングの方法論や技術、地球との貿易を含めた経済学などを検討したうえで、その完全性を脅かす要因として、ワールドハウスの居住者たちの暴力性——戦争や革命など——にまで言及している。リチャード・テイラーは、将来文明を方向づけるパイオニアのひとりであると同時に、人類の先行きの不安を懸念する人でもあるようだ。●

おもな参考文献

[論文／書籍等]

- Ad Astra Rocket Company, "VASIMR VX-200 Performance and Near-term SEP Capability for Unmanned Mars Flight", Future In-Space Operations Seminar, Jan.19（2011）
- Los Alamos National Lab., "Nuclear Rockets : To Mars and Beyond", National Security Science, Issue 1（2011）
- Norbert Schorghofer, "Temperature response of Mars to Milankovitch cycles", Geophysical Research Letters, vol.35（2008）
- Christopher P. McKay, "Planetary Ecosynthesis on Mars : Restoration Ecology and Environmental Ethics", ESSEA Courses, Revised Dec.（2007）
- Robert M. Zubrin, Christopher P. McKay, "Technological Requirements for Terraforming Mars", AIAA, SAE, ASME and ASEE, 29th Joint Propulsion Conference and Exhibit（1993）
- Paul Birch, "Terraforming Venus Quickly", JBIS, vol.44（1991）157-167
- Paul Birch, "Terraforming Mars Quickly", JBIS, vol.45（1992）331-340
- Richard L.S.Taylor, "The Mars Atmosphere Problem : Paraterraforming-The Worldhouse Solution", JBIS, vol.54（2001）236-249
- Marsha Freeman, "Obama Tries to Kill Space Exploration, Again", 21st CENTURY SCIENCE & TECHNOLOGY, Summer（2013）
- Interview:Anatoly Koroteyev, "An Inside Look at Russia's Nuclear Power Propulsion System", 21st CENTURY SCIENCE & TECHNOLOGY, Fall/Winter（2012-2013）
- Martyn J.Fogg, "Terraforming : A Review for Environmentalists", Society of Automotive Engineers（1995）
- Richard L.S.Taylor, "Paraterraforming : The Worldhouse Concept", JBIS, vol.45（1992）341-352
- James Edward Oberg, "Mission to Mars", A Meridian Book New American Library（1982）
- The Mars Quarterly, vol.4, issue3（2013）
- The Mars Quarterly, vol.4, issue4（2013）
- 菊山紀彦「有人火星探査と放射線被ばく」放計協ニュース, 財団法人放射線計測協会, 10月（1994年）
- 安藤晃「有人宇宙探査に向けた大電力プラズマ推進機開発への挑戦」, J.Plasma Fusion Res., vol.83 no.3（2007）276-280
- テラフォーミング研究会（矢沢サイエンスオフィス）編著, The Terraforming Report, vol.2（1994）5-23, 62-73
- テラフォーミング研究会（矢沢サイエンスオフィス）編著 ,The Terraforming Report, vol.2（1995）92-109
- テラフォーミング研究会（矢沢サイエンスオフィス）編著, The Terraforming Report, vol.1（1993）102-115
- テラフォーミング研究会（矢沢サイエンスオフィス）編著 ,The Terraforming Report, vol.1（1993）138-155
- 矢沢サイエンスオフィス編『最新宇宙技術論』（1989年）,『最新核エネルギー論』（1990年）,『最新宇宙飛行論』（1991年）,『最新テラフォーミング』（1992年）,『世界を変える生命圏進化論』（1995年）, いずれも学研

[ウェブサイト]

- http://mars.jpl.nasa.gov/
- http://exploration.grc.nasa.gov/
- https://astrobiology.nasa.gov/
- http://spaceflight.nasa.gov/
- http://quest.arc.nasa.gov/
- http://www2.jpl.nasa.gov/basics/
- http://www.nasa.gov/mission_pages/constellation/main/index2.html
- http://www.nasa.gov/mission_pages/LRO/main/index.html
- http://nssdc.gsfc.nasa.gov/planetary/planetfact.html
- http://www.nasa.gov/mission_pages/msl/index.html
- http://science1.nasa.gov/science-news/
- http://www.nasa.gov/exploration/home/
- http://nssdc.gsfc.nasa.gov/
- https://www.sciencenews.org/
- http://history.nasa.gov/EP-177/ch5-2.html

- http://spaceflight.nasa.gov/station/crew/exp6/spacechronicles13.html
- http://spinoff.nasa.gov/pdf/ISS_Spinoff%20Benefit_ISU.pdf
- https://solarsystem.nasa.gov/rps/docs/MMRTGfactsFeb_2010.pdf
- http://solarsystem.nasa.gov/rps/home.cfm
- http://www.jpl.nasa.gov/news/fact_sheets/radioisotope-power-systems.pdf
- http://www.nasa.gov/pdf/664158main_sls_fs_master.pdf
- Summary of the Final Report, Sep.（2012）[http://www.nasa.gov/sites/default/files/files/MPPG-Summary_Report-9-25-12.pdf]
- NERVA Engine Testing, Historic Facilities at NASA Glenn Research Center [http://pbhistoryb1b3.grc.nasa.gov/]
- http://www.spacearchitect.org/pubs/GLEX-2012.10.1.9x12503.pdf
- http://www.nasa.gov/pdf/740785main_Flynn_Spring_Symposium_2013.pdf
- https://hirise.lpl.arizona.edu/
- U.S. Geological, Survey Astrogeology Science Center [http://astrogeology.usgs.gov/]
- NASA's Human Exploration and Development of Space Enterprise by NASA explores, May 15（2003）[http://www.nasa.gov/vision/space/travelinginspace/future_propulsion.html]
- http://www.nasaspaceflight.com/
- http://www.esa.int/ESA
- LLNL（Lawrence Livermore National Laboratory）[https://www.llnl.gov/]
- National Ignition Facility [https://lasers.llnl.gov/]
- http://iipdigital.usembassy.gov/
- http://www.agrospaceconference.net/sperlonga2012/2.%20Wheeler%20%281%29.pdf
- http://www.space.com/9366-meteorite-based-debate-martian-life.html
- http://www.universetoday.com/46027/new-findings-on-alan-hills-meteorite-point-to-microbial-life/
- http://www.spaceflightnow.com/news/n0911/24marslife/
- http://www.caltech.edu/news
- http://www.bbc.com/news/science-environment-23872765
- http://www.bbc.com/future/story/20130121-worth-the-weight
- http://www.washingtonpost.com/national/health-science/space-tourist-dennis-tito-plans-first-human-mars-mission-for-2018-funding-is-uncertain/2013/02/27/65940d7c-8063-11e2-b99e-6baf4ebe42df_story.html
- http://www.racetomars.ca/mars/ed-module/artificial_gravity/
- http://www.mars-one.com/
- Robert A.Braeunig, Rocket and Space Technology [http://www.braeunig.us/space/index.htm]
- Ed Thelen's Nike Missile Web Site [http://ed-thelen.org/]
- http://spacelaunchreport.com/
- http://www.marssociety.org/
- Nancy Atkinson, Zubrin claims VASIMR is a hoax, July 13（2011）[http://www.universetoday.com/87425/zubrin-claims-vasimr-is-a-hoax/]
- http://www.jaxa.jp/
- http://www.ies.or.jp/project_j/project02a.html
- http://moonstation.jp/ja/symp/1995/1995_5_2.html
- 放射線利用技術データベース, 藤高和信「宇宙飛行士の放射線防護」

著者紹介

竹内 薫 *Kaoru Takeuchi*

1960年東京生まれ。サイエンス作家。東京大学教養学部教養学科（科学史科学哲学）、理学部物理学科卒。マギル大学大学院博士課程修了（高エネルギー物理学専攻）。科学書の執筆のほか、日本で唯一の本格科学番組「サイエンスZERO」（NHK Eテレ）の司会、「ひるおび！」（TBS系）のコメンテーターなど、お茶の間にも科学の楽しさを発信。近著に『屋根から猫が降ってくる確率』（実業之日本社）、『素数はなぜ人を惹きつけるのか』（朝日新書）など多数がある。

金子隆一 *Ryuichi Kaneko*

生物学・進化論・古生物学・天文学・物理学・医学など科学全般にくわしく、一般向け科学出版物、テレビなどで活躍。北米、ヨーロッパ、中国、南アフリカなどを頻繁に現地取材。著書（含共著）に『図解クローン・テクノロジー』（同文書院）、『哺乳類型爬虫類』（朝日新聞社）、『軌道エレベーター・宇宙へ架ける橋』（早川書房、文庫版）、『大量絶滅がもたらす進化』（ソフトバンククリエイティブ）、『アナザー人類興亡史』（技術評論社）など数十冊。2013年死去。

新海裕美子 *Yumiko Shinkai*

東北大学大学院理学研究科（放射化学）修了。1990年より矢沢サイエンスオフィス・スタッフ。科学の全分野とりわけ医学関連の調査・執筆・翻訳のほか各記事の科学的誤謬をチェック。近著（共著）に『正しく知る放射能』『よくわかる再生可能エネルギー』『放射線・放射能の問題』（学研マーケティング）、『薬は体に何をするか』『ノーベル賞の科学』（技術評論社）、『始まりの科学』（ソフトバンククリエイティブ）、『これ一冊でiPS細胞のすべてがわかる』（青春出版社）など。

矢沢 潔 *Kiyoshi Yazawa*

科学雑誌編集長などを経て1982年より科学情報グループ矢沢サイエンスオフィス（㈱矢沢事務所）代表。内外の科学者・研究者、科学ジャーナリスト、編集者などをネットワーク化し30年あまりにわたり自然科学、医学（人間と動物）、核エネルギー、経済学、科学哲学などに関する情報執筆活動を続ける。物理学者ロジャー・ペンローズ、アポロ計画当時のNASA長官トーマス・ペイン、SF作家ロバート・フォワードなど海外著名人を講演のため日本に招いたり、「テラフォーミング研究会」を主宰して「テラフォーミング・レポート」を発行したことも。編著書100冊前後（記憶不確か）。本書では全体の構成のほか主要記事を執筆した。

● **編集・制作**

矢沢サイエンスオフィス　Yazawa Science Office

1982年設立の科学情報グループ。代表は矢沢潔。これまでの出版物に「最新科学論シリーズ」37冊、世界の多数のノーベル賞学者などへのインタビュー集『知の巨人』『経済学はいかにして作られたか』、一般向け医学解説書シリーズ、動物医学解説書シリーズ、『よくわかる再生可能エネルギー』『正しく知る放射能』『放射線・放射能の問題』(いずれも学研)、『巨大プロジェクト』(講談社)、『始まりの科学』『次元とはなにか』(ソフトバンククリエイティブ)、『薬は体に何をするか』『NASAから毎日届く驚異の宇宙ナマ情報』『ノーベル賞の科学』(全４巻)『エネルギー資源のすべてがわかる』(技術評論社) など多数がある。このうち10冊以上が中国や台湾、韓国で翻訳出版されている。

人類《じんるい》が火星《かせい》に移住《いじゅう》する日《ひ》

— 夢《ゆめ》が現実《げんじつ》に！ 有人宇宙《ゆうじんうちゅう》飛行《ひこう》とテラフォーミング —

2015年６月20日　第１版　第１刷発行

著　者　矢沢《やざわ》サイエンスオフィス、竹内《たけうち》 薫《かおる》

発行者　片岡　巌

発行所　株式会社技術評論社

東京都新宿区市谷左内町21-13

電話　03-3513-6150　販売促進部

03-3513-6176　書籍編集部

印刷／製本　株式会社加藤文明社

定価はカバーに表示してあります

ISBN978-4-7741-7315-3　C3044

Printed in Japan

● 装丁

竹内事務所（竹内雄二）

● 本文レイアウト・DTP制作

Crazy Arrows（曽根早苗）

● 本文イラスト・作図

細江道義、長谷川正治、安田尚樹、木原康彦、高美恵子、十里木トラリ、Michael Carroll、Ron Miller